本书是国家社会科学基金资助项目"雾霾灾害的政府、企业、公众合作治理机制研究"（18BJY087）的阶段性成果

雾霾灾害的合作治理机制研究

韩　璟　著

U0244049

中国财经出版传媒集团

经济科学出版社
Economic Science Press

图书在版编目（CIP）数据

雾霾灾害的合作治理机制研究/韩琭著 . -- 北京：
经济科学出版社，2021.11
ISBN 978 - 7 - 5218 - 3097 - 2

Ⅰ.①雾… Ⅱ.①韩… Ⅲ.①空气污染 - 污染防治 -
研究 - 中国 Ⅳ.①X51

中国版本图书馆 CIP 数据核字（2021）第 241091 号

责任编辑：李一心
责任校对：王肖楠
责任印制：范　艳

雾霾灾害的合作治理机制研究

韩　琭　著

经济科学出版社出版、发行　新华书店经销
社址：北京市海淀区阜成路甲 28 号　邮编：100142
总编部电话：010 - 88191217　发行部电话：010 - 88191522
网址：www. esp. com. cn
电子邮箱：esp@ esp. com. cn
天猫网店：经济科学出版社旗舰店
网址：http://jjkxcbs. tmall. com
北京季蜂印刷有限公司印装
710×1000　16 开　16 印张　260000 字
2022 年 3 月第 1 版　2022 年 3 月第 1 次印刷
ISBN 978 - 7 - 5218 - 3097 - 2　定价：65.00 元
（图书出现印装问题，本社负责调换。电话：010 - 88191510）
（版权所有　侵权必究　打击盗版　举报热线：010 - 88191661
QQ：2242791300　营销中心电话：010 - 88191537
电子邮箱：dbts@ esp. com. cn）

目　　录

第1章 导　　论

1.1　选题背景与研究意义

1.1.1　选题背景

目前，日益严峻的生态环境问题已经成为阻碍中国构建生态环境保护和高质量发展先行区的重要因素，如何优化生态环境与社会经济发展的关系，解决资源短缺和环境污染问题是学术界研究的热点问题。进入中国特色社会主义市场经济发展时期，中国在综合国力、产业结构、城市建设等方面获得了前所未有的巨大成就。与此同时，社会经济的高速发展与生态环境间矛盾逐年加剧，生态环境恶化成为中国经济发展过程中不争的事实。其中，中国早期综合国力实现快速发展是以牺牲生态环境为代价，国家实力的综合提升、产业化集聚和城市化快速推进，都在一定程度上导致了更为严峻的生态环境问题，空气污染状况日趋严重，威胁到中国社会的可持续性建设。据环保部测算，环境污染与生态环境破坏的经济损失呈现出逐年上升趋势且增长速度明显提升。治理生态环境问题对于实现中国可持续性发展至关重要，也是推动中国生态环境与社会经济高品质建设和高质量发展的关键要素，环境治理对拉动中国高品质建设和高质量发展来说已经达到刻不容缓的程度。近年来，政府提出生态文明建设规划理念，拉动区域新旧动能转换，在促进各区域坚持自身发展特色的前提下，强调人与自然的和谐共处，是实现社会经济高品质建设和高质量发展的新模式，也是区域维护当地生态环境系统稳定，实现生态保护与经济建设和谐共生的关键举措。推进中国新常态经济就是拉动社会经济的高质量建设的重要特征，关系着国家高质量发展、城乡高品质建设、居民生活水平提升的方方面面。

中国"十四五"规划期间尤为关注推动社会经济和生态环境保护间的协调，提出区域建设高质量发展和社会经济的高水平建设，推动形成优质产业链供应链，提升资源利用效率以降低污染物排放，持续性改善生态环境，加强生态保护屏障，从而推动居民生活环境显著提升。在党的十九大报告中，强调人与自然的和谐共生是推进中国新时代绿色经济的关键，加强对各类资源的把控和对整体生态环境的监测是可持续性建设的必经之路。对生态环境开展最为严格的保护，美丽中国的建设关键在于对各类污染的源头治理和对社会各主体行为的监督，如何探寻切实可行的环境灾害治理对策，推进环境灾害治理与社会经济发展的双向推进，以更为高效和谐的发展模式带动中国高质量发展建设成为了当前政府和学术界共同关注的重要议题。

1.1.2 研究意义

雾霾灾害是影响中国社会经济与生态环境保护建设和发展的一大阻碍，具有扩散范围广、影响面积大，且存在一定时效性的特征，其已经成为影响中国政府制定国家发展决策的重要因素以及社会公众最为关注的环境问题。自2013年，中国雾霾浓度达到波值，雾霾灾害在全国范围爆发，政府将PM2.5纳入空气质量评价指标体系，雾霾年均浓度便成为考量当地社会经济发展与生态环境和谐程度的重要指标。其中，基于往年雾霾年均浓度统计可知，北方地区依然是中国雾霾污染较为严重的区域，重度污染省份数量明显高于南方地区。同时，西北地区内陆省份雾霾污染呈现加剧的状况，导致这种现象的原因涵盖了多个维度，其中包括了气候条件影响、空间位置分布等原因，由于中国南北方巨大差异的地理条件和气候状况，导致南北方雾霾灾害严重程度体现出一定的区域性。近年来，随着南方地区工业化建设发展和城市化进程不断推进，南方各地也持续出现范围较广且持续性强的雾霾天气，雾霾已演变为全国性气象灾害，关注雾霾治理且如何实现人与自然的可持续性发展成为学术界关注的热点问题。

雾霾灾害的形成受到多重要素影响，其也成为影响中国推动高品质建设和高质量发展的一大阻碍。雾霾天气的形成及其相互作用尤为复杂，其作用于生产生活的方方面面，包括产业布局调整、居住空间改善、资源开发利用等具体层面。由于受到气象检测技术限制，以当前的气象观测条件应对雾霾天气的识别、预报仍然比较困难，因此针对雾霾灾害的时空分布演变、影响因素分析尤为关键，发现雾霾形成及其分布规律可有效针对不同区域采取必要措施。同时，经济社会发展作为直接影响雾霾灾害的重要因素，通过分析雾霾的形成及影响因素也将助力中国经济发展向高品质和高质量建设的方向转变，以更具针对性地提出高效治理中国雾霾灾害具体对策措施。

由于雾霾灾害作用于社会所有主体，为了能够有效解决雾霾灾害，需要提升各部门高效协作应变能力和信息传递沟通能力，以更为高效的方式，积极灵活地发挥并调动各主体的主观能动性，以更为灵活多样的方式提供一个舒适宜居的社会环境，需要将合作治理的思维引入治理过程。合作治理作为多主体参与解决社会公共事务的重要方式，是解决区域性环境污染的重要指导，也是推动多主体治理雾霾的一种有效机制。基于社会多主体参与雾霾合作治理，不仅需要明确多主体在治霾过程中利益决策、权责分配，以期通力合作实现雾霾治理的目标，同样需要搭建起多主体雾霾合作治理的平台机制。本书基于理论及实证分析对雾霾合作治理进行研究探讨，以期为中国生态环境保护和雾霾灾害治理构建提供有效支撑，为中国社会经济与生态环境的高品质建设和高质量发展提供对策建议。本书的研究意义主要在于以下两点：

1. 理论层面

本书基于环境科学、公共管理学、经济学等前沿理论研究方法，综合考量并深化对雾霾灾害多主体合作治理的系统性研究，在雾霾灾害等相关概念、机制设计、合作治理以及博弈论等理论基础上，结合当前实际情况对理论概念本地化更新，借助往年雾霾统计数据对中国雾霾灾害时空演变和影响因素进行分析，深化了对中国雾霾灾害时空分布特征和其形成因素的认识，从而为雾霾合作治理机制提供更具参考价值的事实依据。从政府、企业和公众三方主体维度丰富了雾霾合作治理的内涵，在分析雾霾合作治理参与主体间权责关系的基础上，明确多主体合作治霾的目标与困境，发现推进雾霾多主体合作治理的机遇。结合新时代背景构建雾霾合作治理机制框架，突出其在机制设计上的理论创新，以推动雾霾治理多主体的合作并为优化雾霾治理提供理论支撑。

本书通过构建雾霾灾害风险指数、面板门槛效应模型、三方演化博弈模型和结构方程模型等方法，基于客观数据对雾霾灾害风险进行科学测度，结合多方主体参与演化博弈，判断各主体间利益均衡状态，是对雾霾科学研究的方法创新，也为雾霾多主体合作治理决策选择、利益衡量等方面提供了更具针对性的治理模式。

2. 实践层面

开展雾霾灾害的合作治理机制研究不仅在理论层面上寻求突破，也在实践需求上具有重要意义。

本书符合当前中国推进高质量发展高水平建设的时代背景，分别通过对雾霾灾害风险指数构建和测度，明确雾霾灾害风险形成及测度的关键因素，提升雾霾灾害风险测度的科学性；从政府规制、产业结构、居民消费三维度分析雾霾灾害的"门槛效应"，判断各主体对雾霾灾害形成的影响力度，以为后期雾霾多主体合作治理提供对策建议；基于三方演化博弈探寻政府、企业和公众参与雾霾治理的演化稳定策略，更为全面认识多主体治霾过程中的利益权衡和决策选择倾向；基于数字经济迅猛发展的背景下，研究数字经济对公众参与治霾行为的作用机理，以判断数字经济背景下治霾行为的关键作用，充分体现了发展理念中的协调、绿色及共享，强调新时代经济发展下雾霾治理存在新的治理角度，为中国雾霾灾害治理提供了新的研究思路。

本书有助于为推动雾霾科学治理的政策制定提供新的视角和决策参考，有效评估各区域雾霾污染程度和影响因素，从而优化对各区域雾霾污染程度的统筹安排和全局规划，系统认识多主体参与雾霾治理的动因、目标及其存在困境，有效预测了未来多主体治霾的共同目标，从而形成联防联控有效治霾的合力。为中国推进政府治理雾霾政策规划、企业产业线升级调整和公众参与社会公共事务提供了可行思路，从而为转变发展方式、强调经济增长与绿色发展的协同推进、改善人居环境与生活水平等方面的政策制定提供决策参考。

本书有助于发挥各主体在雾霾治理中的监督职能，协调各方主体利益，积极发挥政府、企业和公众的主观能动性。由于雾霾灾害的广域性和复杂性决定了雾霾灾害不可能由单一主体所能解决，需要由多方主体共同参与，从而形成跨区域、跨主体的合作治理机制。本书发现，多社会主体参与雾霾灾害防治等公共事务可有效提升公务处理效率，集中提高决策满意度，对改善雾霾治理成效具有一定的作用。同时，构建雾霾治理的合作治理机制，从而有效推动社会主体明确个人权责义务，及时有效地发挥能动作用以推动雾霾灾害合作治理。

1.2　国内外研究综述

在推动实施供给侧结构性改革的背景下，中国经济近年来保持了较好的经济增长速度，经济增速带来了短期效用的显著提升，但是经济高速发展也同样带来了相应的隐患，与生态环境间的矛盾日渐突出，全国范围雾霾灾害频繁发生，为此，"十四五"规划时期，如何推动生态环境与中国社会经济和谐并进，在保证生态环境系统稳定的情况下推进绿色可持续发展成为当前阶段中国政府关注的重要议题，也成为学术界关注的热点问题。

空气污染问题一直是困扰国家社会经济绿色发展和生态环境保护的关键问题，空气污染严重程度也与各国发展的进度呈现出明显的关联。进入 20 世纪中期，各国进入工业化建设的高速时期，由于工业发展速度过快而导致严重空气污染事件的频繁发生，公众生命健康遭受了前所未有的威胁。自 20 世纪 50 年代以来，各国分别出台相应法律法规对空气污染灾害加以防治。如美国国会 1955 年出台《空气污染管制法》；1956 年，英国颁布全球首部空气防治法案，即《空气清洁法》。严重的空气污染问题逐渐引起学者们的关注，国外学者首先针对雾霾灾害展开深入研究，早期研究关注于雾霾灾害对气候的影响，如皮力（Pilie，1975）[1]借助常规气象观测要素对美国山谷雾生成展开研究，研究表明影响山谷雾生成的关键因素在于城市内部集中建设、风场作用和水面下垫面，自然条件和人为影响共同作用于山谷雾形成。1989 年欧洲六国在意大利针对云和雾化学成分进行试验，以分析其成分不均匀性[2]。李（Lee，1994）[3]以英国地区为例探寻了气象条件与天气能见度之间的关联性。国外早期空气污染灾害研究集中于对不同区域的气候变化进行分析，更倾向于自然因素探讨研究，伴随着雾霾灾害的日渐加剧，国外学者对于雾霾污染的研究主要集中于雾霾的形成机制、时空分布及空气质量评价三大类[4-6]，研究内容在较早期更为具体，且凸显出针对地区研究的区域特征性。相对来看，早期中国城市化发展迅猛，但是空气污染问题尚未引起国内学者的注意，直至20世纪后期，大气污染问题日渐严峻，空气污染研究逐渐受到国内学者的广泛关注，国内有关雾霾污染的研究可分为两个方面：一方面集中探讨雾霾成因、影响因素、区域雾霾时空分布特征等[7-9]；另一方面对雾霾治理展开讨论，学者们分别从法律治理、经济治理、合作治理等多角度提出治理对策[10-11]。如何更有效地进行雾霾治理来实现经济与环境的绿色可持续发展，仍是学术界需要关注的重点。

本部分以知网和 Web of Science 为文献来源，借助 CiteSpace V 对2014～2019年雾霾相关文献展开检索，分析发现国内文献在2014～2017年维持在2000篇文献，伴随着中国雾霾在2013年全面爆发，空气污染、环境保护等成为学术界研究的一大热点，也促使在2014～2017年国内雾霾灾害治理相关文献数量出现明显上升趋势。从2018年起发文数量呈现下降趋势，其原因在于近年来中国空气质量整体改善，雾霾灾害较前一段有显著缓解，生态文明建设取得长足发展，雾霾相关研究成果数量趋于稳定；国外文献在2014～2018年基本维持在1000篇，2019年起发文数量呈逐渐上升趋势，由此可见，国内外学者尤为重视雾霾污染治理等相关问题。国内外关于雾霾的研究集中于雾霾污染成因、雾霾治理、演化博弈、空间效应等方面，但对于雾霾多主体合作治理还缺乏全面、系统的研究，因此本部分在对已有的研究热点进行综述的同时，也对雾霾合作治理的发展现状进行了梳理总结。

结合 CiteSpace V 软件生成关键词聚类和共现图谱，分析得出当前雾霾灾害及其治理研究成果集中于雾霾的时空变化特征、空间溢出效应、雾霾成因分析、雾霾污染与经济发展关系、雾霾治理的多主体博弈，雾霾合作治理、雾霾治理措施七个方面，在此研究基础上探索对中国雾霾治理的启示，并给出相应的政策建议。

1.2.1　雾霾时空变化特征

以雾霾治理关键词时间共现图谱为研究主线，发现自 20 世纪 90 年代起，国外学者针对雾霾灾害展开一系列研究，这与当地工业化建设、社会经济发展存在密切关联，以布林布尔科姆（Brimblecombe，1987）[12] 为首的学者们借助悬浮颗粒物对雾霾污染进行界定，为雾霾时空变化特征的研究奠定了理论基础。1992 年，威廉（William，1992）测算了美国大陆地区雾霾时空格局并对其时空格局加以识别[13]；随后，古德柴尔德（Goodchild，1993）[14] 和科温（Corwin，1996）[15] 应用 GIS 技术探寻区域大气环境污染动态变化规律，并与大气环境模型结合，实现了对区域大气污染的全面认识；布列塔尼施斯特（Breta Schichtel，2001）[16] 分析了 1980～1995 年整个美国东部以及加州地区当下的雾霾情况及时空分布特征，研究结果表明该地区雾霾污染情况逐渐向好的态势发展。近年来，国外大气污染研究随着研究数据来源和方法趋于多元化，且探明技术的不断发展，以不同时空尺度下雾霾灾害的时空演化特征逐渐成为学术界的研究热点，中国雾霾灾害相关研究取得一定成果。如高歌（2008）[17] 采用趋势分析法分析了中国地区 1961～2005 年雾霾的时空分布特征；张小红（2014）[18] 等以长沙地区为研究对象，研究长沙地区近 43 年来雾霾的时空分布特征；吴兑、吴晓京（2012）[19] 等对中国大陆城市雾霾状况进行描述性统计，从时空维度对中国雾霾灾害时空特征分布和分布发展趋势进行预测。综合来看，国内早期雾霾灾害研究成果集中于探索灾害的时空特征分析，从而加深了学者们对雾霾灾害的全局认识，也为后期细化雾霾成因研究奠定了一定理论基础和研究依据。

结合雾霾时空特征研究相关文献和国内关键词时间线知识图谱展开分析，从研究尺度来看，国内学者对于雾霾时空变化特征的研究，多从国家、区域、省市三个层面进行分析。（1）国家尺度。近年来，全国范围的雾霾灾害时空分布特征研究逐渐展开，且研究发现不同国家以及国内雾霾时空变化特征显著，如孔锋（2017）[20]、张生玲（2017）[21] 分别基于中国空气污染指数（API）和空气质量指数（AQI）等数据研究全国雾霾时空分布特征，并结合空气质量指数和污染指数分析其变化趋势。（2）区域尺度。国内关于雾霾灾害区域尺度的研究多集中于经济发展加快且生态环境受到较大威胁的地区，由以城市群研究为当前热点研究区域，其中典型城市群包括京津冀城市群、长三角城市群和珠三角城市群，如上区域经济产值在国内生产总值中占据核心地位，直接关系到国家社会经济发展。其中研究成果有如安海岗（2020）[22]构建了城市PM2.5污染空间关联网络，分析京津冀地区随季节更替对雾霾灾害演化情况的影响以及时了解雾霾灾害变化走向；王会芝（2020）[23]分析了京津冀地区雾霾污染空间重心转移情况，探明区域雾霾污染中心的空间关联性特征，强调了关注雾霾灾害重心对其治理起关键作用；马晓倩（2016）[24]、弓辉（2020）[25]基于京津冀城市雾霾浓度总结其时空分布特征，并结合其影响因子对雾霾灾害治理提出政策建议；门丹（2020）[26]研究了长江经济带雾霾污染的驱动效应，并通过PM2.5排放总量的空间转移系数分析其空间特征。（3）省市尺度。对于省市尺度，学者们对研究对象的选择主要集中于经济发达或雾霾污染重点治理的省市，韩浩（2016）[27]、王慧丽（2019）[28]、崔健（2015）[29]分别揭示了西安市、陕西省及江苏省雾霾天气的时空分布规律，评估不同影响因素对雾霾的影响程度。基于对雾霾灾害的时空分布特征分析，国内外学者针对雾霾时空研究呈现一定区域范围特征，在一定程度上探明不同区域雾霾污染水平及其变化规律。在此基础上，学者们结合不同地区地域特征、气候气象条件、社会经济发展等因素提出针对性对策建议，以助力雾霾灾害的高效治理，突出雾霾灾害治理的区域特征性，从而更为切实可行地减少雾霾灾害，实现绿色可持续的发展态势。

1.2.2 雾霾空间溢出效应

通过对国外雾霾治理关键词知识图谱分析发现，空间溢出效应模型逐渐成为雾霾灾害研究的重要内容，学者们针对该模型不断进行修正补充，以从空间维度分析雾霾灾害的扩散性和治理可行性。空间影响因素对雾霾灾害的作用首先引起了环境学领域学者的关注，如安妮海瑟（Anselin，2001）[30]以空间因素为研究视角，指出雾霾灾害与经济发展间的相互作用关系，并对两者结合的重要意义进行探讨；随后，鲁帕辛哈（Rupasingha，2004）[31]以美国各大洲县级单位为研究样本，将空间计量方法运用到大气污染研究中，探讨美国3029个县的人均收入与大气污染之间的联系，结果表明大气污染程度与人均收入呈现正相关联，随着人均收入的增加，大气污染严重程度也将进一步提高，空间因素能够解释美国各县大气污染间的联系；麦迪逊（Maddison，2007）[32]以欧洲各国作为研究对象，发现二氧化硫、二氧化氮等污染物存在着明显的空间溢出效应；侯赛因等（Hosseini et al.，2010）[33]以 1990～2007 年为时间跨度统计 129 个国家的空气污染物数据，研究发现国家制度对于大气污染物空间溢出效应影响显著，结果表明不同国家的大气污染相互关联，雾霾治理不能忽视空间因素。空间计量模型不断被引入雾霾污染的研究中，充分验证了雾霾灾害研究空间特征性和扩散性特征，国内学者开始以中国为研究对象进行实证分析。大多研究表明雾霾污染的空间溢出效应明显[34]，如何针对其空间效应加以治理成为中国雾霾灾害研究的重要内容。

　　通过雾霾治理关键词共现知识图谱分析得出空间溢出效应、空间效应为当下雾霾研究的热点，常见研究方法涵盖了主成分分析[35]、聚类分析[36]、多元线性回归分析[37]和俱乐部趋同[38]等方法，并以 GIS、SPSS、EViews 等软件作为技术支撑。学者们也基于不同视角对雾霾空间溢出效应进行了研究和探索，可分为如下三类：（1）经济角度。康雨（2016）[39]、周杰琦（2019）[40]分别证实贸易开放及外资进入增强了地区间环境污染的空间联动性，研究得出外贸投资对雾霾灾害存在正向相关性，加大外贸投资存在加剧雾霾灾害风险的结论；徐辉（2018）[41]从财政分权视角分析财政分权对中国省会城市雾霾污染影响的空间溢出效应，研究指出考虑空间溢出效应的财政分权制度有利于缓解周边城市的雾霾污染。（2）空间角度。陈园园（2019）[42]测算了中国省域城市化空间紧凑度，通过构建动态 SDM 模型考察城市化空间结构与雾霾灾害的关联性；东童童（2015）[43]基于空间计量模型对检验雾霾灾害与第二产业产出集聚的空间溢出效应，并依此演算出工业集聚与雾霾灾害的理论模型（3）其他角度。刘耀彬（2020）[44]建立空间计量模型，从人口集聚角度检验雾霾灾害产生与人口聚集间相关性，研究指出人口集聚对雾霾灾害产生呈现正向溢出效应；马丽梅（2014）[45]探讨了雾霾灾害在能源结构和交通运输角度的关联性，基于空间计量模型分析并得出能源产出集聚和交通运输对雾霾灾害呈正相关，指出雾霾灾害防治涉及社会生活的各个层面，有效治理雾霾灾害需要调动社会各主体的力量。

通过开展雾霾灾害的空间溢出效应研究，深化了雾霾灾害的空间研究，使雾霾相关研究更为凸显出空间分析特征。同时，雾霾污染空间溢出效应研究逐渐与经济发展、城市空间分布、人口扩散、交通出行等角度相结合，为雾霾灾害治理提供了新的理论视角，以便提出更为切实可行的雾霾防治建议。

1.2.3 雾霾污染的成因研究

知悉雾霾成因是关乎雾霾灾害防治的关键一步，国内外经济发展早期都曾出现过严重的空气污染灾害，如 1943 年美国洛杉矶的"光化学烟雾事件"，当地政府成立烟雾委员会调查发现汽车尾气为主要污染源，通过对尾气排放加以限制以对其产生的烟雾灾害加以控制；1952 年伦敦发生伦敦烟雾事件，在两年后发布的《比佛》报告中指出燃煤烟尘是造成此烟雾灾害的首要原因。空气中颗粒物沉积对大气能见度具有重要影响，以沃塔德等（Vautard et al.，1995）[46]对欧洲近三十年能见度数据分析得出能见度降低与二氧化硫的排放趋势有关；希赫特尔（Schichtel，2002）[47]等通过对美国雾霾成因研究发现雾霾出现次数与 PM2.5 和二氧化硫排放次数有关；西斯勒马尔姆（Sisler & Malm，2004）[48]发现美国雾霾天气中硫酸盐、硝酸盐浓度较高，是造成美国能见度下降的主要原因。基于对国外雾霾治理关键词时间线知识图谱研究发现早期雾霾成因研究多基于雾霾化学组成成分等微观角度，更为倾向于基于社会力量对大气灾害加以管控，而近期雾霾污染成因文献分析可将雾霾成因的研究大致分为人为因素和自然因素两个宏观角度。

（1）人为因素。人为影响可以具体分为人类污染物排放、交通运输、经济发展、城镇化四个方面。污染物排放方面，瓦斯顿（Waston，2003）[49]指出城市雾霾多集中来源于人为污染物排放，其成分后经化学反应转化为细微颗粒导致污染物沉积引发雾霾。国内学者（辛天奇等，2015；朱成章等，2013）[50,51]指出造成中国雾霾灾害"井喷"的原因在于早期经济社会发展过程中过度利用化石能源，尤其是石油和煤炭。改变原有能源利用结构，开发可替代、污染低的新能源是改善环境问题的关键。除了以上两种，贺丰果和刘永胜（2014）[52]认为雾霾污染很大一部分来源于工业废气以及焚烧秸秆、鞭炮燃放等，污染源涉及农业和工业的双重作用。交通运输方面，众多研究表明随着居民生活水平的提升，可支配性收入较之前有明显提高，汽车成为家庭消费中重要的支出，其汽车尾气排放成为城市雾霾产生的主要原因。塞纳拉泰（Senaratne，1985）[53]提出汽车尾气是导致奥克兰雾霾出现的主要原因；韩力慧等（2016）[54]以北京为例，研究发展汽车尾气对雾霾的贡献率已经超过了工业废气对雾霾的贡献率；李岚淼等（2017）[55]指出 2014 年北京 PM2.5 有 32% 来自机动车；施震凯（2018）[56]采用贝叶斯模型平均方法研究交通对雾霾的影响，结果表明公路交通运输是构成雾霾的重要来源；赵春丽等（2020）[57]提出当私人交通水平超过城市空间系统承载量时，城市交通的负面作用会凸显。交通出行对雾霾灾害产生的影响越为显著，也正是当前各市限号出行，提倡公共交通发展的原因所在。经济发展方面，冷艳丽等（2015）[58]考察了外商投资对雾霾污染的影响，结果显示外商投资通过规模效应、增长效应对环境的影响为负；祝德生等（2020）[59]表明在我国经济发展水平较低的西部地区，金融发展会加剧当地雾霾污染。城镇化方面，刘伯龙等（2015）[60]研究发现城镇化与雾霾浓度呈现正相关关系；秦蒙等（2016）[61]研究了发现不同程度的城市蔓延对雾霾产生不同影响，得出城市蔓延对雾霾灾害呈现正相关性，尤其是中小型城市的城市蔓延会增加雾霾的扩散概率。人为因素是造成雾霾灾害的关键要素，其作用自然生态环境，规范人类开发利用行为，对雾霾灾害的防治起到至关重要的作用。

（2）自然因素。自然因素可以具体分为气象原因、地理条件、自然灾害因素等。在气象原因方面，克尔（Kerr，1995）[62]通过深入研究气候致冷机制以探明造成雾霾灾害的条件；马尔姆（Malm，1992）[63]针对灰霾物质进行溯源研究，通过对其扩散追踪和模拟，得出美国灰霾天气的空间演变特征。指出当局部地域相对湿度较大、高温、小雨、风速较小时，会引起静稳性天气出现，污染物在空气中沉积难以扩散，从而产生雾霾污染事件（冯新宇等，2018；郭利等，2011）[64,65]；逆温层和低边界层会导致地层雾霾浓度增加（贾秋兰等，2020；高广阔等，2017；张恒德等，2016）[66-68]。地理条件是造成雾霾灾害的重要因素，其中跨区域地理因素影响方面，李岩等（2015）[69]提出福州的雾霾污染源很大程度来自长江三角洲的污染物排放；王喜全等（2011）[70]提出东北地区的雾霾形成过程主要是京津冀雾霾输送的结果，指出雾霾扩散与当地所处风场间存在密切关联。自然灾害方面，刘铁柱（2013）[71]指出近年来空气变暖，风场作用会向空气中输送大量的颗粒细子极易引发浮尘、扬尘、沙尘暴等天气，由于气温升高，干燥度加大，导致山林火灾极易发生，从而引起雾霾灾害。基于对雾霾灾害的成因分析，可以更为精确的把握雾霾产生的关键影响要素，从根本上治理雾霾灾害，实现源头治理、重点治理，保证区域雾霾灾害防治有效实现。自然因素是雾霾灾害产生的不可控因素，加深对自然生态系统的认识可以进一步提升对雾霾灾害的预测，以更为及时地预测风险从而降低雾霾灾害的发生率。

借助对雾霾灾害成因分析，学者们可更具针对性地对雾霾治理提出切实可行的对策建议，涵盖自然因素和人文因素，有助于推动雾霾治理的跨学科研究，从多维度分析以推动雾霾治理研究的可行性，也为治理雾霾的对策建议提供了参考。

1.2.4 雾霾污染与经济发展关系

如何正确处理经济增长和雾霾污染之间的关系，是实现中国经济高质量发展的重要保障，众多学者采用环境库兹涅茨曲线（EKC）来探讨经济发展和雾霾污染的关系。为了验证经济发展与环境污染之间的关系，大量文献对此进行了实证分析。主要分为三类：第一类是经济增长和环境污染呈"U"型；第二类是其他形状；第三类是两者呈线性关系或者两者没有出现曲线关系。

第一类研究中，早期最具有代表性成果的是格罗斯曼和克鲁格（Grossman & Krueger，1991）[72]研究发现社会经济发展与生态环境破坏之间呈倒"U"型曲线关系，有学者[73]在已有研究基础上进一步优化结果，将环境污染和经济发展的关系称为环境库兹涅茨曲线，成为研究相关关系的重要工具。随着大气污染问题日益突出，国内学者以EKC为基础，研究区域经济发展与生态环境保护间的作用关系。秦晓丽、于文超（2016）[74]用空间面板分析了2003~2012年259个城市面板数据，得出两者存在倒"U"型关系；宋峰华（2017）[75]将二氧化硫当作衡量环境质量的指标，对中国30个省级单位进行实证得出经济增长对环境污染影响符合EKC假说，且目前处于倒"U"型曲线的下降部分；孙英杰、林春（2018）[76]选择2000~2015年中国31省份省级面板数据，借助 GMM 模型探讨了全国层面社会经济发展与环境规制间也呈倒"U"型曲线关系，从分区研究视角看，中国中部和西部呈现"倒 U 型"曲线关系，而东部并不存在这种曲线关系。

　　第二类研究中，众多学者证明经济与环境的关系不局限于倒"U"型，而是多变的，如早期约翰等（John et al.，1994）和斯托克等（Stokey et al.，1998）[77]均认为污染和经济呈倒"V"型，即曲线存在一个拐点，小于拐点时，经济增长而环境恶化，大于拐点时则相反。邵帅（2016）[78]基于动态面板数据分析指出雾霾灾害和经济增长存在显著的正"U"型曲线关系，表明不同发展模式直接关系到雾霾灾害的发生频率；部分学者认为两者的关系为"N"型曲线关系（卢华、孙华臣，2015；何枫，2016；陈向阳，2015）[79-81]。丁俊菘等（2020）[82]对 1998~2016 年中国 255 个地级市进行空间计量分析得出中国雾霾污染和经济发展并非假定的倒"U"型关系，通过划分具体区域，可见中国东部、南部和北部沿海区域为显著倒"N"型，黄河流域和长江中游地区为倒"N"型，西南山区和东北平原地区为倒"U"型，表明空间分布不同，其所呈现的关系也存在地区差异。

　　第三类研究中，一部分学者认为经济增长和雾霾污染存在线性递减的关系，如刘华军、裴延峰（2017）[83]构建空间 Tobit 模型对环境库兹涅茨曲线进行检验，研究发现两者之间呈线性递减关系，而非倒"U"型假说，表明雾霾治理取得了有效的成就；也有如郑长德、刘帅（2011）[84]研究发现碳排放量存在聚集效用，与经济增长呈正向线性关系。另一部分学者则认为雾霾污染和经济增长无关，如宋马林、王舒鸿（2011）[85]运用 EKC 曲线验证中国各省份改善生态环境的时间路径，发现安徽、辽宁等省不存在库兹涅茨曲线；马丽梅（2014）[86]运用空间计量法研究发现我国雾霾污染与经济发展的库兹涅茨曲线还未出现。

　　研究经济发展对雾霾污染影响的文献较多，如大量文献研究了金融发展、财政分权、经济结构调整、外商投资对于雾霾污染的影响，而忽略了经济对雾霾的反作用，所以近年来部分学者开始集中研究雾霾对经济的影响。有学者认为，雾霾灾害与社会经济发展存在负向关联，如陈诗一、陈登科（2018）[87]研究发现人力资本和城市化建设是表明雾霾影响城市经济发展的关键渠道，雾霾灾害频发会严重干预城市自身发展。同时，随着时间推移其负向效应也将更为直观体现；谢超（2019）[88]提出从相对较短的周期内，雾霾能促进经济的发展，催生出各种环保产业；但从长期来看，雾霾对旅游业、交通运输等行业的危害是巨大的。另外，学者们认为雾霾污染治理与经济发展存在正向关联，邓慧慧和杨露鑫（2019）[89]提出雾霾治理推动了绿色产业的发展和产业结构的转型，促进了经济的发展；姜克隽、代春艳等（2020）[90]提出大力发展雾霾治理可有效提升关键行业的质量和效益，打消人们对雾霾治理会对经济发展带来不利影响的忧虑。基于雾霾与经济发展的双向研究，更能了解两者的相互作用机制，分析不同地区的环境库兹涅茨曲线形状，可更为直观体现影响雾霾灾害产生的关键要素，从而为不同地区的污染程度制定因地制宜的治霾措施。

1.2.5 雾霾治理的多主体博弈

博弈论聚焦于参与主体之间的相互作用，在雾霾等跨区域环境污染研究方面应用广泛。演化博弈论以参与主体的有限理性为假设，认为主体之间要通过不断地调整实现策略均衡。而在基于博弈论的雾霾治理研究中，经历了由主要研究两个参与主体到构建三方博弈模型的转变。

基于政府和企业两者间的博弈模型：巴塔比亚尔（Batabyal，1995）[91]将监管者和污染企业之间的相互作用建模为监管者主导的 Stackelberg 微分博弈。达曼尼亚（Damania，2001）[92]发现污染税等环境管制可能会促使企业改变其财务结构，进而影响产出水平和税收控制污染排放的有效性。在一个无限重复的博弈中，税收作为一种可信的承诺工具，在一定程度上促进了各主体间合谋。邹伟进等（2016）[93]从理性人视角将雾霾治理的参与主体分为中央政府、地方政府和企业，强调各主体在雾霾治理过程中扮演着不同角色，发挥不同社会决策作用。基于此进行多主体演化博弈，并建议中央政府应通过在政绩考核中纳入生态效益相关指标等措施来加强监管。政府应促进企业建立创新体系，重视知识产权。增强环保执法力度，突出及时监测对节能减排的作用，分时间阶段有序淘汰落后产能，强调发展绿色循环经济。马翔等（2017）[94]从生态补偿和生态索赔角度出发，构建非对称博弈模型以突出京津冀协同治理雾霾的关键作用，集合不同决策情景下其系统稳定性和演化结果得出：在无外部监管时，企业不会自主采取节能减排行为。制定合理的生态补偿和索赔机制，关注企业的治污成本对企业转变自身发展模式、优化提升生产技术线水平等方面起着至关重要的作用。基于政府与企业的博弈更强调政府监督引导作用，带动企业向循环绿色发展模式的转变，立足可持续的发展理念，减少雾霾灾害的产生。

基于政府、企业与公众的三方博弈模型，主要探讨了三方主体利益衡量和决策选择，指出各主体行为间相互作用影响，如徐莹等 (2018)[95] 构建政府、交通企业和公众间博弈，强调政府和公众监督对交通企业行为加以限制，同时提出影响监督有效性的关键因素以判断多主体决策倾向。政府与交通企业的策略选择是一个动态博弈过程，政府需要通过改变收益损失比来影响企业的理性决策。因此，政府应结合实际情况及时调整监督强度、惩罚力度，实行有效合理的低碳行为奖励措施以及加强公众的低碳意识来抑制企业的违规行为。徐莉婷等 (2018)[96] 通过三方主体间博弈明确了政府在雾霾合作治理中的核心地位，确立了以排污企业、实施监管的政府和公众三方为主体的雾霾协同治理博弈模型，并强调各主体之间的相互牵制，提出建议：政府应强化监管，完善大气污染管理的基本制度，明确污染中的企业责任并对其进行合理的奖惩，建立污染评估体系。同时借助社会媒体提高民众的有效参与，增大政府监管力度从而推动污染的减少。通过改进生产线技术提升科技含量以助力于降低环境治理成本推动实现绿色发展，是突破博弈困境的根本出路。高明等 (2020)[97] 基于有限理性的基础，研究使雾霾治理过程中各主体达成协作治理的条件。在分析了不同情景下博弈主体的策略选择后提出如下建议：构建以地方政府为主导，污染企业为主体以及公众参与的联动治理模式。地方政府充分利用专家学者提出的专业性意见，发挥公众隐性的监督作用。通过行政管制约束污染企业，并结合奖励净化排污企业的措施。利用相关的激励政策提高企业和公众参与治霾的积极性，调动企业转变发展模式提升自身生产线技术应用，提升公众参与雾霾治理的社会责任意识，从根本上推进雾霾多主体合作治理。三方主体间博弈强调了多主体间的相互制约，相互协调，社会公共事务处理涉及多方主体利益，雾霾治理的有效治理需要基于多方主体间相互协作才能够得以实现。

雾霾的多主体博弈研究多集中于使用演化博弈模型，而演化博弈模型又可视主体地位是否相同分为对称演化博弈与非对称演化博弈。基于雾霾治理的多主体博弈更为切实体现了各方利益间的权衡，一方面，深化雾霾治理研究中对各主体认识，强化了各主体间的相互联系；另一方面，基于雾霾治理的多主体博弈有效开拓区域雾霾治理的研究思路，未来需引入更多博弈模型根据参与主体地位的异同进行更准确、更深入的研究。

1.2.6　雾霾的合作治理

雾霾灾害等大气污染问题属于区域性公共问题，其强流通性以及不可分割性超出了单一政府组织的管辖能力。治理经验也表明相较于依靠地方政府单独治理，实施区域联防联控的治理成果更显著。从区域公共视角来看，学者们的研究主要涉及区域公共治理中的协作治理与府际合作，府际合作突出政府间的协调与合作，协作治理则主要研究国家与社会之间的合作。

府际关系研究始于 20 世纪 30 年代的美国经济危机，西方政府各部门之间也依次经过不同阶段才发展至合作关系。90 年代，国内学者对于府际关系的关注程度日益加深，而国内的府际关系研究包括三个方面，分别为中央与地方、地方政府之间、政府内部部门之间。纵向上，府际关系为政府在行政层面的上下级关系；横向上，表现为地方政府间的竞争合作关系。孙涛等（2018）[98]利用社会网络分析法对京津冀的大气治理进行研究，研究发现在府际合作网络中地方政府合作的主动性和紧密性增强。以中央政府内部部委间、中央与地方政府间以及地方政府间为主的多主体区域环境协同共治网络逐渐稳定成熟。周珍等（2019）[99]为促进雾霾治理过程中地方政府的合作，建立了依托两限制联盟结构理论的雾霾治理联防联控模型。经实证分析后发现，较少的组织层级结构以及距离较近的城市进行合作可以获得更优的协同治理效果。孙宾等（2020）[100]基于对汾渭平原的雾霾治理研究，提出首先要通过财政扶持对各地政府、企业进行利益补偿。其次在权责清晰的基础上，加强各地方政府间、各部门间的沟通与合作，优化组织结构。通过法律手段规范雾霾治理的协同偏差，建立司法机制，维护府际协同各主体的权益。以及以党建为引领，建立健全监督反馈机制，是保证地方政府间治霾工作有效开展，确保治霾工作取得成效的有效举措。

协作治理是以政府治理为中心的同时，多元主体利用各自的优势，来更好地应对区域公共问题。具体到雾霾治理研究中，王颖（2016）[101]针对京津冀地区的雾霾治理，从理念、组织结构以及运行机构创新三个方面对雾霾治理提出建议。在理念方面，要转向包括区域内政府内部之间、企业、社会组织和公众在内的多主体合作治理理念。在跨区域治理组织方面，对决策、执行、监督咨询及行政管理等机构进行创新。在运行机制方面，主张建立以政府投资为主，结合企业和社会资本的多源头保障机制。罗勇等（2017）[102]认为政府应该强化各部门之间的共同应对，加强与非政府组织、公众之间相互合作，允许社会各类参与者参加雾霾治理的规划与管理，并对其进行监督。公开雾霾治理决策与实施过程；彭嘉颖（2019）[103]在对成渝城市群大气污染治理现状和问题分析的基础上，提出要实现包括政府与企业、公众的多元主体共同治理模式。通过完善制度激励，促进跨区域合作，通过跨界网络减少合作成本，促进跨部门合作，并指出将数据共享作为多元治理主体的合作桥梁，利用数据价值组织为政府决策提供依据，最终促进跨域雾霾精准化共治体系的形成；张巍馨等（2020 年）[104]提出要建立以政府为主体的多主体合作模式。在该模式中发挥政府的宏观调控制定有效的治理政策，结合价值规律推动市场多主体的积极参与。发挥非营利组织和社会团体为污染治理增加人力，舆论监督，协调政府、企业、公众关系，合理配置已有资源的功能。发挥公众流动检测的功能促进政策落实与纠偏，使企业在多主体监督下积极发挥正面作用。

现有研究中主要将合作治理的主体分为政府、排污企业以及公众三方，考虑到多方主体在雾霾合作治理中决策变化、利益均衡，为雾霾合作治理中的多方博弈提供了有效论证。同时，针对雾霾治理研究可以结合环境学等多种学科，在深化对雾霾污染研究的基础上，构建治理主体更加细化、多样化的合作治理模式。

1.2.7　雾霾的治理措施

国内外学者将雾霾治理措施视作雾霾防治的核心热点问题。自 20 世纪中期以来，工业化国家快速发展，城市建设和工业产业集聚进一步推进，随之而来的是工业污染带来的环境问题。国外学者在对于大气污染防治的研究中发展出了环境经济学等学派，在环境经济学中对于治理污染的研究思路起源于庇古思想以及科斯定理，庇古在《福利经济学》中明确提出以污染危害程度为标准征收税费的概念。20世纪70年代开始出现有关污染治理的实践成果。2013年中国雾霾灾害爆发，严重的空气污染对社会建设和居民生活构成巨大威胁，引起了国内学者们对大气污染研究的热潮，出现了有关雾霾防治的理论和实践。国内雾霾防治措施多以行政手段为主，伴有强制性和执行性特征，由于市场开放度的不断提升，各类企业在无明确监管的情况下进入市场，导致由生产引起的雾霾问题日趋严重，且根据实践经验和研究成果得出依靠行政命令、检查和处罚难以保证监督的长效性。通过借鉴发达国家的成功治霾经验，发现经济手段相较于行政手段在调整产业线结构升级改善生态环境中的成效更为显著。现阶段雾霾防治需要依靠政府主导的宏观调控和以市场为中心的政策引导严加管制，强调各部分、各行为主体积极参加雾霾合作治理，从而调动社会综合力量实现雾霾灾害有效防控。

以经济手段为主要措施有如约瑟夫和拉布尔（Joseph & Rabl, 2002）[105]利用线性计量模型模拟总体损害，基于治理污染物所需的单位成本，探索税费对治理污染的适应性以寻求最佳匹配。孙艳丽等（2015）[106]探讨雾霾治理的投融资管理模式，发现由于雾霾灾害扩散性的特征导致雾霾治理多主体合作难以取得较好成效，因此以政府为发起者，借助经济激励政策调动其他主体参与，打通社会治霾渠道，扩大已有的雾霾投融资的金融市场。健全财税制度与正确的激励机制来平衡各方利益。蓝庆新等（2015）[107]强调以经济手段为主辅以多种手段将市场化治理措施与雾霾治理的制度建设相结合，加强地区间协同共治以更为高效方式防治雾霾，形成跨区域的雾霾治理协同机制。吴妍（2017）[108]提出征收环境税来推动京津冀地区产业整体转移，以拉动实现全域雾霾治理利益补偿机制，来弥补节能减排下企业的损失。李阳红（2020）[109]以调整产业结构为切入点，强调改进生产技术、淘汰落后企业来推动产业的转型升级。同时通过开发利用绿色新型能源，推动城市公共交通的发展两个方面来对基础产业进行合理布局从而进行雾霾治理。庞雨蒙（2020）[110]指出科技支出和教育支出皆能有效抑制雾霾污染。科教支出在对雾霾污染的治理过程中存在空间外溢属性，为保障财政科教支出发挥效果，解决地区间的利益失衡问题，中央应建立稳定的财政科教支出投入机制，完善地区间的合理补偿机制。因地制宜，设计不同的财政支出方案以解决科教支出在不同地区雾霾治理中存在的异质性。

以行政手段为主要措施，突出政府引导在雾霾治理的核心作用，可有效指导雾霾治理有效运行。李红星等（2017）[111]建议在地方政府的绩效考核中加入环境保护情况与雾霾治理效果。同时指出治理雾霾的政策要有明确可行的政策措施和指标标准，依靠严格的管控标准对企业生产过程中的污染物排放加以限制是治理雾霾灾害的有效措施；孟庆国等（2017）[112]基于地方政府雾霾治理行为是多方主体价值和利益相互妥协的结果这一结论，明确指出监管监督制度在雾霾防治中起到关键作用，在保障监督及时有效的前提下，注重政府领导核心作用，以要求地方政府进一步细化空气质量改善绩效指标体系，在保障政策执行有效性的前提下积极引导社会各主体参与，实现多主体共同治理雾霾灾害的局面。行政手段依靠其强制性和执行性，在雾霾治理过程中更为直接有效地对其他主体行为加以限制，同时也突出了政府的治霾过程中的领导地位。

以技术手段为主要措施，李智江（2018）[113]根据系统动力学的方法，在对北京市雾霾治理的措施进行分析时，强调提高煤炭清洁技术和创新尾气排放技术对于雾霾灾害的长久防治具有显著作用，提高能源利用效率改进能源利用结构对雾霾治理的长效机制构建具有重要影响。支丽平等（2020）[114]基于对国内外的雾霾治理技术专利的研究发现，中国在 2013 年申请数量激增 2017 年后放缓。指出政府应推进治理技术相关的政策支持，利用财政政策减轻企业压力，完善法律法规。提高专利质量、加强人才培养、推动技术创新，成为推动中国产业技术升级的一大动力来源。马彦飞（2020）[115]从雾霾治理专利角度入手，提出雾霾治理技术热点应从防护向处理技术过渡。在雾霾防治专利申请主体中应培育龙头单位进行技术引领以及政府在政策方面要保障雾霾治理创新的积极性。综合雾霾治理措施相关研究成果分析，当前的雾霾治理措施多是从宏观政策方面入手，无法保证设想的正确落实，缺乏有效性验证。需加强针对多主体、综合使用多手段建立治理体系的研究，以更为切合实际应用于雾霾综合整治过程。

1.2.8 文献综评

综上所述，可以发现国内外学者对于雾霾污染的研究具有如下特点：

对于雾霾时空分布特征和空间溢出效应的研究，大多学者短期雾霾状况分析为主，较少研究时间跨度较长的时空特征及演化趋势。同时，雾霾研究相关成果中使用空间计量方法仍较为欠缺，空间溢出效应在雾霾研究中占据了相当比重。因此，合作治理雾霾污染时应结合现状选择恰当的空间计量模型加以运用分析。

对于雾霾成因的研究，国内外早期成果更集中于气象和化学成分角度去探究，而目前针对雾霾成因的研究更为集中于社会和经济角度，多从产业结构、交通、人口、外商投资等角度展开。在雾霾污染和经济发展的相关性研究中，两者的相互影响机制研究较少，不仅要考虑经济对雾霾的影响，还不可忽略社会经济发展对雾霾的反作用。因此，在研究两者的影响机制时，应从定性、定量两个角度去分析经济发展对雾霾污染的反作用，侧重考虑雾霾灾害与经济发展之间的空间效应也将成为雾霾灾害研究的又一热点。

在雾霾的多主体博弈分析中，多以围绕政府、企业和公众展开博弈分析，涉及多方主体的利益决策和行为选择。博弈模型多以演化博弈模型为主，其他模型的应用较少。雾霾合作治理方面的研究多集中于府际关系和协作治理，需加强对治理主体的细化研究，使其向合作治理多元化主体发展，雾霾治理措施呈现多样化趋势，应当注重雾霾灾害防治措施朝向跨学科、多角度的方向发展，强调治理措施应当综合社会、经济、生态等多维度手段。

目前对雾霾研究理论成果逐渐增加，尤其对雾霾污染的空间特征与溢出效应、雾霾污染的成因、雾霾治理措施研究愈发成熟，但对于政府、企业、公众三方主体博弈以及合作治理雾霾的研究较少，且研究更多集中在府际、政府与公众、政府与企业两两主体之间的作用关系，对三者之间的相互作用机制研究不够深入。综上所述，本书以政府、企业、公众作为雾霾合作治理的主体，旨在设计雾霾合作治理的有效机制，以期为中国雾霾灾害防治和社会经济及绿色协调发展提供的理论依据和政策建议。

1.3 研究思路与研究方法

1.3.1 研究思路

本书整体脉络形成一个集理论基础→现状分析→实证检验→主体目标、困境界定→国内外治霾经验借鉴→机制设计创新于一体的完整、系统的研究体系，以实现雾霾灾害多主体合作治理机制设计的研究目的。具体思路如下：

第一，对雾霾灾害、合作治理等概念界定，整理雾霾灾害多主体合作治理相关理论，为雾霾多主体治理奠定理论基础；第二，基于中国2000~2016年各省份雾霾年均浓度数据统计分析，总结归纳中国雾霾分布的时空演化特征，并采用定性分析的方式对影响因素进行整合阐述；第三，有效合成并检验雾霾灾害的各项指标，构建雾霾灾害风险指数，以更为客观科学地评判雾霾灾害风险；第四，利用面板数据门槛模型，实证分析政府规制、产业结构和居民消费对雾霾灾害影响；第五，对雾霾灾害合作治理的动因、目标和困境进行分析，明确雾霾合作治理过程中各主体推进合作的动力及治理过程中存在的阻碍，以更为有效地推动雾霾合作治理；第六，以地方政府、企业和公众为雾霾合作治理参与主体，探索三方主体互动过程及系统的演化稳定策略，判断各主体的决策选择和主体间利益衡量；第七，选取西方发达国家和"一带一路"沿线国家雾霾治理成功经验，并在此基础上总结国内京津冀地区和长江三角洲雾霾治理经验，结合国外经验总结对中国治霾的启示；第八，运用结构方程模型对数字经济和居民消费影响机理进行分析，并结合数字经济的时代背景提出相关对策建议；第九，简述雾霾灾害合作治理各主体权责关系，在明确雾霾合作治理参与主体的基础上结合数字经济、信息化发展等发展背景，构建雾霾灾害合作治理相应机制，以期调动各方主体参与雾霾治理积极性，提升中国雾霾合作治理的效率。本书技术路线如图1-1所示。

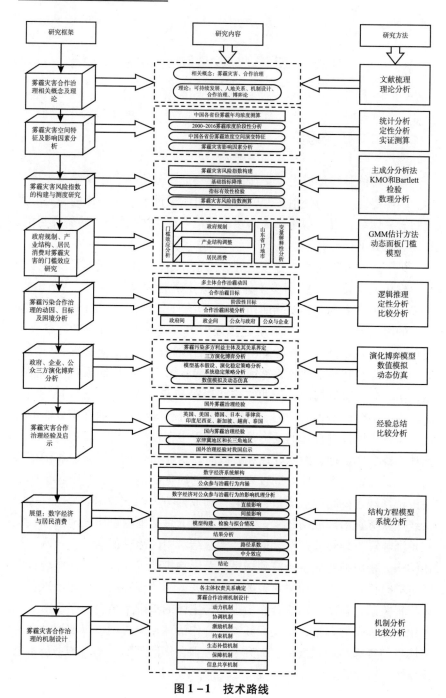

图 1 - 1 技术路线

1.3.2　研究方法

（1）采用系统论方法，将雾霾灾害治理中政府、企业、公众的环境行为纳入分析框架，构建雾霾灾害多元治理复杂系统，分析雾霾合作治理中推进其参与治霾的动因、目标以及各主体间的治理困境，以更为全面地认识各主体间利益推动雾霾灾害的合作治理。

（2）运用主成分分析等方法构建雾霾灾害指数，集中提升雾霾灾害的风险测度，加强雾霾灾害风险预警。借助 Hansen 门槛回归、空间动态面板模型等测度雾霾灾害由强转弱的拐点，分析政府规制、产业结构和居民消费对雾霾治理的影响。

（3）采用多主体动态博弈分析方法，剖析雾霾灾害治理中各主体环境行为特征，构建"地方政府引导、企业执行、公众监督"的大气环境治理博弈模型，求解该博弈均衡。

（4）以结构方程模型为研究理论依据，在对数字经济、公众参与治霾行为的相关概念及系统解析基础上，构建数字经济直接和间接影响公众参与治霾行为的理论研究框架，探讨数字经济对公众参与治霾行为的直接影响和间接影响。

（5）综合采用政策工具搜寻法、机制设计理论、比较分析法、经验总结等，归纳各国雾霾治理成功经验并寻求对国内雾霾治理启示，提出雾霾合作治理对应机制，构建雾霾灾害的合作治理框架及实现机制。

1.4　研究主要内容

在系统梳理雾霾治理国内外相关文献基础上，针对雾霾合作治理现有研究的不足，本书尝试在雾霾灾害合作治理的机制设计上寻求优化和突破。主要研究内容如下：

第 1 章导论。本章内容是本研究的总体脉络，主要涵盖了五大内容，其中包括了选题背景、选题意义（理论意义与实践价值）、研究方法与研究思路、研究主要内容和创新与不足。

第 2 章相关概念与理论基础。本章主要包括了雾霾合作治理研究的相关概念和理论。其中涵盖了雾霾灾害和合作治理两部分内容，引出本研究雾霾灾害的多主体合作治理。理论基础部分是在结合中国发展实践和雾霾灾害治理的基础上对理论加以更新，包括可持续发展理论、人地关系理论、机制设计理论、合作治理理论、博弈论，为本研究雾霾灾害合作治理提供理论支撑。

第3章雾霾灾害时空特征与影响因素分析。本章首先对 2000～2016 年中国各省份雾霾年均浓度进行统计测算，在此基础上，对各省份雾霾年均浓度划分标准等级，利用 ArcGIS 制作不同时间段各省份雾霾浓度分布图，分析 2000～2016 年中国各省份雾霾分布空间演变特征，然后借助定性分析，对造成雾霾灾害的影响因素划分为内外部因素，以判断影响雾霾分布的重要因素，从而更具针对性地提出治霾措施。

第4章雾霾灾害风险指数的构建与测度研究。本章通过分析各要素对雾霾灾害的影响程度，构建雾霾灾害风险指数，结合各项指标以检验其对雾霾合作治理的有效性以提升雾霾风险测度的准确性，并结合雾霾风险指数测度过程中发现的问题，提出雾霾治理的相关建议。

第5章政府规制、产业结构、居民消费对雾霾灾害的门槛效应研究。本章分别从政府规制、产业结构、居民消费为视角，通过从政府规制、产业结构和居民消费三维度分析各主体对雾霾灾害门槛效应分析，以期发现制约中国经济高质量发展、影响雾霾灾害产生的关键因素，并结合当前时代背景分别从政策政策规制、产业未来发展和公众个人行为等角度提供相应政策建议。

第6章雾霾污染合作治理的动因、目标及困境分析。本章涵盖了雾霾灾害多主体合作治理的动因分析、所期望达到的目标和治理过程中存在的困境，探讨激发多主体雾霾合作治理的动因，并力求将阻力降到最低，以期建立良好的合作治理动态网络；理清雾霾灾害合作的目标，可以准确把握未来合作治理的方向；关注各个雾霾治理主体之间的合作困境，深化对生态环境方面合作治理的理解，保证多主体治霾的有效推进。

第7章政府、企业、公众三方演化博弈分析。本章首先对雾霾治理主体进行界定，构建地方政府、企业和公众间的三方演化博弈模型，以财政分权为切入点，分析各主体间博弈决策选择和互动状况，并对其进行数值模拟和动态仿真模拟。在此基础上为构建地方政府、企业和公众的长效合作机制提供经验及理论借鉴。

第 8 章雾霾灾害合作治理的经验及启示。本章雾霾合作治理经验包含三部分内容，分别为国外发达国家雾霾治理经验、"一带一路"沿线国家治理经验和中国重点经济发展区域雾霾治理经验和启示，并鉴于对国外成功治霾经验的分析，以期获得对中国雾霾灾害防治的启示。

第 9 章展望：数字经济与雾霾治理。本章在对数字经济、公众参与治霾行为的相关概念及系统解析基础上，构建数字经济直接和间接影响公众参与治霾行为的理论研究框架，借以完善相关雾霾研究，充分发挥数字经济对公众参与雾霾污染防治的促进作用，提高城市环境宜居水平。

第 10 章雾霾灾害合作治理的机制设计。本章首先对雾霾合作治理参与主体进行界定，明确各主体间权利和责任；其次，基于雾霾合作治理的主体、主体行为和各主体间博弈状况构建雾霾合作治理的机制体系，包括协商机制、内部协调机制、动力机制、激励机制和约束机制、生态补偿机制、保障机制和信息共享机制，分别从政府、企业和公众三方主体角度分析各机制作用，以期引导政府、企业和公众积极参与雾霾合作治理，提升雾霾治理效率。

1.5　创新和不足

1.5.1　创新之处

构建雾霾灾害风险指数，结合中国社会经济发展指标直观体现雾霾灾害与社会经济发展的关联性，判断各指标成分对雾霾灾害的影响程度，更为科学合理地优化了雾霾灾害影响因素分析，开拓丰富了雾霾灾害测度的研究维度。

利用门槛效应模型从政府规制、产业结构调整和居民消费三个维度对雾霾灾害的影响程度进行分析，拓宽了雾霾治理的思维角度，丰富了政府规制、产业结构和居民消费对雾霾灾害影响的理论框架。

以财政分权为切入点，借助三方演化博弈模型分析雾霾灾害合作治理各主体间相互作用和各自决策选择，并对其进行数值模拟和动态仿真。构建"地方政府引导、企业执行、公众监督"的大气环境治理博弈模型，为推动地方政府、企业和公众的长效合作机制提供经验及理论借鉴。

系统解析数字经济的内涵并探讨了对公众参与治霾行为的影响，分析数字经济对公众参与治霾行为的影响机理并提出假设，借助结构方程模型探讨了数字经济对公众参与治霾的直接、间接影响，有利于为科学治霾以及城市人居环境改善提供理论基础。

1.5.2 不足之处

实证研究时需要搜集与整理大量数据，雾霾灾害相关数据在可获取时存在一定难度，但随着相关部门和民间组织对 PM2.5 等雾霾指标的持续监测、整理和公布，数据获取的难度将逐渐减小。

本书基于政府、企业和公众视角建立雾霾灾害合作治理机制以期为雾霾灾害防治提供新的思路，但是在现实中环境行为的选择受行动主体目标、知识、态度等多种因素的影响，逐步优化对环境行为的定量分析，今后将结合这些因素进一步拓宽研究领域。

第2章 相关概念与理论基础

本章以雾霾合作治理的研究内容为依据，从雾霾灾害、合作治理等基本概念界定入手，结合可持续发展理论、人地关系理论、机制设计理论、合作治理理论和博弈论相关理论为雾霾合作治理奠定理论基础，并将理论与当前现实背景相结合，从而实现了雾霾治理相关理论更新，以更为符合中国发展实情，从根本上助力于多主体雾霾合作治理研究。

2.1 相关概念界定

2.1.1 雾霾

1. 雾霾的概念

雾和霾是两种不同类型的自然现象，二者既保持独立又存在密切联系。从形成机理角度看，二者的区别在于空气中悬浮沉积物质存在明显差异，雾是由大量悬浮于近地面空气中的微小水滴、冰晶所组成的气溶胶系统，大量悬浮型水滴和冰晶导致能见度降低引发雾现象，其扩散时间相对较短，属于短时自然现象。霾则是指空气中悬浮着各类有毒有害颗粒物，其颗粒沉积物体积要大于雾现象，且在空气中沉积时间更久，具有持续性长、扩散范围广、能见度低等特性的大气现象。相较于雾，霾对人体的危害性更高，其所含有毒颗粒物易引发呼吸道疾病。

雾霾天气是指大气中的杂质以尺度小于 10 微米的颗粒形态，与空气形成气溶胶的混合状态，区域内处于雾霾污染状态下整体能见度极低，空气质量较差且浑浊，含有大量悬浮沉积物。一般情况下，雾霾灾害多发生于城市人口集中、工业生产高度密度、经济社会活动强度大的城市及其周边区域，当细颗粒物排放超越了环境承载力，空气中沉积物达到一定的阈值程度，雾霾灾害便会产生。以 2005 年世界卫生组织（WHO）制定的 PM2.5 浓度准则值为标准，在此基础上设定了三个过渡期的目标值见表 2-1。

表 2-1　　　　　国家/组织 PM2.5 浓度准则值即实施时间

国家/组织	PM2.5 年均浓度（微克/立方米）	PM2.5 日均浓度（微克/立方米）	备注
WHO 准则值	10	25	
WHO 过渡期 1 期目标值	35	75	2005 年发布目标值
WHO 过渡期 2 期目标值	25	50	
WHO 过渡期 3 期目标值	15	37.5	
欧盟	25	—	2010 年 1 月 1 日发布目标值；2015 年 1 月 1 日强制标准生效
中国	35	75	2012 年重点区域开始执行目标值；2016 年全国执行目标值

中国自 2013 年雾霾灾害全面爆发，其制定了相对完善的雾霾灾害评价标准，在早期城市化发展和工业建设时期，缺乏对应指标体系构建，对雾霾灾害重视程度不高，导致空气质量持续恶化，目前中国执行雾霾浓度指标为 WHO 提出的过渡期 1 期目标值，在判定雾霾灾害浓度的标准上相对较为宽松，随着生态环境保护和高质量发展建设的推进，中国雾霾浓度准则值也将随发展状况进一步作出调整。

2. PM2.5 的含义及其与雾霾之间的关系

PM，英文全称为 Particulate Matter，其所携带数值表明了空气中此种微粒物的大小。PM2.5 指粒径在 2.5 微米以下的细颗粒物，其借助空气中的气态污染物与之发生化学反应，是造成雾霾污染的真正原因。PM2.5 对空气质量与大气能见度有重要的影响，其来源也较为复杂，主要包括自然来源、人为来源、通过化学转化形成二次颗粒。自然来源主要包括扬尘、海盐、细菌等成分；人为来源主要包括工业废气排放和汽车尾气排放。鉴于此，本书以 PM2.5 浓度来代表雾霾灾害的严重程度，并以此为数据来源对雾霾灾害进行实证研究。

3. 雾霾的危害

雾霾对人类的生产生活活动、社会治理、经济运行都产生了较为明显的负面影响，主要体现在以下三个方面：

第一，危害人体健康。2013 年在雾霾严重的城市里，医院呼吸内科门诊和儿童急诊就诊人数最高增加至 55.5%，PM2.5 可以直接进入人的呼吸道，除了易出现呼吸道疾病外，严重的会出现肺部感染与高血压等疾病。同时 PM2.5 涵盖的有毒有害物质可以依附于人类食物和水源等物质进入人体，对人类生命健康构成直接威胁。

第二，影响交通运输。雾霾污染导致大气能见度降低，高速公路、航空因此经常无法正常通行，使得大多数企业不得不减少运输次数，加大了企业库存的成本；由于雾霾灾害的空气中沉积物浓度及其物质与雾天气存在较大差异，导致雾霾灾害持续性时间更长于雾等其他现象，造成高速路长时间封闭，增长了长途运输的时间成本，同时也给道路交通行驶安全构成极大隐患。

第三，损害生态系统。在雾霾严重的区域，空气中 PM2.5 浓度较高，使得空气纯净度降低，由于空气中大量沉积颗粒物，导致雾霾灾害下阳光难以穿透云层，所能辐射植物的照射度较少，使得植物难以维持正常状态下的光合反应，影响着农作物的生长速度与收成质量，从而大大削弱了农作物抵抗病害的能力；动物吸食附有 PM2.5 的食物时，也极易引发疾病和死亡，导致整个生态系统无法顺利运转下去。

2.1.2　合作治理

长期以来，由于市场失灵的存在，市场资源不能得到有效的配置，政府的过分干预是当时治理公共事务的主要方法与方式。但托克维尔认为政府是为公民而服务的，公民有权利去参与乡镇公共事务的管理，从而提出了"乡镇自治精神"[136]，奥斯特罗姆基于乡镇公共事务管理展开大量实证性研究，基于研究成果构建"多中心治理理论"，即强调搭建起以政府、企业和社会三方联系的合作治理框架，摆脱原有的以政府或市场为中心的单一主体治理模式，该理念的核心在于建立多层次的制度来加强三者之间的联系，利用核心机制来解决冲突，减少机会主义，有利于公共利益的健康发展[137]。伴随着公共安全事件的逐步全球化和信息化所致公共事务治理的不确定性，突出强调以政府过度干预、统一管理公共事务为代表的管理方法已经不再适应这个时代。为了应对公共服务的需求多样性与多变性，政府应该主动去引导社会力量去参与公共事务的管理，合作的主体也没有硬性的限制，不仅包括各个政府部门，也包括企业、公众等全社会的力量。合作治理是社会治理的必然变革趋势，也是更好适应社会需求变化的必然要求。据此，合作治理是政府不垄断公共权利的前提下，以相互信任为纽带，合理分配社会资源，共同治理高度复杂且不确定的公共事务，从而促进公共利益的实现。学术界对合作治理的定义，涉及的核心要素包括合作治理主体、客体、策略及目标，其中主体为利益相关者，客体为所需治理的公共事务，策略为利益相关者的联合行动，目标为解决公共事务所涉及的问题。

本书所指的合作治理指的是为了满足区域内全体或大多数居民对良好空气质量的需求，区域内政府、企业、居民通过协商、监督等手段，实现区域雾霾灾害合作治理，最终达到各个利益相关者均获得收益的目的。

2.2　理论基础

2.2.1　可持续发展理论

1. 可持续发展的提出与发展

可持续发展思想是国家建设发展取得持续性成效的重要思想和发展理念，其萌芽阶段源于 20 世纪 60 年代，该阶段是在经历了早期发展建设后，作为人类生存根基的生态环境和自然资源遭受严重破坏，为了转变这种资源消耗高于经济成效的局面，必须要走一条新道路来解决目前传统发展的老路。《人类环境宣言》于 70 年代提出，并为后期可持续发展理念提供了思想理论支撑，生态环境保护和资源的循环利用愈发引起各国关注，本阶段有可持续发展的相关报告逐渐增多，可持续发展理念不再仅作为一种理念，而逐步上升为一种有据可循的理论。进入 90 年代，可持续发展原则逐步推广到了全世界，确定了全球发展应当将可持续发展理念当作前提条件，明确其在国家建设发展中的重要地位。2002 年，世界首脑会议上共同探讨世界可持续发展规划，最终通过了具有里程碑式意义的约翰内斯堡《政治宣言》和《行动计划》等重要文件。至此，人地和谐成为可持续发展的主流思想，不仅丰富了可持续发展的理论内涵，也推动了全球可持续发展的进程。

可持续发展理论是人类社会最本质的需求，不仅得到全世界的广泛认同，而且引发了学者们的深入思考和研究，随着社会的发展和人类的发展，可持续发展的内涵将会不断被赋予新的内容。从中国的国情来看，作为世界人口大国，近年来经济发展脚步的加快使得资源消耗量不断增加。大气污染、水污染、物种灭绝等问题层出不穷，成为中国高质量发展的绊脚石。可持续发展作为高质量发展的基础，指导中国经济转型走可持续发展之路，实现高质量发展目标。

2. 可持续发展的内涵

可持续发展是人类对于后工业化时代的反思，传统的发展方式强调人对自然的支配，带有强烈的个人欲望与意愿。而可持续发展是人类对于克服经济、社会、生态等问题作出的理性选择，强调社会经济发展过程中应当遵循自然生态系统的运行的规律，将人与自然之间和谐共生逐步提升为国家长久建设中的重要战略，并以此为基础构建生态环境保护与高质量发展的综合策略。其中可持续发展内涵主要包括三个层面：

（1）可持续经济方面。可持续发展鼓励经济增长，而不是以保护生态环境为理由抵制经济增长，可持续发展强调经济的速度和质量的相互结合，两者缺一不可。过度重视经济发展的速度，会使社会与生态环境遭到破坏；过度重视经济发展的质量，则会让经济停留在原地。因此想保证经济可持续的发展，就要注重科技的创新，减少原材料的成本，转变生产方式，从而提高经济效益。

（2）可持续生态方面。生态资源是可持续发展的基础，生态资源的有限性也构成了经济发展的最大极限。可持续发展强调有限制的发展才是可持续的，因此发展要在考虑资源环境承载力的范围内进行，提高人类的素质并创新技术，防止资源的消耗程度超过其再生程度，确保生态资源的物质保障作用。

（3）可持续社会方面。世界各国和地区的国情、发展阶段的发展目标等各不相同，但是可持续发展的要求在任何一个国家或地区都是相同的，发展要注重人，其本质应该是提高人类健康水平和改善人类的生活质量，为人类创造一个自由、平等、和谐的社会环境，这样的社会才是可持续的。

综合来看，在以人为本的可持续发展系统中，国家长久发展的持续性动力即强调经济可持续；其发展的基础平台即为坚持生态可持续；国家发展的最终目标即实现社会整体的可持续性。

3. 可持续发展的基本原则

（1）公平原则。公平性原则是指人类既有共同去促进可持续发展的权力，同时每个公民都具有享受和获得可持续发展带来生态和经济红利的权利。公平性原则涵盖了两个维度，分别为代内公平和代际公平。代内公平指资源在全世界人类中的横向公平，强调为同一时代下，全球不同地区均衡发展，拥有相同的权利，消除阶级的两极分化，扩大中间红利分区，使得更多人获得可持续性红利，共同走向美好生活。代际公平指人类各代的纵向公平，指的是人类不能为了实现目前的经济发展而损害下一代子孙生存的生态环境，要利用公平的原则有序地管理全世界的生态资源。

（2）共同原则。可持续发展作为一个全球性概念，最终目标是为实现全球可持续性发展建设，强调每个国家和地区、每个地球居民，在无区分无差异的前提下都需要积极参与。虽然不同国家和地区在经济实力、文化历史、科技发展等方面差异巨大，采取不同的发展方式，但是遵守着相同的可持续发展原则，尤其是在生态环境保护方面，更是有着一致观念，即尽量以环境友好的方式实现经济社会发展。此外各个国家和地区在全球化和数字化发展的推动下相互依赖程度不断提高，在发展过程中，既要处理好内部矛盾，也要处理好外部矛盾，认识到牺牲其他国家利益换取自身发展的方式是不可取的，只有与其他国家建立共同目标协同合作才能实现更加长久深远的利益。

（3）持续原则。经济持续增长、社会持续进步、生态持续发展是可持续发展理念的三个方面。经济持续增长是人民摆脱贫困、生活质量提升、需求不断满足的保障；社会持续进步是社会稳定、人民生活幸福的支撑；生态持续发展是资源合理利用、环境污染治理的指导原则。通过宣传教育等方式将转变人们的观念，使得可持续发展理念得以体现于人类活动的方方面面，让人民意识到只有低碳环保的生活方式才能实现世世代代持续发展。

（4）和平原则。战争的破坏不仅体现在经济方面，而且会对社会和生态环境产生不可挽回的损害。只有和平的环境才能缓解对资源的肆意掠夺，以保证后世拥有足够的资源可以利用，从而使后代人的发展权益得到保护，也使人们意识到和平的重要性，进而主动维护和平，避免战争和暴力冲突对人类可持续发展的破坏。

2.2.2　人地关系理论

1. 人地关系的内涵

人地关系即人与自然系统的互动，人类为了生存和发展需要适应自然环境，人类活动也在一定程度上改造自然系统，其内涵是动态变化的，因为随着所处社会阶段的不同，人类对土地认知观念的不同导致人地之间的关系会有所不同。农业社会，人类的生存与生产活动极度依赖自然资源与环境，尤其是对土地的依赖，在人地关系中突出自然地理环境的作用。在工业社会时代，工业技术革命改变了国家发展建设的主导产业模式，同时也转变了人类对资源利用的开发方式，产业化发展的需求导致人类对土地的需求日益扩大，沉醉于征服自然的"美梦"之中，因此出现了土地沙化、泥石流等严峻的生态问题，人地关系趋于紧张，人类开始反思自己的经济发展模式。在此背景下，人地关系也开始有新内涵，即追求人地和谐是全人类发展的主要目标。所以，在不同的社会发展阶段，人类对人与自然关系认知有所不同，进而赋予人地关系不同的内涵。

现有研究中，有不少学者将人地关系的概念进行了界定。吴传钧指出，强调人地关系系统是由地理生态环境系统和人类社会共同构成的统一动态系统，该系统中形成了人类社会与地理环境系统间的双向信息和资源流动，各子系统之间得以实现物质和能量的流动与转化。人地关系取决于人，并随着科学技术与思想观念的不断提高，人类会主动地去认识与改变它，为全人类的共同利益着想，这就是人地关系变化的客观规律[117]。李振泉阐述了所谓"人地关系"就是人类为了生存和发展的需要，不断开发与利用地理环境，从而提高了适应环境的能力，反过来地理环境又深刻地影响人生产生活活动的变化特征和地域差异性[118]。同时，以王黎明[119]为代表的学者在综合已有理论研究基础上，将人地关系定义为人类社会经济活动和地理环境之间的关系。也有其他学者[120-123]从技术学、哲学、制度学、历史学等视角对人地关系的本质进行了新的解读，促进了人地关系理论的不断发展。

2. 人地关系地域系统

人地关系地域系统是以地球表层一定地域为基础的人地关系系统，也就是人与地在特定的地域中相互联系、相互作用而形成的一种动态结构，是由自然环境综合子系统以及人类社会综合子系统组成的开放且复杂的系统[117]。

（1）人地关系地域系统的特征。

①地域性。不同范围、不同尺度下的人地关系具有自然环境、气候、经济社会发展等因素，这些因素导致系统存在明显的空间差异性。此外，吴传钧教授对人地关系地域系统的界定也强调了其明显的地域性，这是进行人地关系研究必须注重的问题。

②综合性。李旭旦早在 1947 年就指出，划分地理区时，要将自然和人文因素相结合[124]。因此，在评价区域发展状况时，要同时包含自然要素和人文要素，并体现出两者之间的互动关系，以此来体现人地关系低于系统的综合效应。

③整体性。人地关系地域系统作为一个有机整体，并不是诸多因素的简单组合，这些要素之间存在着复杂的内部联系。通常，"一个因素的变动会引起诸多因素跟着变动，甚至改变整个系统的本质和运行方向"[125]。

④层次性。人地关系地域系统虽然是一个巨型的综合系统，但其却具有清晰的层级结构，因此是一个级序系统。构成人地关系地域系统的每一个子系统，有包含多个分支系统。在研究中可以层层分解，又可以加以整合进行比较。

⑤开放性。人地关系地域系统不仅内部各子系统之间相互交流、协调发展来保证整个大系统的良好运行，同时与系统外部的环境进行着物质与能量等的交换，不仅从外部获得信息，也向外部进行输出，如此才能维持整个耗散结构的稳定。

（2）人地关系地域系统的结构。人地关系地域系统是一个有多个子系统构成的巨大而复杂的系统，根据已有的研究，其结构大致有三种：一是由自然子系统和人文子系统组成的结构，即"人"和"地"两个子系统，将"人"和"地"之间的互动关系作为研究的重心[126]；二是由自然子系统、经济子系统和社会子系统组成的结构，该结构侧重于研究中自然子系统分别和经济子系统、社会子系统间的相互作用与影响，但忽略了经济子系统与社会子系统之间的联系[127]；三是由人口、资源、环境与发展四个子系统组成的结构，也称为 PRED 结构，是目前人地关系地域结构系统研究中最常用的，该结构认为人口、资源和环境应在可持续发展的条件下互动，并促进可持续发展[128]，并强调在实践中要特别注重地域差异[129]。此外，有学者提出可持续发展各要素之间相互作用、相互影响，共同构成了国家发展过程中的可持续性结构。为可持续发展随着时代的不断推进提供了更为全面可行的理论支撑[123]。

2.2.3　机制设计理论

1. 机制设计理论的形成

机制设计理论可以追溯到 20 世纪 20 ~ 30 年代，围绕"计划经济体制能否有效配置资源"，以哈耶克、米塞斯与兰格、勒纳为代表的双方展开的"社会主义大论战"。哈耶克等人认为计划经济无法获得维持经济顺利运行的信息，因为信息具有私密性，且数量庞大，在传递过程中容易失真，计划经济体制下的决策中心——中央政府，无法收集到有效信息来支持经济系统的健康运行，此外还存在着信息成本高昂的问题。

而市场经济则能以较低的成本充分地收集与整理信息，并及时作出反应。兰格对这一个观点提出了不同看法，基于其构建的社会主义经济模型，在强调信息分散化的前提下，中央政府可以通过边际成本定价的方式，实现对过量信息的手机与整理，一定程度上降低信息成本，并能有效配置资源。但是，边际成本定价的方式又带来了新的问题，其问题涵盖了两个方面，分别体现在边际成本和边际成本定价，即政府应该在何种情况下激励掌握大量私人信息的企业真实地反映其边际成本，以及如何要求企业在按照真实边际成本定价的情况下保证其生产任务在规定时间内完成。

市场失灵的一大体现就在于企业和消费者信息的不对称，这种信息不对称会导致消费者的权益容易受到侵害，使得帕累托最优无法实现，一直维持在帕累托改进的阶段，所以市场机制也是不完美的。因此是否存在某种能符合信息成本最低要求的机制来实现资源的有效配置呢？

2. 机制设计理论的核心概念

（1）信息效率。在"经济人"假设的情境下，理性的、自利的经济活动参与者很可能不会表示出真实想法，甚至提供虚假信息来规避对自身不利的影响，而市场失灵的存在又加剧了这一现象，使得信息不充分、不对称的问题更加严重，显著地提高了信息成本。信息是实现既定目标的决定性因素，但数量庞大、真假难辨、传递成本极高的信息又阻碍这一目标的实现，因此信息效率要求在信息不完全、不对称的条件下，获取少量有效信息，关键在于降低机制运行过程中信息传递成本。

（2）激励相容。"社会主义大论战"中提出的关于一个机制是否能良好运行的判断标准，激励相同同样是衡量机制运行的重要标准。"经济人"假设提出的人都是自私自利的，在社会生活中真实存在，所以只有当说真话能使参与者的自身利益最大化时，参与者才有动力表露自身的真实想法，否则会提供虚假信息或者不透露任何信息。因此，为获得参与者的真实信息，机制设计者需要在激励相容原理的指导下，提供一种激励机制，能促使所有参与者说真话，在实现社会目标的同时满足个体利益最大化的条件。

（3）显示原理。信息效率和激励相容作为机制设计的两个重要标准在机制设计的整个过程中发挥着重要作用，但二者并不能回答在众多可以实现目标的机制中，哪一种机制可以达到帕累托最优？受到吉巴德基于占优策略提出的直接显示机制等的启发，罗杰·迈尔森于 1979 年运用更一般化的贝叶斯纳什均衡来分析显示原理，指出当某一个机制是激励相容的，则一定能通过某种直接激励机制实现。显示原理简化了机制设计理论分析框架，常应用于从多个激励相容的机制中获取能够实现帕累托最优的一种机制，为机制设计理论的发展作出了巨大贡献。

（4）执行原理。显示原理很好地解决了一个均衡中所面临的最优选择问题，但面对多个均衡时，即在目标一定的情况下，是否能设计出一个一定能实现这一目标的激励相容机制。1977 年，马斯金以博弈论为基础提出了单调性、无否决权和至少有三个参与人的最优纳什均衡实现条件。机制必须满足单调性，才能付诸实施。事实上，执行原理是机制是否能实施的判断标准，即任何一个可操作的机制都需要满足执行原理的条件。

2.2.4　合作治理理论

1. 合作治理产生的背景

财政危机和政府信任危机成为近代西方国家发展中面临的重要问题，集中体现在新公共管理理论中主要包括管理分权、组织分散、缺乏可操作性等问题以及已有治理理论的缺陷。为了进一步缓解市场失灵和政府失灵所带来的负面效应，20 世纪 90 年代，西方政府围绕组织结构、管理模式等进行改革以寻求转机。随着社会经济的逐步发展，政府所面临的社会问题日益复杂，在解决这些问题的过程中，逐渐发现依靠传统治理模式难以解决发展过程中存在的问题。虽然政府与社会组织间并不存在不可调和的矛盾，但只有在实践过程中，由原来的不信任、不合作、不平等逐渐变为相互信任、合作和平等共处，并逐渐达成共识才能够从根本上缓解矛盾：一方面，政府需要与社会组织合作从而解决现有的问题，进而获得传统治理理论所达不到的效果；另一方面，随着企业、社会组织、公众参与治理经验的不断丰富，越来越多的非政府组织开始逐渐参与到公共服务提供过程中，并承担相应的社会责任。由此，合作治理开始被学界重视和研究，其理论和思想不断丰富，并逐渐被认可。

2. 合作治理的理论内涵

与参与治理、多中心治理、协商治理等理论相比，合作治理的主要目标是实现共同目标或获得共同利益。参与治理理论虽然具有一定的民主意味，但是因为对治理主体、客体区分比较清晰，容易导致客体在参与过程中消极被动等问题；多中心治理理论则应为过分强调多元主体共同治理，而对形成治理联动的工作格局具有消极影响；协商治理理论只适用于发育程度较高的组织，如果治理主体和客体的协商能力不足，这种治理模式并不能起到良好的效果。合作治理理论避开了上述理论的缺陷，并结合"善治"思想，将多中心与治理主体参与公共事务、解决公共矛盾和问题、提供公共服务融合作为其重点和治理方向，强调社会公共事务各参与主体之间的平等地位，破除了公共部门与私人部门间的隔阂，建立起了良好、有效的合作治理参与关系。在合作治理过程中，政府不再起决定性作用，而是主要起到引导作用，从而达到在平等、公正、自由的环境下，保障各方的利益，使治理主体发挥各自作用，共同解决公共问题的效果。

3. 合作治理特征

从合作治理的理论内涵看，其具有以下基本特征：

一是治理主体的多元性与平等性。主体涵盖多方面，包括政府、企业、非营利组织、社会团体、公民个人、媒体等其他社会组织，充分体现了参与主体的多样性特征；治理主体的平等性是指政府进行分权，打破以往垄断公共权力的局面，其他治理主体都平等地获得与责任相当的治理权，从而进行社会共治。

二是治理目标的一致性与复杂性。任何一个组织都必须具备相同的目标，这是一个组织得以良好运行的基础。同样，合作治理主体间也具有一致的目标，如此才能形成一个高效运行的组织机构。公共治理是为了解决社会公共问题，其初衷是为了维护和增加公共利益。同时，在政府、企业、社区、非营利组织等公共事务参与主体的合作过程中，公共政策目标必然会受到多元价值因素的综合作用，从而呈现出复杂的目标体系形式特征，以体现出社会多主体参与的多元主体理念。

三是治理结构的动态性。合作治理的结构并非一成不变，它会随着治理任务的改变而变化，当组织完成已有的目标后，会确定新的目标，并据此进行结构的调整，以适应组织目标。

4. 合作治理的工具

公共物品虽然具有消费的非竞争性和非排他性，但是其并非只由政府机构加以提供，政府在公共物品提供中相对占据了较大比重，体现为政府部门在职责范围内，依托公共权力，承担直接生产并提供公共物品和服务的职能。而合作治理打破了这一传统，通过公私合作等方式，拓宽了公共物品与服务的供给途径，表现为部分公共物品交由私人企业和社会非营利组织加以提供，一方面缓解了政府提供公共物品所带来的压力；另一方面也为社会多主体参与公共事务提供了途径。

（1）合同外包。合同外包即政府、企业与非营利组织签订生产合同，对于大部分生产公共物品和服务的任务进行外包。在这种制度下，政府与公共物品供应商的关系简单来讲，就是以政府统筹安排公共物品的提供，企业和社会非营利组织为公共物品及服务主要供应方，由政府在安排过程中向供应方付费，从而形成一个完整供需程序，相对来讲合同外包往往比政府服务更有效率，在于企业和社会组织相较于政府更为完善的生产流程，可以更为高效地完成生产供应任务。

（2）特许经营。特许经营的关键在于政府的行政授权，从而使第三方参与主体能够获得特许经营权。在特许经营过程中，政府同样会对公共产品和服务的价格、质量等会实施相应的管制措施，以保证公共物品和服务的公益性。特许经营与合同外包的区别在于：特许经营是政府授权于公共物品和服务的提供者进行生产活动，由消费者向公共物品供应商直接付费；合同外包则是政府委托其他第三方生产，并在此基础上由政府向生产商购买产品以供应社会公众。

（3）政府补助。政府通过向公共物品与服务的生产者提供补助，降低其生产成本，从而间接达到降低公共物品与服务的价格、提高消费者的满足程度的目的。在保证政府会公共物品生产者的有效补助前提下，虽然公民依旧需要向生产者付费，但是在其他条件相同的情况下，公民在同样的支出水平下能获得更多的产品。

（4）凭单制。凭单是政府针对特定公共物品和服务，以有形卡片等形式发放给特定消费者的补贴，可以通俗地理解为是一种专门的"优惠券"。凭单制的运作机制为：政府部门依据一定的标准选择公共物品与服务的生产者，有资格持有凭单的消费者从这些生产者之间进行自由选择并换取产品，生产者以凭单为证从政府部门进行结算并获取补偿。凭单制作为合作治理的工具之一，与计划经济时期的"粮票"等运用到全部物品和服务领域、覆盖全体社会成员的政府凭单不同，凭单制具有明确的指向性，目的在于提高目标消费者的需求满足能力。此外凭单制是使特定消费者直接获得补贴给予消费者自由的选择权，能在一定程度上提高消费者的满意度，同时市场机制也更有利于提升公共物品与服务的供给质量与效率。

（5）政府出售。政府出售指政府将公共资源通过法定的程序出售给有需要的私人部门。因为政府一般是无差别地向全体公民提供公共物品与服务，若是私人部门需要额外使用，则需要另行支付费用。相较于政府服务，政府出售属于合作治理，政府在公共物品及服务供给过程中承担生产作用，而以第三方私人部分和其他社会组织则发挥其安排公共物品生产的功能，提供供需状况评估；而政府服务属于政府统管，政府在供给过程中涵盖了生产和供给的双向职能，以满足公共物品及服务提供，其生产供给成本来源于财政支出和使用者付费。

（6）自由市场。自由市场是以市场规律起决定性作用，强调政府在整个供给过程中并非起到决定性作用，主要发挥监督和稳定职能，消费者可根据个人需求自主选择相应的公共物品、服务及其生产供应商，由作为生产者的私人部门依照消费者的直接需求生产和供给各类物品或服务，一般适用于部分准公共服务的供给。市场失灵导致生产公共物品和服务的过程仍需要政府进行管制，否则会造成不公平和低质量。适当的政府规制，可有效提升公共物品及服务生产和供给效率，防止供给市场的垄断并保障公共物品消费者的权益。结合政府经济型规制，还可有效提升企业的社会责任感，以有效保证公共物品提供的质量。

（7）志愿服务。志愿服务指由志愿者、志愿组织以及慈善组织等提供公共服务，志愿工作具有自愿性、公益性、组织性等的特征。志愿者协会或志愿者组织能够有组织地提供某些公益服务项目，并能对有特殊需求的人提供特别服务。例如，社区组织进行邻里纠纷解决、安保巡逻、养老、文艺演出等服务；志愿组织提供环境维护、知识宣讲等服务。但是，志愿者组织或非营利组织的活动需要政府的资金和政策支持。

上述七种治理工具，除了政府出售、自由市场和志愿服务外，其他四种安排都要求政府发挥掌舵作用，但政府出售、自由市场和志愿服务仍需要政府发挥相应的作用。上述七种方式既可以单独使用，也可以混合使用，从而形成公共物品和服务供给的多元化制度安排。随着公共物品和服务供给由单一机制向多元化机制转变，政府与企业、非营利组织之间的携手合作，政府、市场与社会共同发挥作用，大大提高了公共事务治理的效率。

2.2.5　博弈论

博弈论作为经济学分析中一个独特的视角，有助于人们挖掘和理解经济问题，并能有效指导经济政策的制定，雾霾合作治理涉及多主体之间的利益权衡和决策选择，多方主体间博弈发挥着重要作用，因此，博弈论在经济学和公共事务管理领域的影响愈发深远。

1. 博弈论的基本内涵

博弈论探讨决策主体的行为发生直接相互作用时候的决策以及该决策的均衡性问题，研究了一方主体决策对其他主体决策的影响，从而影响其他参与主体行动的问题。博弈论又称为决策论，突出强调了各主体决策的重要作用，是在数学模型基础上探究各主体行为如何获得最优解的理论。该理论应用于两个及以上利益主体，在给定的约束限制下，根据他人的策略选择，所作出的选择对其他各方的影响及自身的影响。一个博弈中主要涵盖以下要素：

（1）博弈主体。在整个博弈过程中，承担决策和行动的主体即为博弈主体，博弈主体在作出相应决策并为所采取的行动承担后果。一般情况下，博弈过程多为两方及以上行为主体参与，一般将其称为"双方博弈"和"多方博弈"。

（2）策略。博弈过程中博弈各主体基于自身利益所作出的决策行为策略。每个博弈决策策略都是一个完整的决策过程，任何一个博弈主体的决策所指定的行动准则方案都被称为该博弈主体的一个策略。通常情况下，如博弈主体的对策或行动的选择有限，则称为"有限博弈"，反之称为"无限博弈"。

（3）收益。各博弈主体自身行动或策略的选择，以及其他博弈主体行动或策略的选择都会影响本博弈方的收益，即每个博弈主体在一局博弈结束时的收益，不仅与其自身选择的策略相关，而且也与其他博弈主体所采取的策略有关。

（4）信息。信息指博弈主体在博弈过程中的知识，特别是有关其他博弈主体的特征及行动方案的知识。

（5）均衡。均衡指所有博弈主体都使用或选择了最优的策略或行动。

2. 博弈的类型

博弈模型一般情况按照行动顺序和信息完全度划分，行动顺序指代各行为主体采取的行动的先后顺序；信息完全度指代参与主体对参与博弈的其他主体特征、战略空间以及相应的支付函数的了解程度。博弈分类具体如下：

（1）合作博弈和非合作博弈。根据参与博弈主体之间是否存在合作或同谋的可能性，可以将博弈论分为合作博弈和非合作博弈。在博弈主体间存在合作与共谋的情况，视该博弈为合作博弈；在各博弈主体间不存在串通和合谋，则为非合作博弈。

合作博弈是指博弈参与者通过合作共同去做的尽可能大的利益竞争决策方式，并不关注参与人的具体决策。由于外部条件或为了取得更多的利益，参与人都认可制定相互约束的协议，并作为团体进行博弈。当团体获得利益之后，博弈参与者根据某种原则对获取收益进行划分，更为关注团体的整体整合度；非合作博弈中，各博弈主体并未取得一致协议，在整个博弈过程中更为倾向于只为自己的得失负责，强调个人理性，经济学中所说的博弈一般为非合作博弈。

（2）完全信息博弈与不完全信息博弈。根据博弈参与者对其他参与者（对手）的了解程度，可以将博弈分为完全信息博弈和不完全信息博弈。完全信息博弈指在博弈过程中，每一个博弈参与者掌握了其他参与者的特征、策略及收益等准确信息；不完全信息博弈指博弈参与者对其他参与者的特征、策略及收益等信息掌握得不准确，或是没有掌握所有参与者的特征、策略和收益等的准确信息。

（3）静态博弈、动态博弈和重复博弈。根据博弈的过程，可以将博弈分为静态博弈、动态博弈和重复博弈。静态博弈指博弈主体同时选择或非同时选择策略，但是彼此并不了解对方的决策侧；动态博弈指各博弈参与者行动有先后顺序，且后行动者能够观察到先行动者所采取的行动；重复博弈指同一个博弈反复进行，重复博弈关注的并非某一次重复的结果或得益，而是原博弈重复进行后的总体效果或平均效果，即要将其作为一个完整的过程和整体来进行分析。

（4）零和博弈和非零和博弈。根据博弈参与者获得利益的特征分为零和博弈和非零和博弈。零和博弈指一个博弈在所有对局之中全部参与者得益保持为零，并且零和博弈重复进行多次不改变参与人之间相互对立的关系；非零和博弈指一个博弈在所有对局之中全部参与者得益不总是保持为零。

（5）单人博弈、两人博弈和多人博弈。根据博弈参与人数，可以分为单人博弈、两人博弈和多人博弈。其中最常见的为两人博弈。单人博弈指仅有一个参与人的博弈，是退化的博弈；两人博弈指由两个参与人的博弈，即两个各自独立决策，相互具有策略依存关系的参与人之间的决策问题；多人博弈指三个参与人之间的博弈，参与人所做的策略选择可能对自身利益没有影响，但却会对其他参与人的利益产生较大影响。

第3章 雾霾灾害时空特征与影响因素分析

　　中国雾霾最早记录出现于 1995 年，通过对城市空气质量统计分析，得出广州、兰州、重庆、武汉四城雾霾浓度远超过美国空气质量平均标准，同时通过分析得出空气污染呈现逐年加剧的状态。国内城市建设发展早期对环境治理和空气质量的关注度不够，同时对环境污染和空气质量设定的相关指标和治理政策措施不足，导致当时能够认识到环境问题严重性的人并不多。出现污染问题主要以先污染后治理的次序进行，早期环境的污染严重程度高对当地自然环境可持续性造成严重伤害。结合世界卫生组织 2005 年开始实施的《空气质量准则》，雾霾的年均浓度值为 10 微克/立方米，2006 年通过统计中国空气质量状况给出估计结果显示，华北、华中、华东地区为空气污染的高度污染区，根据统计三大地区雾霾年均浓度值普遍超过 50 微克/立方米，接近 80 微克/立方米，其空气污染程度远超预期，对未来我国雾霾灾害爆发埋下隐患，同样对中国经济绿色健康发展构成潜在阻碍。

　　生态绿色建设理念成为国家发展重要思想，从政府到社会公众均意识到空气质量与环境污染对经济社会发展所带来的严峻形势，并关注生态环境问题对于国家可持续发展所带来的重大影响。以 2001～2009 年全国雾霾年均浓度值限制在二级限值以内，大气污染状况相对不明显，直至 2010 年全国雾霾年均浓度均值高于年均浓度二级限值。自 2013 年开始，全国性雾霾灾害集中爆发，中国空气质量监测将 PM2.5 正式纳入监测范围并作为重点观察对象并发布《环境空气质量标准》，分析可得 2001～2013 年雾霾污染总体呈现出波动上升的变化趋势，在此阶段空气污染对我国空气整体状况造成严重负面影响，阻碍了我国社会经济可持续发展。而 2014～2016 年我国空气污染状况呈现相对稳定且有所下降趋势，结合各省份雾霾污染波动程度分析，各省份雾霾浓度呈现出一种先增加后减少的趋势，造成这种趋势的原因在于最大值和最小值的差异，其污染分布典型特征为东部明显高于西部地区、南方明显低于北方。随着政府对空气质量关注度逐年提升，不断转变发展思维和方式，调整产业结构布局，优化整体产业结构，雾霾灾害在一定程度上得以缓解，但同时应当注意到全国雾霾污染程度依旧较为严峻，空气质量污染的缓解速度相对发展速度较慢，给社会和谐发展和居民健康生活构成极大威胁，导致中国在新时代经济发展背景下生态环境与社会发展存在日益激化的矛盾，如若不加以及时处理并缓和二者间矛盾，会加剧中国自然生态系统破坏、居民生活安全受阻等问题，据此如何调动各方社会主体参与雾霾治理，从而有效实现对雾霾灾害的全面治理也成为当前政府和学术界关注的重要议题。

结合 2015 年《中国环境质量公报》相关数据分析，2015 年雾霾年均浓度为 58 微克/立方米，2014 年为 66 微克/立方米，2013 年雾霾年均浓度为 73 微克/立方米，分析可得中国雾霾污染程度呈现出下降趋势，但是与工业源二氧化硫和烟尘排放量对比发现，其空气质量仍然面临严重问题，雾霾灾害的防治工作充满挑战。综合往年雾霾浓度统计数据及其分布情况，可知中国雾霾灾害存在空间分布差异和城乡分布差异，雾霾浓度与当地发展状况、原始生态环境情况、人居生活环境等条件存在密切关联，如何优化当地空气质量，降低雾霾灾害发生频数，成为从政府到公众尤为关注的根本问题。本部分基于雾霾灾害各省份年均浓度数据，对中国雾霾灾害空间特征分布进行总结，从时空维度探寻国内雾霾灾害发生是否存在有一定特征和规律，并在国内雾霾灾害空间特征分布基础上，从内外部因素角度提出可能造成雾霾灾害的影响因素，为雾霾灾害防治、多主体参与治霾等提供一定借鉴。

3.1　中国雾霾浓度时间变化趋势

本部分以 2000～2016 年全国雾霾年均浓度和各省份年均浓度为数据源，分别研究全国雾霾年均浓度整体变化趋势和各省份雾霾分布阶段性特征，其中各省份雾霾阶段性研究以 5 年为一个周期总共划分为四个阶段，分别为 2000～2005 年、2006～2010 年、2011～2015 年、2016～2020 年。由于雾霾统计数据获取有限，目前各省份雾霾年均浓度暂时整合至 2016 年，第四阶段（2016～2020 年）将分别根据 2016 年较前一阶段雾霾浓度变化率幅度和各省份雾霾浓度分布进行预测性描述，并结合全国各省份雾霾浓度分区具体分析影响中国雾霾灾害产生及其分布的因素，以从整体角度判断"十三五"规划以来中国雾霾浓度的变化趋势。

3.1.1 全国雾霾浓度整体趋势

中国雾霾污染呈现出一种波动上升趋势，如图 3-1 所示，2000～2005 年全国雾霾平均浓度呈现出逐步上升走势，上升幅度较小，基本维持在相对稳定阶段。主要原因在于中国早期工业化发展和城市化建设水平相对较低，经济发展仍然受到较大局限，对工业建设的投资尚处在相对落后阶段，提升工业化建设水平仍是该时期发展的重中之重。同时，雾霾污染与公众日常生活存在密切关系，由于居民生活水平较发达国家仍存在较大差距，居民生活质量相对较差，消费能力不足，也使得该时期雾霾浓度增长相对平缓。

自 2006 年起，雾霾浓度较前一阶段有明显增幅趋势，且在 2006～2012 年，全国雾霾浓度均在前一阶段水平之上，这一阶段对于环境污染治理、环境保护和绿色可持续发展认识不足，为了发展地方经济实力，各地引入各类工业化生产企业，企业高污染生产与高耗能排放所带来的废弃物加剧了空气质量恶化的局面，城市经济发展主要依靠高能耗产业带动发展，高耗能高污染企业分布城市周边。同时，以地方政府为典型的吸引外资企业入驻也在一定程度上加深了当地空气污染程度，城市发展过程中不断提升的人口规模、不断扩大的城市规模，不仅恶化中心城市环境空气质量，同时也导致其周边地区生态环境持续恶化，雾霾污染浓度呈现波动上升的趋势。工业化的逐步完善，以第二产业拉动国内经济发展也成为了阶段性主流发展思路。该阶段居民生活水平提高，交通出行日趋便利，私家车拥有量持续增长，城市化建设渐有起色，这些因素无疑都在一定程度上促成了全国雾霾浓度总体提升趋势。

2013年是中国近50年来雾霾污染最为严重的一年，自2013年之后雾霾污染呈现出明显下降的趋势，全国雾霾年均浓度呈现下降趋势，每年增长率体现为负数。其中2014～2016年，全国雾霾年均浓度减少趋势明显，雾霾浓度逐年下降的关键在于新常态经济引起国家对环境保护的重视。首先，国家经济发展战略逐步调整，取缔高污染高能耗产业，提升企业自身生产技术，减缓了当地自然环境破坏；其次，绿色生态循环理念逐渐得到各级政府的重视，加大绿化工作资金投入，提升城市绿化水平，充分体现出国家经济发展思维的转变，对环境重视程度不断提升，发展经济的同时更为重视生态环境与社会经济的科学可持续；最后，企业生产技术在政策引导和监督下改造升级，在原有生产线上提升自身资源利用效率，减少废弃物排放并开展循环利用技术以净化废物资源的二次利用，能源开发利用更倾向于绿色环保，为中国未来经济绿色发展奠定了坚实基础。

（微克/立方米）

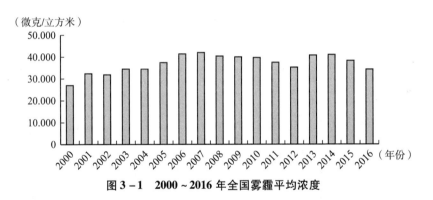

图3-1　2000～2016年全国雾霾平均浓度

3.1.2　各省份雾霾浓度变化

（1）第一阶段：2000～2005年。

通过将全国雾霾浓度进行划分，分为四个等级，分别为小于20微克/立方米、大于20微克/立方米且小于35微克/立方米、大于35微克/立方米且小于50微克/立方米、大于50微克/立方米，结果如表3-1所示。通过统计分析得出，2000～2005年，国内雾霾浓度低于20微克/立方米的省份数量从13省份降低至6省份，雾霾年均浓度在20～50微克/立方米的省份总数虽未发生变化，但浓度在35微克/立方米以上省份数量上升明显。由于工业化发展和城乡建设快速推进，雾霾污染程度再进一步加深，其中最为显著的是大于 50 微克/立方米的重污染省份数量扩大 8 倍，雾霾污染严重程度直线上升。该阶段雾霾重度污染省份集中于中东部地区，其发展典型特征为多数省份为资源开采利用型省份，第二产业在该省经济份额中占据较大份额，是该省份社会经济发展的重要支撑，由此引发严重的雾霾灾害，而这也符合中国早期城市化发展的基本模式。雾霾污染较轻省份的多为经济发展速度相对缓慢的中西部省份和位于高原地区省份，从整体角度分析，该省份发展主要还是借助其原有的资源和产业基础，相对于东部发达地区，其产业结构中工业占比相对较低，生产水平较低，雾霾污染状况也在一定程度上低于中东部省份；且由于地处地理位置海拔较高，空气较为稀薄，整体雾霾污染程度也较其他地区有明显差异，自然生态环境保护一直是该区域省份的重要工作。

表 3 –1　　　　　　2000～2016 年全国各省份雾霾浓度分区

分类	2000 年	2005 年	2010 年	2016 年
PM2.5 年均浓度小于 20 微克/立方米	黑龙江、西藏、江西、云南、福建、广西、广东、海南、吉林、辽宁、内蒙古、台湾、四川（13）	黑龙江、西藏、云南、海南、内蒙古、台湾（6）	黑龙江、西藏、云南、海南、台湾（5）	西藏、云南、海南、台湾、四川、黑龙江、福建（7）
PM2.5 年均浓度 20～35 微克/立方米	山西、宁夏、江苏、安徽、浙江、湖南、贵州、青海、上海、北京（10）	福建、广东、吉林、辽宁、四川（5）	贵州、福建、广东、吉林、内蒙古、四川（6）	浙江、江西、贵州、广西、广东、青海、内蒙古、宁夏、吉林、陕西、辽宁（11）
PM2.5 年均浓度 35～50 微克/立方米	新疆、山东、湖北、天津、甘肃、陕西、重庆、河北（8）	山西、宁夏、浙江、江西、贵州、广西、青海、甘肃、陕西、重庆、河北、上海、北京（13）	山西、宁夏、浙江、江西、湖南、广西、辽宁、青海、甘肃、陕西、河北、上海、北京（13）	山西、湖南、甘肃、重庆、安徽、湖北、河北、上海、北京（9）

— 48 —

分类	2000 年	2005 年	2010 年	2016 年
PM2.5 年均浓度大于 50 微克/立方米	河南	新疆、山东、河南、江苏、安徽、湖北、湖南、天津（8）	新疆、山东、河南、江苏、安徽、湖北、天津、重庆（8）	新疆、山东、河南、江苏、天津（5）

（2）第二阶段：2006~2010 年。

本阶段各省份雾霾浓度变化不大，相较 2000~2005 年雾霾污染程度整体保持稳定。其中雾霾浓度中高值区仍然占据最大比重，各省份雾霾年均浓度继续上涨，全国生态环境面临严峻处境，其中由以山西、浙江、广东、辽宁等省份处于发展的攻坚时期，过快的经济发展速度和过度的资源利用引发当地生态环境恶化，典型省份如山西省，其承担了相当大份额的煤矿业，大量的煤炭开采是对其资源的巨大消耗。同时，其煤炭多以输出方式为主，输送到其他工业发展需要煤炭资源的省份，导致形成闭环型空气污染循环现象，空气质量持续下降，雾霾浓度增长速率位居全国各省份前列。该阶段各省份年均浓度整体呈现上升走势，同时也是中国生态环境遭遇严重冲击的前兆，由于各省份工业体系建设完善，城市化建设加速，导致中国雾霾重度污染省份较前一阶段明显增多。同时，北部内蒙古自治区由轻度污染省份下滑至雾霾污染中高值区，说明该省份受到周边省份即中西部省份影响加重，同时自身发展也一定程度加深了雾霾灾害发生的概率。

（3）第三阶段：2011~2015 年。

本阶段，中国雾霾浓度在 2013 年达到顶值，雾霾污染重度省份上升到 10 个，高度污染省份集中沿海地区，表现为全国各省份雾霾年均浓度较上一阶段有明显提升。中国雾霾灾害全面爆发，对国家建设可持续发展和公众生活安全构成极大威胁。造成雾霾浓度集中提升的一个重要原因在于各类区域性经济发展所造成负面影响，典型区域如京津冀地区，以将北京高污染工业企业迁移至周边省份，导致区域内整体污染程度加剧，虽在一定程度上缓解了北京市自身空气状况，但是却给周边省份构成极大治理压力。自 2013 年起，国家高度重视生态环境保护和空气安全质量，加强监管监测，实行严格的污染管控举措。借由更为细致的发展规划和环境管控条例，2013 年以来各省份雾霾浓度开始呈现降低趋势，空气安全质量在一定程度取得提升，充分显示出中国雾霾灾害的发生与早期国家建设、城市发展和产业结构之间存在密切关联。随着国家对雾霾灾害防治的关注度提升，中国空气质量正得到持续改善，这也将为推动社会经济高品质建设、更为有效的保障公众生活安全提供良好契机。

（4）第四阶段：2016～2020年。

由于全国各省份雾霾数据暂限于2016年，因此，将2016年各省份雾霾年均浓度与前一阶段进行对比，发现全国各省份除西藏外，均呈现明显减少趋势。鉴于"十三五"规划以来，全国生态环境状况持续改善，绿色可持续发展理念引起全民重视。因此，本阶段，全国各省份雾霾年均浓度较前一阶段整体将继续保持降低趋势，其变化结果如图3-2所示。其中，吉林、辽宁、黑龙江减少程度较为显著，全国老工业基地转型发展成为新时代发展背景下的重要特征。浙江作为全国数字化建设的关键省份，在本阶段雾霾年均浓度中也呈现出明显的降低趋势，这取决于浙江推动产业结构升级转换，借助数字经济和智慧城市构建，发挥各城市网格化管理优势，推动了该省份产业结构优化调整，实现了浙江经济发展从量变到质量的转换。同时应当注意，全国雾霾重度污染省份减少到5个，全国各省份雾霾年均浓度多维持在20～50微克/立方米，东部和中部省份整体呈现出雾霾灾害减少趋势，这归功于新时代背景下，可持续发展、绿色发展和高质量发展建设等重要战略的决定性引导，依托国家政策扶持引导，国内绿色经济发展呈现良性转换趋势，各省份经济发展结构逐渐发生转变，雾霾灾害较前一阶段均有明显好转，正逐步实现区域各领域的高质量建设和高水平发展。

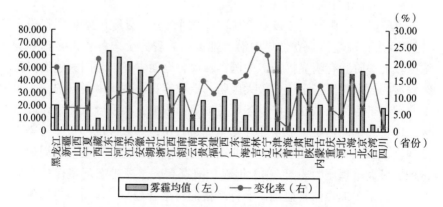

图3-2　2016年全国各省份雾霾年均浓度及变化率

结合雾霾污染阶段性结果，中国雾霾污染呈现出两个特征：普遍性和扩散性。普遍性在于国内雾霾形成原因的普遍性，从生产角度看主要涵盖了传统土壤尘、煤炭利用、秸秆燃烧、汽车尾气排放与垃圾焚烧处理等产生废气。多数省份雾霾形成原因与工业污染和生活污染密切相关，工业污染占据主导，各种能源消耗加剧了自然环境压力，中国生态系统遭受前所未有的考验。同时，人口基数扩大，人类活动集中度明显高于其他国家，也在一定程度上增大了雾霾污染的可能性。扩散性主要体现在中国雾霾形成速度与早年雾霾研究所呈现出一定区别，集中表现为凝结核体积与雾霾扩散度的集中突发性增长，这与中国自身发展模式以及所处地理环境系统存在密切关联，导致短时期内对空气安全状况构成严重威胁，在较短时间内引发全国大范围雾霾。

扩散性在于中国雾霾灾害呈现跨省份且污染区域广的特征，同时沉积物增长呈现出跳跃式增长趋势，伴随着季节性特征和气候变化，导致污染物突发性增长。其与中国水资源污染面积和区域微生物和土地污染密切相关，总体呈现出逐步扩散的特征，且雾霾严重程度可能进一步加深，严重妨害经济发展，造成城市交通事故频发、农业生产受阻等问题，导致城市居民生活满意度和居民幸福指数下降，严重影响城市形象，综上所述，防止雾霾加剧成为政府社会治理和城市发展建设中的重要问题。

3.2 雾霾灾害空间分布特征分析

借助全国各省份雾霾年均浓度时间变化分析，全国雾霾雾霾灾害均已取得一定成果，加强对全国雾霾灾害的空间分布研究，可以更为精确地把握雾霾分布状况，结合不同地区的地理条件、社会经济发展现状及生产生活方式制定更为有效可行的发展策略。因此，本节通过对全国各省份雾霾年均浓度进行测算，结果如图 3 - 3 所示。结合地形特征划分区域，以东部、中部和西部地区对中国雾霾灾害分布状况进行分析，判断各区域雾霾灾害状况并结合其分布特征给予相关建议，以实现区域高质量建设和发展。

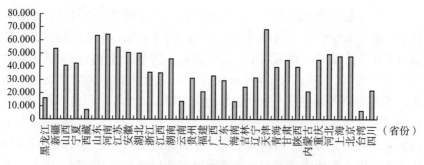

图 3 - 3　2000~2016 年全国各省份雾霾年均浓度

3.2.1　东部地区雾霾情况

东部地区是中国雾霾的重灾区，多数城市雾霾年均浓度高于全国平均水平，高污染省份雾霾年均浓度值大于 50 微克/立方米，代表省份包括了天津、河北、江苏、山东、河南，其中全国雾霾灾害严重省份前五中包括了山东、河南、江苏和河北，雾霾浓度严重超标造成的困扰集中表现为当地因交通日常出行加大交通事故的发生频率和长途运输行业时间成本提高。东部地区的雾霾严重污染呈现季节性特征，且由于受到风场影响导致东部雾霾持续蔓延，其污染人为成因主要在于冬季化石能源消耗量加大，空气污染进一步加剧，空气沉积物增加，导致雾霾灾害持续影响社会生活秩序的正常运作，因此，当前部分省份鼓励改进供暖方式，减少对煤炭一类资源的利用。同时，雾霾灾害对交通运输业影响尤为明显，体现为大面积航班延误停飞，省际运输延缓，市区交通出行受阻，同时大雾天气造成空气污染集聚，颗粒物与细菌滋生，易引发各种呼吸道疾病。另外，东部省份自身产业结构、能源结构以及经济增长早期发展更多依靠工业生产建设，大量生产园区集聚城市周边，城市发展过于关注经济发展忽视了环境保护问题，导致生态环境恶化，生态压力增大，这也是东部大部分雾霾天气的产生的重要原因。

随着新旧动能转化的理念得以推广，雾霾污染严重省份抓住当前发展机会不断改进自身产业结构和能源结构，推出节能环保新能源建设，推动当前经济朝着绿色环保可持续的方向发展，转变经济发展方式也是当前东部污染严重省份重点建设方针。自 2013 年以来，国家整体战略重心强调产业结构转型，优化产业布局，其中，以吉林、辽宁、浙江、黑龙江雾霾浓度降低率最高，分别为 24.65%、22.60%、18.92%、18.78%。东三省老工业产业复兴需要不断提升自身产业结构，为夕阳产业迸发新的活力，而浙江近年来借助智慧城市建设、数字经济等模式推动自身产业链供应链升级转换，大幅降低了该省雾霾污染程度，在生态保护和智慧城市构建以及城市高质量发展中都起到了带头作用。同时，以东部偏南地区雾霾灾害较北方绝大多数地区偏少，如海南、福建等省份，是由于该地区降雨频率高，地势相对平坦，利于将空气污染物的尽快扩散，防止空气中有毒有害颗粒物沉积。同时，南方温度普遍高于北方和中部地区，对化石能源资源利用不像北方和中部地区利用集中，减少煤炭利用量也是缓解雾霾污染的重要方式。

3.2.2　中部地区雾霾情况

中国雾霾污染相对严重的中部省份包括了山西、陕西、河北，且中部地区省份雾霾降低率位于全国中下游水平，降低幅度分别为 6.54%、6.53%、4.37%，雾霾污染中高度地区仍将围绕在中部地区。造成雾霾的因素从地理环境上分析在于中国中部地区冬季受到气温低、风大，且内部排放源多，空气对流弱等原因影响导致雾霾天气频繁发生，其雾霾灾害呈现出持续时间长的特征。同时，城市人口相对密集，能源利用过于集中，极端雾霾天气发生时能见度不足 500 米，给当地交通日常出行构成极大安全隐患。同时作为煤炭重要产出省份，由于自身经济发展对煤炭的需求以及外省对煤炭资源的需求，导致对煤炭资源消耗较大，同时周边省份对煤炭资源的使用也会影响到出口省份自身的环境状况，目前处于新旧动能转化的攻坚时期，通过逐步转变对资源的利用程度，开发清洁新能源符合国家绿色发展新理念，有效控制地面稻秆燃烧，此类现象已经得到一定程度缓解。从自然角度分析由于中部地区大气状态相对稳定，空气湿度较大且风速小，容易导致空气中有害颗粒沉积，城市发展高层建筑集聚，导致空气流动性变差，同时，城市中心地区较周边地区温度高，更易引起上升气流，导致雾、霾等现象盘踞城市上空难以扩散，造成雾霾灾害对城市生活构成极大不便。

3.2.3　西部地区雾霾情况

西部雾霾天气较北方和中部地区程度较低，以青藏、云南、青海为代表，PM2.5年均浓度低于20微克/立方米，城市化不断发展，产业结构不断完善，导致该区域雾霾年均浓度虽有一定程度上升，但区域整体依然处于雾霾污染低风险区域，其原因在于地势海拔高、工业建设较少、农牧业居多，对空气污染影响较小。由于地处高原地区，人口稀少，空气环境质量较高，空气中沉积颗粒少，雾霾发生概率低，不易沉积空气中有毒颗粒，从而形成较好的生态环境，有利于当地居民健康。但也应当注意到当地经济较中部地区和东部地区有较大差距，如何发展当地绿色可持续经济，是当地政府应当关注的问题。但西北地区雾霾污染浓度常年呈现出较高状态，其中2005～2016年均为雾霾污染高值区，雾霾污染尤为严重，造成这种严重污染的原因一方面在于地区偏远，早期发展信息不发达，环保意识薄弱导致生态环境遭受严重冲击；另一方面，由于喀什地区发展过程中过度依赖第二产业，但是由于地理位置特殊，经济发展较其他省份落后，雾霾灾害也呈现出居高不下的状况。

中国雾霾主要集中于中东部地区和北部地区，呈现出以下特征：

城市是雾霾污染的集中发生地，一般以各省会大城市人口密度高，工业集成度高，规模不断扩大，同时社会经济水平提升，消费水平也在进一步增强，机动车拥有量呈现出大幅增长的趋势，汽车尾气的排放加剧了雾霾污染程度，因此如果城市人口密度过大会增加能源消耗和对农业生产的需求，生活水平提高，城市汽车保有量大增，空气污染程度严重超过城市自我净化能力，引发危害性较大的气候灾害。

通过分析污染严重城市发展状况，可以得出其共同特征在于产业结构更为偏向重工业，且分布较为密集，重工业即高耗能、高污染产业，城市早期发展过程中为了尽快发展经济，提升城市经济实力，主要集中于建设发展重工业，大兴工厂建设和高污染工业产业，缺乏合理的城市空间布局，工业园区布局不合理，政策方面缺乏对环境保护的重视，导致高污染企业并未改进生产技术，污染持续加重，地层污染物和粉尘等微小颗粒物浓度不断上升，超标的空气污染浓度导致当地的严重雾霾污染状况，随着政府对生态文明建设和绿色发展的重视，发布环境保护相关政策规范，要求企业及时对自身生产技术升级换代，淘汰污染严重的落后生产设备，按照规定和要求接受来自相关机构和公众的监督，也成为当前雾霾污染状况较之前阶段有所好转的重要原因。

能源产出大省往往是雾霾污染的重灾区，尤以中部省如山西、河北、江苏以及陕西为代表，主要开发和使用能源为煤炭，在对煤炭开发过程中会产生众多粉尘，极易引发雾霾灾害，同时煤炭生产力强的省市发生雾霾天气的次数也远超南方城市，日益提高能源生产和使用使得污染源总量增加，因此对于推进新旧动能转化，开发新能源和有效合理利用资源，优化产业空间分布布局等发展方向转变，这在一定程度上减少了雾霾天气的发生，缓解当前经济发展对生态环境带来的压力。

但从各省份雾霾浓度变化来看，2016 年雾霾污染相对较重的省份主要集中于东部沿海和西部个别省份，数量层面上较之前有明显减少。重度污染省份数量明显减少，山东、江苏和河南仍面临较大的生态环境压力，雾霾灾害较为严重；中污染省份数量占据全国各大比重，表明了全国雾霾污染呈现逐渐好转的趋势。其中，北京、上海和河北分别从雾霾重度污染省份下降至中度污染程度，这与国家战略政策调整、产业空间结构布局、发展模式转变等因素密切相关。从整体角度分析，自2013 年全国雾霾灾害爆发以来，中国雾霾污染得到一定程度缓解，且在雾霾治理层面取得一定成果，为实现新时期中国特色社会主义经济高品质建设和推动区域可持续高质量发展提供新的经验借鉴。

3.3　雾霾灾害的影响因素

随着雾霾天气的逐年增多，一方面政府开始重视污染防治和绿色发展；另一方面严重污染的环境影响人们日常生活，引起了公众对环境保护的关注，企业在生产过程也受到更为严格政府和公众的监督，能够更为切实履行自身环境保护义务，有效减缓生态环境压力。雾霾污染的成因包括了众多方面，只有清楚了解雾霾成因才能够从源头治理污染，根据实际情况制定相应的政策和治理措施，才能从根本上缓解中国严重的雾霾灾害，针对雾霾灾害形成从两个方面进行研究，本部分将雾霾灾害的影响因素划分为内部因素和外部因素，如图 3 - 4 所示。通过对内部、外部因素进行细分以识别影响雾霾灾害的关键因素，从而为雾霾合作治理提供政策建议依据，助力雾霾合作治理的高效运行。

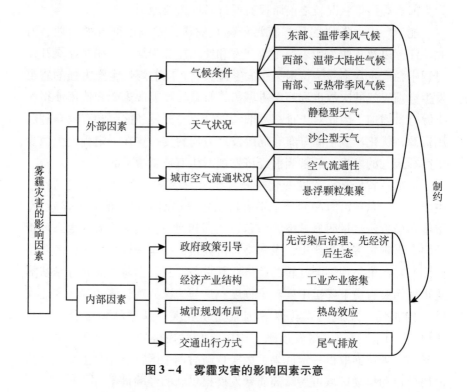

图 3 - 4　雾霾灾害的影响因素示意

3.3.1　外部因素

从当前中国雾霾灾害分布和形成机理可以看出，形成中国雾霾灾害的外在因素主要在于自然生态系统自身条件所致，造成雾霾灾害发生的外部因素包含天气状况、气候影响、城市空气流动情况等，且由于外部因素多属于自然生态环境条件，因此，其对雾霾灾害产生的内部因素起到了一定制约作用。

1. 天气状况

重污染天气按照形成因素一般分为静稳型和沙尘型，静稳型污染天气是由近地大气层长期处于一种无风或者风速较慢的情况下，气压保持相对均衡状况，易引发空气中有毒有害颗粒难以流动，导致颗粒物沉积从而引发雾霾灾害天气。沙尘型天气关键要素在于沙尘物质，指在大风环境作用下，导致大量来自中国西北和北部荒漠沙尘卷入空中，空气中出现大量悬浮沙尘颗粒物，能见度极低，形成沙尘暴、浮尘、扬尘等重污染天气所致空气质量浑浊，典型如中国受到来自蒙古国的草原荒漠化影响所形成的沙尘暴天气。

结合气候条件影响分析，中国重污染天气多属于静稳型重污染天气，集中发生在秋冬季，一方面，冬季风弱、冷空气不活跃，高压和均场压控制等因素导致雾霾污染物难以扩散，空气中所含水汽较多也会增加雾霾灾害的发生概率，空气中存在较多水汽和紫外线强烈均可能触发二次气溶形成雾霾；另一方面，风场导致中部地区颗粒物向北部移动，造成其他区域雾霾灾害扩散，以中部省份为例，受风场影响，中部地区产生的颗粒物北上，集中于华东地区，造成华东地区的雾霾灾害进一步加重。随着全球变暖不断加剧，中部和北部省份出现静稳型重污染天气的概率和时间逐渐增长，城市建设更为密集，中心高度不断提升，城市空气密闭性增大，引发时间更持久且更为严重的雾霾灾害将成为环境污染防治的重中之重。

2. 气候条件

从自然条件分析，中国由于受到西伯利亚高冷压的影响，大气压力持续下降，冬季温度逐年提升，导致境内空气流通困难，微小颗粒极易在近地面形成集聚，加之风速较慢且气流相对稳定，雾霾天气极易形成。雾霾灾害尤以冬季更为严重，与世界大部分地区雾霾灾害呈现共同的时间分布特征，其关键自然条件在于冬季空气湿度低，地面湿度大，地面灰尘易受空气湿度影响成为尘土，与空气中微小悬浮颗粒飘浮在空中，导致雾霾灾害易发。其中按地区划分为例，中东部地区冬季产生大量悬浮颗粒物，由于风场作用，导致污染物向北部扩散，从而使得污染物积聚于华北地区上空，雾霾灾害严重，能见度低。以中国东部和中部地区为例，该区域典型气候为温带季风气候和亚热带季风气候，该气候冬季空气较为干燥且降水少，导致空气中沉积物较夏季明显增加，极易引发雾霾灾害。而西部地区多为温带大陆性气候，常年干旱少雨，且由于该区域第二产业发展，排放大量污染物，空气中沉积物难以扩散，也将在一定程度上导致雾霾灾害严重。相较于北方地区，南方地区全年温度高，且降水多于北方地区，有助于减少空气中悬浮颗粒沉积，雾霾污染状况相较于北方地区略有缓解。

3. 城市内部空气流动状况

中国雾霾灾害的另一主要成因在于工业污染和汽车排放废弃物增加，由于冬季空气流动性较差，大量排放废弃物导致空气中含有更多微小悬浮颗粒且流动性较弱，空气扩散性差导致城市人口密集地区雾霾灾害频发。加之近些年加快推进城镇化建设，众多城市在进行战略规划和合理规划开发利用上存在问题，过度利用耕地资源，开垦荒地，大兴土木工程，导致当地生态环境受到冲击，新建成的高楼大厦阻碍了季风环流，导致空气流动性减弱，人口密度大，悬浮颗粒更易集聚，在一定程度上促成了静稳型天气频现，雾霾灾害逐渐加剧。城市中心建筑高度不断提升，引发城市热岛效应。热岛效应归根结底在于城市中心区域近地面气温高，大气呈现出上升运动趋势，与城市周边地区形成气压差异，导致周围区域近地面大气向中心区辐射，形成中心区域低压螺旋，引发各类工业生产、人类生活产生的颗粒沉积物汇集，加剧了城市雾霾灾害。

整体来看，城市雾霾污染加剧的自然原因在于经济发展和人民生活水平的提高，为了满足更多人口居住，城市中高层建筑逐渐增多，导致市区内的风流动减弱，城市内相对较长时间处于风力小或无风状态下，空气流动性减弱导致空气中工业和尾气排放所产生的悬浮沉积颗粒增多，最终导致近地面和低空集聚大量悬浮颗粒，雾霾天气极易形成。

3.3.2 内部因素

内部因素是造成雾霾灾害发生的本质原因，其中涵盖了政府、企业和居民三方主体，由于三方主体的各类型活动导致雾霾灾害进一步加剧，严重危害到社会经济绿色发展和居民的健康生活。其中影响雾霾的内部因素，包括了政府决策引导、经济产业结构、城市规划布局、交通出行方式等因素。

1. 政府决策引导

早期政府环境治理工作思维是先污染后治理，缺乏对环境污染和环境保护治理的相关规章制度，早期经济发展以牺牲生态环境为代价发展社会经济，导致中国整体经济实力迅速增长但环境遭受了严重冲击破坏，制约着绿色可持续发展。为了追求短期内经济发展速度的提升，粗放型经济成为引发雾霾灾害的重要原因，人类活动是影响自然生态环境变化的主动性原因，由于前期缺乏对自然环境可持续发展的认知，以及技术落后依赖于资源能源消耗，导致生态环境的承载压力日益加重，同时人口与雾霾之间呈现出双向关系，人口增多也会相应加重城市雾霾严重程度。因此在环境治理上中国不能走国外工业化的发展道路，应结合自身国情实际，走可持续发展的绿色道路。雾霾灾害与经济呈现出较强的联动性，随着经济总量进一步扩大，雾霾污染与经济发展呈现正相关。同时，政府制定相应雾霾标准和空气污染质量评估时间较晚，说明当时政府在制定相应规章制度治理污染上存在认识不足的问题，影响后续雾霾治理工作。

中国经济发展经历了由粗放型经济发展到集约节约发展的过程，在整个经济发展过程，政府决策规划缺乏长久合理性，政策引导缺乏长期性的特性常常导致城市中存在大量违规建设和滥用土地的现象。一方面加剧了雾霾天气形成的可能性，容易引发城市生态危机；另一方面也造成政府治霾成本上升，治理过程中易出现监管漏洞、标准不一等现象，整体生态环境压力加剧。从短期利益者来看，经济发展与环境治理之间存在一定的矛盾，早期观点认为发展在于对自然资源环境的大量利用，借助资源发展自身经济，导致了中国前期粗放型经济污染排放物总量超过城市自身承载力，空气质量进一步下降等严重后果，最终促成了中国雾霾灾害的全面蔓延。从长期发展角度来看，注重生态环境与经济发展的相互匹配，以保护环境为前提开展社会经济活动不仅可以改进自身生产力，提升生产效率，带动的不仅是经济社会的发展，更是关系到人们健康的关键。归根结底原因在于早期建设发展过程中，政府对企业污染物排放标准过低，缺乏明确的污染物排放标准体系，缺乏明确的监督机制和标准构建，长期大量排放污染物超出自然环境所能承受阈值，导致雾霾灾害频发，而雾霾污染浓度也在一定程度上成为中国粗放型经济的检测指数和风险评估指标。粗放型经济发展模式下，工业排放污染物是造成雾霾污染的直接原因，城市早期发展依赖于工业化，以化石燃料为主的工业生产，造成产业结构与过度重型化，城镇人口密度过高，高密度汽车保有量和通行量增大雾霾风险概率，也是雾霾灾害的重要诱因。因此，以工业为主的粗放型经济和城镇化发展是导致雾霾加剧的重要因素，改善当前严重雾霾天气最根本的举措就在于转变发展思维，改变经济发展模式，强调政府合理规制，制定以绿色生态保护为基础的发展政策引导，以推动国内经济高品质建设和高质量发展，为未来经济蓬勃发展注入生机。

2. 经济产业结构

中国早期追求更为显著提升 GDP 以提升综合国力，在全国建设重点省份大力发展工业产业，忽视了工业产品生产对于生态环境的影响，相当数量的地区由于缺乏相应的生产技术，导致当地主要发展劳动密集型或者资源密集型产业，但这两种产业更多的是由于机器生产技术落后，导致生产率和对自然转化率较低，生产过程中资源利用率相对较低，易产生生态环境自身无法处理的各类生产废弃物和污染物，同时也造成政府在后期环境治理过程需要付出治理成本激增。典型例子为造纸厂等资源消耗性企业集中分布，早期发展中出现了较多小作坊性企业，在生产技术和污染物排放上存在较大监管漏洞，导致城乡污染源分布密集，给当地生态环境构成极大威胁。随着政府逐渐重视生态环境保护，各类小作坊型企业被查处，大型企业被要求进行生产性结构整治，才在一定程度上缓解污染。综合来看，产业转移和能源结构是影响城市雾霾的重要因素，地方政府对产业结构的调整直接影响当地空气质量，为了发展当地经济，政府早期治理缺乏相应环境保护理念，缺乏相应的环境应急保护机制，相应的环保部门执法力度不足导致整体呈现出先污染后治理的环保政策。

以第二产业为主导的城市在生产过程产生更多工业废弃物和废气、废水，加剧城市环境破坏，体现为当地重工业占 GDP 的比重越大，面临的雾霾压力更大，城市化的推进与雾霾污染呈现正相关，早期经济发展越快所需耗费能源量越大，在技术尚未得以改进的前提下，工厂加工生产产品会加大化石燃料应用和耕地利用，导致生态赤字加剧，环境生态失衡，雾霾灾害加重。同时贸易开放度与雾霾污染呈现显著正相关，不少资源缺乏型城市为了发展自身经济借助贸易与其他省市进行资源交易，以获得足够资源，一方面，对于资源产地过度开发直接对原有生态系统构成影响；另一方面，获得资源的省市得到生产资源投入生产加工，引入重工业型外资企业入驻本地，导致当地排放废弃物和废气进一步增加，对城市生态环境构成极大压力。结合分析，政府通过贸易拉动地区经济发展，对资源能源的调度利用强度过高，导致资源获得双方都遭受不同程度的环境治理压力。

3. 城市规划布局

早期城市化发展是造成雾霾污染加剧的重要原因。过度的城市开发利用所带来的问题体现为：产业过度重型化，城镇人口密度过高，早期重型工业过度利用煤炭为主能源并过多地布置火力发电站，城市汽车保有度高和同行量大带来高废气排放，城市工业集聚分布加剧空气质量劣化，工业化和城市化发展过程中不同程度的废气排放，工业污染，公民环保意识薄弱增加了雾霾污染的程度，综合来看，城市化发展是影响雾霾污染的重要原因。从各地区城市建设发展来看，各地区呈现出早期城市化建设集中于中心城区建设，工业产业集中，借助第二产业拉动城市化建设发展。楼房建设和工厂修建增高了城市中心高度，形成了"中间高四周低"的分布局势，形成城市热岛效应，城市内部空气流通能力差，且由于工业厂地集中，导致市区雾霾灾害频发。

伴随城市化的不断推进，工厂及其第二产业部门逐渐向城市周边地区转移，一方面，减缓了市中区等地空气污染；另一方面，分布郊区的工业园带来了一定程度的空气污染，导致雾霾灾害存在扩散风险，加剧了城市面临空气质量下降的处境。城市内部规划关系到城市市区及其周边空气质量变化，同时，与日益改善的居民生活相结合，城市面临雾霾灾害加重的可能性也会进一步扩大。城市空间规划涉及各类功能区的建设，合理调整各部分功能分区的利用，可有效降低雾霾灾害发生频率，推动形成城市的新经济发展趋势。

4. 交通出行方式

城市发展加大对自然资源的消耗，其排放污染物对空气质量造成巨大压力。同时在城市发展过程中，日常生活对于环境污染同样应引起重视，主要集中于交通出行。随着生活水平的提升，人们对机动车需求的增长导致机动车数量的增加，我国私家车持有量逐年上升。与此同时，汽车销售总量和使用量也在急速上升。汽车数量激增导致我国城市交通负担加重，尾气排放导致空气中悬浮颗粒增加，私家车通勤出行比例提高，城市居民出行方式发生转变。受城市发展形态、当地公共交通系统建设程度、地方经济发展状况等多方因素影响，城市交通压力逐年增长。

目前城市机动车以汽油和柴油为主，汽油和柴油完全燃烧时产生二氧化碳、二氧化硫和二氧化氮等物质，由于燃料常常不能完全燃烧且燃料中含有其他杂质和添加剂，往往容易在空气中沉积，一定程度上加剧了城市雾霾灾害的发生概率，空气中烟雾颗粒和尘埃相互凝结，在空气中遇到水滴形成雾，近地面和低空区域的霾与雾结合，即形成城市雾霾。空气质量所受最大影响来自汽车尾气排放，不仅由于汽车尾气对大气污染造成危害，同时伴随社会经济发展人民生活水平提升，城市人口密集度更高，汽车尾气排放也多集中于城区，从城市生活水平的角度分析，汽车尾气排放仍会提升城市污染物浓度。因此在人口密集的大城市出台相应的限行政策，鼓励公共交通出行方式，减少交通流动压力，发展公共交通事业，使城市单位面积机动车数量与城市雾霾状态呈现出负相关关系，以降低日常生活对城市空气质量的影响程度。

3.4　本章小结

本章对中国雾霾灾害时空演变特征展开分析，从时间演变趋势来看，中国雾霾年均浓度 2000~2005 年整体保持相对稳定状态，雾霾灾害自 2000~2013 年发生频率持续上升，该阶段雾霾年均浓度于 2013 年达到峰值。自 2014 年起，随着对空气污染状况的重视程度不断提升，中国雾霾年均浓度有明显降低趋势，各省份雾霾重污染区域开始减少。从空间演变特征分析，中国雾霾灾害频发省份集中于中东部沿海和西部内陆，且伴随着中国新常态经济发展，重度雾霾污染省份数量有明显减少，但中度雾霾污染省份仍相对集中分布，各省份雾霾灾害存在空间关联性。且按照空间和浓度进行分区，研究发现随着时间推移，重度雾霾污染省份数量逐渐减少，中度雾霾污染省份占据全国多数，整体雾霾灾害防治取得一定成效，且有持续改善的趋势。

从影响因素分析，造成中国雾霾灾害的主要因素涵盖了内部因素和外部因素两个方面，其中外部因素包括了天气状况、气候影响、城市空气流动情况，内部因素包括了政府决策引导、经济产业结构、城市规划布局、交通出行方式。其中外部因素对内部因素起到了抑制性作用，二者相互作用下易引发更为严重的雾霾灾害。借助中国雾霾灾害时空特征和影响因素分析，加深了对中国雾霾灾害的空间认识，有助于之后章节展开对雾霾灾害多主体合作治理的研究，从而更为切合实际地提出雾霾灾害治理具体政策建议，以期建立更为高效合理的雾霾灾害合作治理机制。

第4章 雾霾灾害风险指数的
构建与测度研究

近年来，中国大气环境污染问题日益严峻，雾霾灾害已成为阻碍经济可持续发展、危及民众健康的重要因素之一。党的十九大报告明确指出，要推进绿色发展，着力解决突出环境问题，加大生态系统保护力度，从而加快生态文明体制改革，建设社会主义美丽中国，关乎中国社会经济高质量发展和人民生活的高水平建设。因此，分析雾霾灾害的深层致因，探寻切实可行的雾霾灾害治理对策，成为政府及学术界共同关注的重要课题。

要从根本上破解雾霾治理难题，首先必须对雾霾灾害的风险程度进行科学测度。由于中国雾霾灾害的相关研究起步较晚，且中国关于雾霾天气统计的国家标准仍有待完善，虽然目前学术界对于雾霾灾害问题的研究已经取得了一定的进展，但已有的研究对衡量雾霾灾害统一测度指标层面的关注度较低，制约了关于雾霾灾害问题的纵深研究。因此，本章致力于构建雾霾灾害风险指数，并尝试利用已有数据测度量雾霾灾害风险水平，以丰富雾霾灾害研究的维度，拓展雾霾灾害实证测度的研究方法。

4.1 研究现状

4.1.1 雾霾灾害的成因研究

气象学家认为雾霾灾害是一种灾害性天气现象，从气象学的角度分析了雾霾灾害产生的原因。克尔拉（Kerr, 1995）[62]对由污染物质造成的雾霾的气候致冷机制进行了研究；马尔姆（Malm, 1992）[63]对美国大陆性灰霾天气的时空演变进行了定量分析，并在此基础上对灰霾物质产生的源头进行了追踪和模拟。侯振奎、栗敬仁（2013）[140]、孟晓艳等（2014）[141]、张人禾等（2014）[142]等在分别对中国及不同区域雾霾的气候特征及成因进行分析后，认为空气湿度增加、颗粒物浓度高、气候变暖、风速较小等是形成雾霾的重要原因。宋娟（2012）[143]、戴星翼（2013）[144]、顾为东（2014）[145]等从污染的角度对雾霾灾害产生的原因进行了分析，认为污染物排放总量超过了环境可以消纳的阈值，工业污染和土壤、水源严重污染的叠加效应，城市化的加速发展及过度建设拉动的重化工业膨胀及由此引起的污染物排放是导致雾霾灾害形成的特殊机理。任保平、宋文月（2014）[146]、郭俊华、刘奕玮（2014）[147]、张丽亚、彭文英（2014）[148]等研究认为雾霾是工业污染排放的废气、汽车尾气排放过量以及地面扬尘等综合作用的结果。王跃思（2014）[149]的研究认为雾霾灾害的一次来源主要是直接排放到大气中的颗粒物，二次来源则是排放的气态污染物，如氮氧化物、硫化物、挥发性有机化合物等在大气中通过复杂的化学反应产生的颗粒物。冯少华（2015）从城市发展角度对雾霾灾害成因展开分析，发现城市规模、工业企业排放对雾霾灾害呈现正相关关系，单位机动车量与雾霾灾害呈负相关，机动车量是雾霾形成的决定性因素。

4.1.2 雾霾灾害的测度

李崇志等（2009）[150]提出了湿度—能见度指数的概念，用相对湿度和能见度共同进行霾的判别。于兴娜（2012）[151]、王秦（2013）[152]利用大气 PM2.5 的中元素污染特征、气溶胶光学厚度对雾霾进行测度和评价。曹伟华、梁旭东、李青春等（2013）[153]利用 PM2.5 浓度对雾霾程度进行评价。王咏梅、武捷等（2014）[154]从湿度和能见度的角度对雾霾进行测度，认为排除降水、沙尘暴、扬沙、浮尘、烟幕、吹雪、雪暴、烟幕天气现象造成的视程障碍，能见度 <10 千米，相对湿度小于等于80%，判识为霾。吴兑等（2014）[155]认为区分霾相对湿度限值大体在90%。刘强、李平（2014）[156]将能源消耗、大气污染物和温室

气体排放作为评价雾霾灾害的重要指标。

随着雾霾灾害的日益频发和对经济社会生活负面影响的加重，学术界对于雾霾灾害的研究逐渐深入，对雾霾灾害的成因和测度进行了一些探索性的研究。由于环保部于 2012 年 2 月才正式发文实施新的《环境空气质量标准》，部分城市目前刚刚开始统计 PM2.5 相关数据。因此，目前国内研究雾霾灾害的可用数据较少。绝大多数研究中，运用能源消耗、大气污染物和温室气体排放作为评价雾霾灾害的重要指标，由于该类均为间接指标，对雾霾灾害的评价精确度不够，限制了相关研究的深入开展。

4.2　雾霾灾害风险指数的构建

4.2.1　指数构建依据

学术界通常通过构建指数，将其作为综合性指标对某种水平或程度进行衡量和比较。本书通过构建雾霾灾害风险指数（HDRI），对某地区一定时间内雾霾灾害的程度进行计量。随着对雾霾灾害成因和测度的研究，目前学术界较为一致地认为，雾霾是空气污染和气象因素共同作用的结果，大气污染物的源排放是内因，气象条件是外因；雾霾主要由二氧化硫、氮氧化物和可吸入颗粒物组成，前两者为气态污染物，最后一项颗粒物才是加重雾霾天气污染的罪魁祸首；雾霾主要来源主要有自然源和人为源两种，持续大范围雾霾天气和空气质量下降是自然因素和人为活动共同作用的结果。因此，雾霾灾害风险指数的构建应综合考虑空气中颗粒物的情况和污染排放情况。基于此，本书借鉴以往学者构建风险指数、压力指数的方法，构建雾霾灾害风险指数，具体将该指数定义为：

$$HDRI = \sum_{i=1}^{n} \omega_i F_i \quad (i = 1, 2, 3, \cdots, n) \quad (4-1)$$

在公式（4-1）中，HDRI 为雾霾灾害风险指数，F_i 为构成雾霾灾害风险指数的因子，ω_i 为指数构成因子 F_i 的权重。雾霾灾害风险指数（HDRI）的大小表明某个地区雾霾灾害风险的大小，该指数越大表明该地区在某个时期面临的雾霾灾害风险越大；反之，表明面临的雾霾灾害风险越小。

4.2.2　基础指标体系的构建

雾霾灾害风险指数的构建应综合考虑空气中颗粒物的情况和污染排放情况。因此，雾霾灾害风险指数的构成因子应由反映空气质量状况和污染物排放情况的指标体系进行拟合得出。据此，根据指标的含义和数据的可得性，遵循风险指标体系构建有效、全面、可靠、灵敏、相关性低、可操作性强以及指标体系尽量简洁的原则，本书将"空气质量""污染物排放"两个维度的12个指标作为基础指标体系。基础指标用 f_i 表示，其中 i = 1，2，3，…，12（见表4-1）。

表4-1　　　　　　　　　雾霾灾害风险基础指标体系

一级指标	二级指标	三级指标	指标代码
空气质量	颗粒物情况	二氧化硫年平均浓度	f_1
		二氧化氮年平均浓度	f_2
		可吸入颗粒物（PM10）年平均浓度	f_3
		一氧化碳日均值第95百分位浓度	f_4
		臭氧（O_3）日最大8小时第90百分位浓度	f_5
		细颗粒物（PM2.5）年平均浓度	f_6
污染物排放	工业污染物排放	工业二氧化硫	f_7
		工业氮氧化物	f_8
		工业烟（粉）尘	f_9
	生活污染物排放	生活二氧化硫	f_{10}
		生活氮氧化物	f_{11}
		生活烟尘	f_{12}

4.2.3　指数构建方法的选择

通用的综合指数构建方法主要有三种，分别为加权平均法、层次分析法（AHP）、主成分分析法（PCA）。三种方法在构建综合指数过程中各有优缺点，加权平均法操作简便，但该种方法未考虑各分项指标之间可能存在的高度相关性，权重确定主观性较强；层次分析法可以将复杂问题分解为若干层次和若干因素，并分别设定权重，不追求高深数学，所得结果简单明确；主成分分析法是把给定的多个相关变量通过线性变换转成一组不相关变量，通过降维技术把多个相互关联的基础指标转化为少数几个综合指标，同时通过数量计算生成各主成分的权重，降低在评价过程中出现人为因素的干扰。

根据本书提出的雾霾灾害风险指数构建思路及综合比较不同指数构建方法的优缺点，本书认为主成分分析法更加贴合和有利于完成雾霾灾害风险指数的构建。主成分分析法能够把本书提出的 12 个基础指标简化为少数几个综合指数贡献因子（F_i），能使这些贡献因子尽可能地反映原来多个指标的大部分信息（80% ~ 85%），并保证这些综合指标彼此之间互不相关，同时在主成分分析过程中能够计算出各贡献因子的权重（ω_i），最终完成雾霾灾害指数（HDRI）的构建和测算。

4.3　雾霾灾害风险指数的测算

4.3.1　数据来源及处理

考虑到雾霾灾害的全国普遍性，且 2013 年中国雾霾浓度达到峰值，雾霾灾害严重威胁中国经济发展和生态环境保护，政府将雾霾浓度监测纳入空气质量监测标准。因此，本书的研究样本数据采用 2013 年中国 30 个重点城市的 12 个空气质量和污染物排放情况指标进行研究。数据均来源于国家统计局公布的《中国统计年鉴（2014）》。根据统计学原理，当样本容量大于等于 30 时，对总体具有代表性，因而样本量支持本书的研究。数据处理及分析采用 SPSS 19.0 软件。为解决不同指标之间量纲和数量级的影响，笔者采用 SPSS 19.0 软件对原始数据进行标准化处理。

4.3.2 指数贡献因子

1. KMO 和 Bartlett 检验

由于选取的 12 项指标从不同维度不同程度地反映了 30 个重点城市某一方面雾霾灾害风险信息，并且具有相关性。为检验研究样本数据是否适宜进行主成分分析，首先对研究样本进行 KMO 统计量和 Bartlett 球形度检验（见表 4 - 2）。检验结果表明，KMO = 0.652 > 0.5，Bartlett 球形度检验统计量对应的显著性概率为 0.000，因此研究样本适宜进行因子分析。

表 4 - 2　　　　　　　　　KMO 和 Bartlett 的检验

取样足够度的 Kaiser - Meyer - Olkin 度量		0.652
Bartlett 的球形度检验	近似卡方	283.326
	df	66
	Sig.	0

2. 指数贡献因子 (F_i) 的确定

对 30 个重点城市的雾霾灾害风险基础指标进行主成分分析，确定雾霾灾害指数贡献因子 (F_i)。根据主成分抽取结果（见表 4 - 3），通过分析公共因子的特征根和累计方差贡献率，可以得出前 4 个主成分特征根均大于 1，并且方差累计贡献率达到了 85.017%，说明前 4 个主成分包含了 12 个基础指标绝大部分（85%）的信息量。将前 4 个主成分作为反映原指标的信息量，认为是有效的。故提取雾霾灾害风险指数的贡献因子个数为 4 个，也就是将原来的 12 个指标综合成 4 个指数贡献因子。

表 4 - 3   解释的总方差（1）

成分	初始特征值			提取平方和载入		
	合计	方差的百分比（%）	累积（%）	合计	方差的百分比（%）	累积（%）
1	4.793	39.941	39.941	4.793	39.941	39.941
2	2.602	21.685	61.626	2.602	21.685	61.626
3	1.781	14.841	76.467	1.781	14.841	76.467
4	1.026	8.550	85.017	1.026	8.550	85.017
5	0.583	4.859	89.876			
6	0.393	3.273	93.149			
7	0.287	2.388	95.537			
8	0.206	1.719	97.256			
9	0.141	1.173	98.430			
10	0.102	0.847	99.277			
11	0.05	0.420	99.697			
12	0.036	0.303	100.000			

根据成分得分系数矩阵（见表 4 - 4），可得到雾霾灾害风险指数各个贡献因子的线性表达式：

$$F_1 = 0.268f_1 + 0.116f_2 + 0.293f_3 + 0.298f_4 - 0.034f_5 + 0.203f_6$$
$$- 0.065f_7 - 0.001f_8 + 0.007f_9 - 0.088f_{10} - 0.068f_{11} + 0.073f_{12}$$

$$F_2 = 0.046f_1 - 0.117f_2 + 0.011f_3 - 0.037f_4 - 0.034f_5 - 0.057f_6$$
$$+ 0.397f_7 + 0.305f_8 + 0.370f_9 + 0.087f_{10} - 0.074f_{11} - 0.115f_{12}$$

$$F_3 = -0.037f_1 + 0.080f_2 - 0.065f_3 - 0.037f_4 - 0.039f_5 + 0.028f_6$$
$$- 0.103f_7 - 0.036f_8 - 0.037f_9 + 0.311f_{10} + 0.411f_{11} + 0.409f_{12}$$

$$F_4 = -0.208f_1 + 0.336f_2 - 0.110f_3 - 0.172f_4 + 0.760f_5 + 0.171f_6$$
$$- 0.004f_7 + 0.018f_8 - 0.171f_9 + 0.051f_{10} + 0.409f_{11} - 0.199f_{12}$$

表 4 - 4   成分得分系数矩阵

项目	成分			
	1	2	3	4
二氧化硫年平均浓度	0.268	0.046	-0.037	-0.208
二氧化氮年平均浓度	0.116	-0.117	0.080	0.336

项目	成分			
	1	2	3	4
可吸入颗粒物（PM10）年平均浓度	0.293	0.011	− 0.065	− 0.110
一氧化碳日均值第 95 百分位浓度	0.298	− 0.037	− 0.037	− 0.172
臭氧（O₃）日最大 8 小时第 90 百分位浓度	− 0.130	− 0.034	− 0.039	0.760
细颗粒物（PM2.5）年平均浓度	0.203	− 0.057	0.028	0.171
工业二氧化硫	− 0.065	0.397	− 0.103	− 0.004
工业氮氧化物	− 0.001	0.305	− 0.036	0.018
工业烟（粉）尘	0.007	0.370	− 0.037	− 0.171
生活二氧化硫	− 0.088	0.087	0.311	0.051
生活氮氧化物	− 0.068	− 0.074	0.411	0.120
生活烟尘	0.073	− 0.115	0.409	− 0.199

从旋转成分矩阵（见表 4 – 5）可以得出，贡献因子 F_1 主要受空气质量指标中可吸入颗粒物（PM10）年平均浓度（指标贡献为 93.9%）、一氧化碳日均值第 95 百分位浓度（指标贡献为 87.7%）、细颗粒物（PM2.5）年平均浓度（指标贡献为 85.4%）、二氧化硫年平均浓度（指标贡献为 80.5%）等指标的影响，F_1 的大小在一定程度上表示空气质量对雾霾灾害的影响；贡献因子 F_2 主要受工业污染物排放中工业二氧化硫（指标贡献为 96.5%）、工业烟（粉）尘（指标贡献为 91%）、工业氮氧化物（指标贡献为 82.5%）等指标的影响，F_2 的大小在一定程度上表示工业污染物排放对雾霾灾害的影响；贡献因子 F_3 主要受生活污染物排放中生活氮氧化物（指标贡献为 92.4%）、生活烟尘（指标贡献为 89.9%）、生活二氧化硫（指标贡献为 79%）等指标的影响，F_3 的大小在一定程度上表示生活污染物排放对雾霾灾害的影响。

表 4 – 5　　　　　　　　旋转成分矩阵

项目	成分			
	1	2	3	4
二氧化硫年平均浓度	0.805	0.204	0.045	− 0.033
二氧化氮年平均浓度	0.663	0.017	0.219	0.519

项目	成分			
	1	2	3	4
可吸入颗粒物（PM10）年平均浓度	0.939	0.156	-0.023	0.101
一氧化碳日均值第95百分位浓度	0.877	0.017	-0.001	-0.002
臭氧（O_3）日最大8小时第90百分位浓度	0.155	0.177	-0.049	0.911
细颗粒物（PM2.5）年平均浓度	0.854	0.122	0.154	0.390
工业二氧化硫	0.034	0.965	0.041	0.132
工业氮氧化物	0.242	0.825	0.163	0.181
工业烟（粉）尘	0.156	0.910	0.183	-0.038
生活二氧化硫	-0.045	0.451	0.790	0.097
生活氮氧化物	0.006	0.138	0.924	0.141
生活烟尘	0.201	-0.034	0.899	-0.198

4.3.3　指数贡献因子权重（ω_i）的确定

经方差最大化旋转后的4个雾霾灾害风险指数贡献因子的贡献率分别为30.146%、23.142%、20.203%、11.527%。因此，指数贡献因子权重 $\omega_1 = 30.146\%$，$\omega_2 = 23.142\%$，$\omega_3 = 20.203\%$，$\omega_4 = 11.527\%$（见表4-6）。

表4-6　　　　　　　　　解释的总方差（2）

成分	旋转平方和载入		
	合计	方差的百分比（%）	累积（%）
1	3.617	30.146	30.146
2	2.777	23.142	53.287
3	2.424	20.203	73.491
4	1.383	11.527	85.017

4.3.4　雾霾灾害风险指数的测算

基于以上通过主成分分析法确定的雾霾灾害风险指数贡献因子及其

权重，可以到雾霾灾害风险指数的最终表达式：

$$HDRI = 0.30146F_1 + 0.23142F_2 + 0.20203F_3 + 0.11527F_4 \quad (4-2)$$

从主成分分析的结果可以看出，空气质量指标对雾霾灾害风险指数的影响最大，其次为工业污染物排放指标和生活污染物排放指标。其中，空气质量指标对雾霾灾害风险指数的影响度为30.146%，工业污染物排放指标对指数的影响度为23.142%，生活污染物排放指标对指数的影响度为20.203%。

将30个重点城市空气质量及污染物排放指标指经标准化后，根据指数贡献因子及雾霾灾害风险指数表达式，计算各地雾霾灾害风险指数（见表4-7）。

表4-7　　　　　　　　各地区雾霾灾害指数测算

城市	贡献因子				雾霾灾害风险指数（HDRI）
	F_1	F_2	F_3	F_4	
北京	-0.26	-0.83	1.69	1.93	0.29
天津	0.67	1.15	-0.02	0.33	0.50
石家庄	3.00	1.07	-0.65	0.58	1.09
太原	0.63	-0.09	0.91	-0.21	0.33
呼和浩特	0.57	0.37	-0.68	-1.38	-0.04
沈阳	0.59	0.32	0.09	-0.51	0.21
长春	-0.02	0.20	-0.30	-0.34	-0.06
哈尔滨	0.21	-0.35	4.06	-1.74	0.60
上海	-1.33	1.25	1.70	1.43	0.40
南京	0.01	0.31	-0.66	0.41	-0.01
杭州	-0.44	-0.27	-0.62	1.01	-0.20
福州	-1.03	0.01	-0.50	-1.23	-0.55
南昌	-0.25	-0.77	-0.60	-0.18	-0.39
济南	1.17	-0.23	0.11	1.46	0.49
郑州	1.37	0.01	-0.24	-0.72	0.28
武汉	-0.07	-0.40	-0.40	1.54	-0.02
长沙	-0.20	-0.93	-0.41	0.36	-0.32

城市	贡献因子				雾霾灾害风险指数（HDRI）
	F_1	F_2	F_3	F_4	
广州	− 0.95	− 0.60	− 0.53	1.20	− 0.39
南宁	− 0.79	− 0.63	− 0.23	− 0.04	− 0.44
海口	− 1.63	− 0.85	− 0.58	− 0.92	− 0.91
重庆	− 1.27	4.22	− 0.01	0.34	0.63
成都	0.27	− 0.86	− 0.32	1.43	− 0.02
贵阳	− 0.94	− 0.20	0.31	− 0.78	− 0.36
昆明	− 0.80	0.25	− 0.57	− 0.41	− 0.34
拉萨	− 1.39	− 0.96	− 0.63	− 0.05	− 0.78
西安	1.05	− 0.94	0.86	0.31	0.31
兰州	− 0.02	0.02	− 0.46	− 1.23	− 0.24
西宁	0.51	− 0.07	− 0.44	− 1.21	− 0.09
银川	0.26	− 0.03	− 0.52	− 1.06	− 0.16
乌鲁木齐	1.09	− 0.16	− 0.37	− 0.32	0.18

4.3.5 指数有效性检验

为检验雾霾灾害风险指数的有效性，利用 HDRI 指数值与已有空气质量监测数据进行比较。由于对雾霾灾害数据的统计起步较晚，我们利用空气质量监测相关指标进行比较，同时由于可查得的空气质量监测数据有限，目前本书仅能通过中国空气质量在线监测分析平台（http：// aqistudy. sinaapp. com）提供的监测数据与雾霾灾害指数进行对比分析。此次有效性检验从 3 个维度进行：一是 HDRI 指数与 2013 年 12 月空气状况进行比对检验；二是 HDRI 指数与 2013 年 12 月 ~ 2015 年 3 月平均空气质量指数值（AQI）进行比对检验；三是 HDRI 指数与 2013 年 12 月 ~2015 年 3 月污染月份占比进行比对检验。为更好地对 HDRI 指数的有效性进行检验。我们将 AQI 超过 100（空气质量为污染）的城市数量作为确定 HDRI 指数风险值的标准，据此，确定 − 0.02 为 HDRI 指数风险值，HDRI 高于 − 0.02 表示雾霾灾害风险较高，HDRI 低于 − 0.02 表示雾霾灾害风险较低。

（1）HDRI 指数与 2013 年 12 月空气状况进行比对检验。HDRI 最高的城市为石家庄，其 HDRI 值为 1.09，与 2013 年 12 月石家庄严重污染的空气状况一致；HDRI 最低的城市为海口，其 HDRI 值为 -0.91，与 2013 年 12 月海口良好的空气状况一致。HDRI 值也较好地判断出了空气质量较好的福州、拉萨。2013 年 12 月空气质量为中度污染以上的城市为 12 个，其中 HDRI 指数高于风险值的城市为 11 个，指数准确性为 84.62%。

（2）HDRI 指数与 2013 年 12 月~2015 年 3 月平均空气质量指数值（AQI）进行比对检验。HDRI 最高的城市为石家庄，其 2013 年 12 月平均空气质量指数值（AQI）最高（为 170）；HDRI 最低的城市为海口，其 2013 年 12 月平均空气质量指数值（AQI）最低（为 50）。HDRI 值也较好地判断出了平均空气质量指数值（AQI）较低的拉萨、福州、昆明，平均空气质量指数值（AQI）较高的济南、郑州、天津。平均空气质量指数值（AQI）高于 100 的城市为 14 个，其中 HDRI 指数高于风险值的城市为 13 个，指数准确性为 86.67%。

（3）HDRI 指数与 2013 年 12 月~2015 年 3 月污染月份占比进行比对检验。HDRI 最高的城市为石家庄，其 2013 年 12 月~2015 年 3 月污染月份占比处于第二位（为 93.75%）；HDRI 最低的城市为海口，其 2013 年 12 月~2015 年 3 月污染月份占比处于第二位最低（为 0）。HDRI 值也较好地判断出了污染月份占比较低的拉萨、福州、昆明，污染月份占比较高的济南、郑州、天津。污染月份占比超过 60% 的城市为 11 个，其 HDRI 指数均高于风险值，指数准确性为 100%。

从以上三个维度的对比分析可以看出，本书设计雾霾灾害风险指数对于雾霾灾害风险的区分度较高，可以准确地判断地区雾霾灾害风险情况（见表 4-8）。

表 4-8　　　　　　　　　雾霾灾害指数有效性检验

城市	雾霾灾害风险指数（HDRI）	2013 年 12 月空气状况	2013 年 12 月~2015 年 3 月平均空气质量指数值（AQI）	2013 年 12 月~2015 年 3 月污染月份占比（%）
石家庄	1.09	严重污染	170	93.75

续表

城市	雾霾灾害风险指数（HDRI）	2013年12月空气状况	2013年12月～2015年3月平均空气质量指数值（AQI）	2013年12月～2015年3月污染月份占比（%）
重庆	0.63	轻度污染	99	43.75
哈尔滨	0.60	中度污染	116	50.00
天津	0.50	中度污染	125	81.25
济南	0.49	中度污染	137	100.00
上海	0.40	中度污染	87	25.00
太原	0.33	轻度污染	105	62.50
西安	0.31	重度污染	121	68.75
北京	0.29	轻度污染	121	75.00
郑州	0.28	中度污染	137	81.25
沈阳	0.21	中度污染	114	68.75
乌鲁木齐	0.18	轻度污染	122	68.75
南京	−0.01	中度污染	110	62.50
武汉	−0.02	重度污染	124	75.00
成都	−0.02	中度污染	111	50.00
呼和浩特	−0.04	轻度污染	91	12.50
长春	−0.06	轻度污染	106	50.00
西宁	−0.09	轻度污染	95	50.00
银川	−0.16	轻度污染	89	18.75
杭州	−0.20	中度污染	96	31.25
兰州	−0.24	轻度污染	94	43.75
长沙	−0.32	中度污染	110	43.75
昆明	−0.34	良	61	0.00
贵阳	−0.36	轻度污染	74	12.50
广州	−0.39	轻度污染	76	12.50
南昌	−0.39	轻度污染	80	18.75
南宁	−0.44	轻度污染	83	18.75
福州	−0.55	良	64	0.00
拉萨	−0.78	良	60	0.00
海口	−0.91	良	50	0.00

4.4 结论与建议

科学、有效地测度雾霾灾害风险，是揭示雾霾灾害产生原因的前提，更是进行雾霾灾害风险预警、探究雾霾灾害治理对策的基础。本书运用主成分分析方法对空气质量、污染物排放等基础指标进行了降维，有效合成了雾霾灾害风险指数，并对指标有效性进行检验，结果显示该指标对雾霾灾害风险具有较好的区分作用，可以利用该指标对雾霾灾害风险进行相关研究。同时根据指数测度过程中过程发现的问题，提出以下建议：

（1）雾霾灾害风险指数的实证分析过程再次证明，雾霾灾害风险主要受空气质量和污染物排放的影响。其中，空气质量指标对雾霾灾害风险指数的影响最大，其次为工业污染物排放指标和生活污染物排放指标。因此，在雾霾灾害的治理过程中应更加重视对空气中颗粒物，特别是 PM10、一氧化碳、PM2.5、二氧化硫的治理，加强对工业污染物和生活污染物（二氧化硫、烟尘、粉尘氮氧化物）排放的控制和治理。

（2）各地区雾霾灾害风险程度差别较大，石家庄等城市雾霾灾害风险度较高，海口、拉萨、福州等城市雾霾灾害风险度较低。石家庄、哈尔滨、天津、济南、太原等城市加强对污染物排放的处理和控制，优化空气质量；空气质量状况较好，但雾霾灾害风险指数较高的重庆、上海等城市，也应该密切关注雾霾灾害风险。

第5章 政府规制、产业结构、居民消费对雾霾灾害的门槛效应研究

党的十九大报告指出，推动中国生态环境保护和社会经济高质量发展的关键在于转变发展模式，倡导绿色生态的发展理念，在社会基本矛盾发展转变的前提下构建新型中国特色社会主义建设道路，对拉动中国长期且持久性的高水平建设发展至关重要。而粗放型的经济发展方式俨然与可持续发展理念相互矛盾：粗放型经济发展方式忽略对生态环境的负面影响，可持续发展理念追求经济与生态环境协调发展。传统的粗放型经济发展方式带来的一系列诸如资源枯竭、大气污染严重、生态系统脆弱等依然是制约中国推进高品质建设和高质量发展的关键问题。自2013年以来，全国雾霾灾害频发出现，各地空气质量达到警戒线水平，严重威胁社会和谐发展和居民生命安全，由此全国开始掀起了浩浩荡荡的雾霾治理行动。然而，"造就"雾霾容易，治理雾霾却是难上加难。"雾霾治理难"凸显了社会生态环境保护短板，揭示了大气环境污染的严峻形势。在经济新常态下，雾霾污染影响着城市的经济和居民生活，不利于实现城市的可持续发展[157]。如何减少雾霾灾害对该区域经济发展、生态保护的影响，成为社会各界都十分关注的问题。政府、企业和公众在雾霾灾害治理中有着不同的决策地位，各方之间的利益衡量和决策选择都将影响雾霾治理的有效性。同时，各主体间的行为同样会影响雾霾灾害的发生，充分认识各主体行为在雾霾灾害合作治理中的影响，是控制雾霾灾害扩散重要因素。

山东经济发展方式主要依靠资源耗费型的旧动能，虽然近年来新旧动能转换逐步推进，推动淘汰了一部分工业生产旧动能，但曾经资源依赖型的经济发展方式对生态环境造成的负面影响，且环境治理问题并非短时期内可解决的问题，对山东的未来发展仍然是巨大隐患。其中，雾

霾污染是生态环境治理过程中面临的难题之一。2007～2016 年这 10 年间，如图 5 - 1 所示，山东 17 地市的 PM2. 5 年均值虽总体上呈现出波动下降的趋势，其中 2013 年达到 110 微克/立方米，雾霾污染程度到达该时期峰值。随着生态环境治理和发展模式的转百年，至 2016 年底 PM2. 5 浓度均值为 106. 34 微克/立方米，但是仍大幅度超出世界卫生组织指定的过渡期初级目标上限 35 微克/立方米，雾霾污染在全国层面依然处于前列，生态环境保护和大气污染防治压力严峻。此外，山东作为中国经济发展的缩影，在许多问题上呈现出与中国整体相似的特点。因此，选择山东 17 个地级市为研究对象，对山东雾霾问题形成的内在机理进行研究和分析，探究财政分权、产业结构和居民消费对雾霾的影响，寻找优化雾霾灾害防控的重要措施，以期能够应用于全国不同地区的雾霾治理和社会经济的高质量发展和建设。

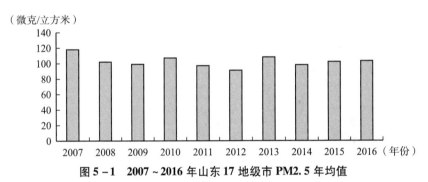

图 5 - 1　2007～2016 年山东 17 地级市 PM2. 5 年均值

资料来源：哥伦比亚研究所遥感数据，栅格解译。

5.1　财政分权、政府行为对雾霾灾害的门槛效应研究

影响环境污染的因素众多，从政府角度看，学者们的研究多从财政分权入手。如蔡昉等[158]认为财政分权从两个方面影响政府行为：一方面，中国式财政分权下地方对中央负责的制度。地方政府以 GDP 彰显其政绩，与周边地区进行"经济竞赛"，而经济发展需要充足的资金保障。因此，地方政府为吸引外资投入流向本地，会给予一定政策性支

持，同时也会存在部分地方政府借助降低生态监管标准的方式，尝试引进污染性企业以带动本地经济增长，从而加大生态环境和大气污染的可能性；另一方面，地方政府财政支出结构比例改变，财政资金倾向于投资到周期短、见效快、风险低的生产性经济活动，从而忽视环境保护。张欣怡[159]、徐辉[160]、薛钢[161]等指出造成地方政府财权与事权分离的重要原因在于财政分权体制建设，由于分权体制建设导致监管存在缺位现象，各部分之间缺乏明确的权责规范，导致地方政府在资金投入和支出上缺乏方向性引导，使得地方政府对公共物品的投入也随之改变。

5.1.1 理论基础与研究假设

1. 财政分权对雾霾污染的直接影响

遵循奥茨等（Oates，1972）[162]"环境联邦主义"的观点，由于公共产品具有其消费非排他与非竞争性，生态环境中各类资源供应并不受政府、企业和社会公众的管控，如若针对某一公共产品被某一主体加以限制，其将会失去公共性内涵。而且相较于中央政府，地方政府更能快速而准确地了解到辖区的雾霾污染程度、捕捉到辖区居民的需求，且在公民"用脚投票"[163]的情况下，地方政府必须对民众负责，进而对辖区内环境进行治理以留住居民、留住人才。在这种观点下，地方政府的财政支出自由度的增加应该会使该地区环境治理强度增加，进而改善该地区环境状况。

但是中国式分权与奥茨等（Oates，1972）[162]的设想存在明显差异。一方面，户籍制度阻碍人口的自由流动，公民"用脚投票"的设想并不符合我国国情；另一方面，GDP是衡量中国地方发展的重要指标，在中国财政分权制度下，作为"经济人"的地方官员所关注的重点在于如何拉动经济增长，因此可能会放松环境管制从而吸引见效快、能上缴更多税费，但环境不友好的企业落地，其中尤以外资企业为代表。此外，还因为事权不对等以及部分财政收入来源被切断，地方政府可能会轻视公共服务的提供。虽然近年来中央对地方政府加大了环保方面的考量，但是环保考核仍然没有形成固定的标准，也不易形成标准，使得地方政府对环境的重视程度并不能达到中央所预想和公众所期望的效果。而且雾霾污染治理所具有的较强正外部性，难免使一些地方政府有"搭便车"的心理。以上原因，不仅会降低雾霾治理效果，还会加重雾霾污染。

因此，提出假设 1：财政分权水平的提高会加重雾霾污染。

2. 财政分权对雾霾污染的间接影响

如上所述，地方财政支配自由的程度会对雾霾污染产生影响，财政分权不仅会直接作用于雾霾污染，还会通过改变地方政府行为，从而间接对雾霾污染造成影响。

（1）地方政府竞争与雾霾污染。

地方政府竞争有两种方式："趋优竞争"与"趋劣竞争"。"趋优竞争"是指在地方政府认识到提高环境公共产品的供给以及改善环境状况可以留住人才、吸引外商进行投资，进而实现地方经济的增长、提高地方竞争力，地方政府从而加大对环境治理的投入，从而改善地区的空气质量状况，使雾霾污染得到治理；"趋劣竞争"是指地方政府认为放松环境管制、降低环境准入门槛有利于减少企业的准入成本、吸引企业入驻，进而拉动地区经济增长，从而会忽略对环境造成的负面影响。在财政分权体制下，地方政府对本地的财政收支承担更多的责任，因此可能通过降低环保准入门槛、提供各类"优惠"条件等方式，吸引投资，并与经济效益高的高污染企业"结盟"。吴俊培等[164]指出在现行晋升机制和激励机制下，地方政府官员倾向于理性人选择，导致为了获得晋升提升自身绩效可能进一步加剧了地方环境污染严重程度，而这也是早期中国建设发展经济所选择的道路。因此，在我国，激励机制扭曲状态下的地方政府竞争性为，更接近于"趋劣竞争"，从而加剧环境污染。

由此，本书提出假设 2：地方政府竞争程度提高会加剧雾霾污染。

（2）环境保护支出与雾霾污染。

财政分权体制下，以 GDP 为导向的官员晋升激励机制，使得地方政府官员的个人政绩与当地经济发展具有紧密的联系，导致政府官员更加倾向于将资金投入能拉动积极增长且能在短期内取得显著效果的领域，而不是需要长期投入才能见效的环境治理等方面，环境保护支出很有可能"缩水",这会直接降低雾霾治理的效果。此外,在地方政府治理雾霾灾害的过程中,极易出现地方政府的"搭便车"现象,这是因为:一是雾霾污染显著的空间外溢效应致使地方政府很难主动承担起雾霾治理的责任;二是雾霾治理成效同样具有显著的空间溢出效应,引起地方政府在雾霾治理的决策和选择发生转变。从而减少对雾霾污染治理的投入,导致雾霾问题解决难度进一步加大。据此,地方政府在环境保护支出领域的动力不足导致雾霾污染问题的解决难上加难。

基于此,提出假设3:环境保护支出的增加会减轻雾霾污染程度。

综上所述,财政分权在促进经济增长的过程中,从直接和间接两个方面影响着雾霾污染。地方政府财政支配自由度的提高很可能会加重雾霾污染,值得注意的是,财政分权会作用于地方政府竞争和环境保护支出,从而间接对雾霾污染造成影响。因此,研究财政分权与雾霾污染的关系及其中的作用机理具有重要价值。本书研究思路如图 5 - 2 所示。

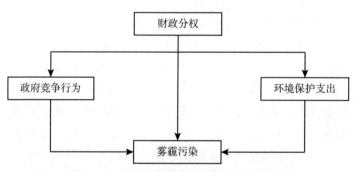

图 5 - 2　财政分权对雾霾污染的影响机制

5.1.2　数据说明、变量选择及模型设定

1. 数据说明

选取山东 17 地市 2007~2016 年的 PM2.5 浓度为样本,实证检验财政分权对雾霾污染的影响机制。研究过程中使用的 PM2.5 浓度数据来源于对哥伦比亚研究所气溶胶数据的栅格解译,其他数据来源于相应年

份的《山东统计年鉴》、《中国城市统计年鉴》、17 地市统计年鉴和统计公报。

2. 变量选择

变量及其含义见表 5 – 1。

表 5 – 1　　　　　　　　　　　　　　变量及其含义

变量类型	变量	符号	含义
被解释变量	雾霾污染	Pm	PM2.5
解释变量	财政支出分权	Fd	地方人均预算内财政支出/（地方人均预算内财政支出 + 全国人均预算内财政支出）
	地方政府竞争	Fdi	外商直接投资/GDP
	环境保护支出	Env	人均环境保护支出
控制变量	经济发展水平	Gdp	人均 GDP
	工业发展程度	Indu	工业增加值/GDP
	交通状况	Road	公路密度
	人口规模	Popu	地方常住人口数量

（1）被解释变量。

PM2.5 是雾霾灾害形成的主要成分之一，会对大气环境和人体健康产生直接危害，因此借鉴肖尧等[165]、孙攀[166]观点本部分以 PM2.5 浓度值来测度山东省 17 地市雾霾灾害污染程度，其中 PM2.5 浓度越高，代表该地区的雾霾污染程度越高，所面临雾霾灾害越为严重。

（2）解释变量。

选取财政分权度（Fd）、地方政府竞争程度（Fdi）、环境保护支出（Env）作为解释变量来研究中国式财政分权对雾霾的影响。

①财政分权度（Fd）。财政分权度衡量地方政府财政资金使用的自由度，财政分权度主要反映在支出和收入两个方面，本书利用指出分权进行实证检验，同时利用收入分权进行稳健性检验以保证结果的科学性。此外，借鉴吴勋、白蕾等学者的计算方法，借助人均居民收入与人均支出分权度来衡量人口因素对财政分权的影响程度。

②地方政府竞争程度（Fdi）。参考以往的文献，外商直接投资是

促进地方经济增长的强劲动力，也是反映地方政府竞争强度的衡量标准之一。将政府外商直接投资与国内生产总值进行换算并计算二者比值以判断地方政府在经济发展中相互竞争能力，以财政分权和地方政府竞争程度的交互项作为检验财政分权对雾霾灾害产生的间接影响的解释变量。

③环境保护支出（Env）。环境保护支出直观体现了地方政府对雾霾灾害治理的关注度，也体现出地方政府在面对自然灾害时的应对能力。理论上来说，环境保护支出越高，环境污染治理效果越好。因此，环保支出作为实证研究的解释变量，并引入与财政分权的交互项作为检验财政分权对雾霾污染间接影响的解释变量。

3. 控制变量

选取经济发展程度、工业化水平、人口规模及城市建成区面积为控制变量。

（1）经济发展程度（Gdp）。

雾霾灾害是经济发展到一定阶段的产物，即当工业发展集中到一定程度，其所排放的废气污染物超过环境承载阈值便会引发雾霾灾害，经济发展水平一般以产出水平来表示。在中国式的财政分权的体制下，地方政府盲目追求经济增长，很可能以环境污染加剧为代价换取经济高速发展，以各地级市的人均GDP来衡量经济发展水平。

（2）工业化水平（Indu）。

在早期经济发展过程中，工业化建设一直处于国家综合实力发展绝对核心地位，发展过程中由以高耗能、高产能、高污染企业对产业发展建设发挥着重要作用，不可否认的是其对生态环境造成的负面影响也是最大的，其中工业活动所产生的粉尘就是雾霾的来源之一。因此雾霾污染与工业发展应该存在一定关系，以工业增加值来衡量工业发展程度。

（3）人口规模（Popu）。

当人类活动向空气中输出的污染物的量大于环境可容纳净化的量时，空气中污染物超过自然生态系统所能承受的阈值。社会经济发展建设和人类生活活动都将对生态环境构成压力，人类活动在某种程度上导致雾霾灾害的加剧。因此选取地区常住人口数量来代表人口规模，以此研究人口规模与雾霾污染的关系。

（4）城市建成区面积（Urb）。

城市化进程必然会引发城市规模的扩张，在城市建设过程中，城市面积不断向周边蔓延，以城市为中心的工业企业所产生的各种各样的污染物都会对雾霾污染或多或少产生影响。因此，选取城市建成区面积来衡量城市用地规模的变化，进而研究城市用地规模对雾霾污染程度的影响。

4. 研究模型设定

根据以往的研究以及本部分所采用的数据特征，采用适于动态面板数据的 GMM 估计方法。同时结合计量经济学的相关知识以及林略[168]等有关学者的文献，采用一步系统 GMM 的方法更适合本研究。模型实证结果如表 5 - 4 所示，其中，第 1 列检验财政分权与雾霾污染的直接相关关系，以第 2 列和第 3 列分别检验地方政府间竞争和环境保护支出二者分别与财政分权的交互项对雾霾灾害产生的关系。

基于动态面板模型 1 以分析财政分权、外商直接投资、环保支出对雾霾污染的影响，用于检验假设 1。利用动态面板模型 2 探讨地方政府外商直接投资与生态环境保护支出与财政分权的交互项对雾霾灾害的关系，借以分析雾霾灾害产生与财政分权的相关性，检验假设 2、假设 3。同时，由于雾霾污染影响的滞后性，因此在构建模型时引入 PM2.5 的滞后一期变量。此外，考虑到各变量取自然对数后不会改变原有的性质，因此将面板模型中各变量取自然对数以消除不同变量存在的偏差提升其准确度。基于此，建立以下两个模型：

模型 1：$\ln Pm_{it} = \alpha_0 + \alpha_1 \ln Pm_{it-1} + \alpha_2 \ln Fd\_ex_{it} + X_{it} + \varepsilon_{it}$ （5 - 1）

模型 2：$\ln Pm_{it} = \alpha_0 + \beta_1 \ln Pm_{it-1} + \beta_2 \ln Fd\_ex_{it} + M_{it} + X_{it} + \delta_{it}$ （5 - 2）

上述模型中，i 代表研究中所涉及地市的顺序，t 代表时间年份，X 指代控制变量，M 指代解释变量，α、β 代表回归系数，ε、δ 代表随机扰动项。

5.1.3 实证结果及分析

1. 描述性统计

首先对模型中各变量进行描述性统计，结果如表5-2所示。

表5-2　　　　　　　　　变量描述性统计

变量	均值	标准差	最小值	最大值
Pm	61.2116	11.45287	29.14606	84.55516
Fd_ex	66.40033	9.955144	38.09883	86.49075
Fdi	123.6502	140.5096	9.513282	863.0184
Env	8.645462	8.679716	0.4491	64.2809
Popu	566.2944	259.7339	126.78	1044.3
Indu	1294.614	712.6418	228.25	3653.33
Gdp	53847.37	30567.82	525.91	164024
Urb	162.4345	102.5763	46	599.32

资料来源：山东省统计年鉴。

从描述性统计结果来看，2007年以来的近十年中山东17个地级市的雾霾平均浓度为61.2116微克/立方米，其数值明显高于世界卫生组织制定的雾霾浓度标准35微克/立方米，表明山东17地市雾霾污染程度较为严重。而山东省各地级市支出分权度存在较大差异，这与众多学者研究中所描述的统计结果相近。环境保护支出标准差为8.679716，均值为8.645462，这表明地方政府对环境治理的投入水平差别不大，优化财政支出结构对于环境保护、空气质量改善十分重要。外商直接投资标准差为140.5096，均值为123.6502，由此可见外商直接投资水平差异较大。

本章选取方差膨胀因子（VIF）作为检验多重共线熊的工具，其检验结果如表5-3所示。

表 5 – 3　　　　　　　　　　　　多重共线性检验

变量	VIF	1/VIF
lnFd_ex	4.61	0.217009
lnFdi	1.70	0.589402
lnEnv	3.49	0.286903
lnGdp	2.05	0.487456
lnPopu	2.87	0.348380
lnIndu	1.87	0.535283
lnRoad	1.98	0.505964
Mean VIF	2.65	

资料来源：山东统计年鉴。

由表 5 – 3 结果可知，各变量 VIF 值均低于 10，均值为 2.65，表明指标体系内各变量不存在多重共线性。

2. 实证结果分析

实证检验结果如表 5 – 4 所示。

表 5 – 4　　　　　　　　　　　　实证检验结果

变量	实证检验结果		
	(1)	(2)	(3)
l. lnPm	0.748 ** (1.98)	0.926 *** (5.83)	0.789 *** (5.15)
lnFd_ex	5.016 *** (2.72)	3.267 ** (2.09)	9.113 *** (2.60)
lnFdi		1.665 ** (2.46)	
lnFd_ex × lnFdi		– 1.058 * (– 1.69)	
lnEnv			1.401 * (1.90)

续表

变量	实证检验结果		
	（1）	（2）	（3）
lnFd_ex × lnEnv			− 1. 087 * （ − 1. 91）
lnGdp	− 0. 905 （ − 0. 54）	0. 0892 （0. 35）	− 0. 317 （ − 0. 64）
lnPopu	2. 482 *** （2. 99）	0. 293 （0. 93）	0. 562 （1. 07）
lnIndu	3. 304 （0. 88）	2. 285 *** （2. 81）	2. 580 ** （2. 06）
lnRoad	3. 923 * （1. 94）	2. 580 *** （2. 72）	2. 466 （1. 45）
_cons	− 35. 71 （ − 2. 23）	− 23. 84 （ − 3. 33）	− 27. 19 （ − 4. 88）
AR （1）	Pr > z = 0. 8	Pr > z = 0. 199	Pr > z = 0. 756
AR （2）	Pr > z = 0. 254	Pr > z = 0. 604	Pr > z = 0. 314
Hansen test	Pr > z = 0. 617	Pr > z = 0. 795	Pr > z = 0. 173

注：① * 表示检验显著性水平，* $p < 0.1$，** $p < 0.05$，*** $p < 0.01$。
②AR （1）、AR （2）、Hansen test 显示的是 P 值。

在实证结果中，Hansen 检验的 P 值均大于 0.1，表明本部分所采用动态面板模型均通过识别检验。同时，各 AR （2） 的 P 值都大于 0.1，表明模型的扰动项之间不存在二阶序列自相关。

从实证分析结果来看，PM2.5 的滞后项系数均为负值，且显著相关，说明 PM2.5 浓度与前期浓度存在紧密联系。推测可能是政府在雾霾污染较严重的早期期，通过采取一系列治理措施，从而缓解了雾霾污染。在第 （1） 列中，财政分权与雾霾污染的回归结果显示两者存在显著的正相关关系，即雾霾污染程度会随着财政分权度的提高而加重。以上证实了假设 1，即财政分权对雾霾污染有直接的正向影响。第 （2）、第 （3） 列的回归结果也显示雾霾污染与财政分权度显著正相关。

第 （2） 列显示财政分权通过影响地方政府竞争从而对雾霾污染产生的间接影响的实证检验结果，表明地方政府竞争的加强会带来雾霾污染情况的恶化，这可能是由于政府间的竞争是"趋劣竞争"，政府为了吸引外商直接投资，提高竞争能力，不惜降低准入门槛，引进高污染企业，片面追求经济而忽视环境保护导致雾霾污染更加严重。以地方政府外商直接投资与财政分权的交互项对雾霾灾害呈显著负相关，表明地方政府外商直接投资削弱了支出分权对雾霾污染影响的正向效应，说明在财政支出分权下政府间的竞争有利于雾霾污染状况的改善。这可能是由于雾霾污染的严重程度随着外商直接投资的增加不断加剧，对社会经济发展构成严重阻碍且在一定程度对公众生命健康构成威胁，因此地方政府鼓励产业结构的调整与改善已解决环境污染问题，从而有利于缓解雾霾污染。

第（3）列的回归结果显示环境保护支出的与雾霾污染之间呈正相关，即随着环保支出的增加，环境污染更加严重，这与假设不符。可能的原因在于相比于经济性支出，环境保护支出的水平较低。环境保护支出虽然在增加，但其对雾霾污染的改善作用小于过高的经济性支出对雾霾污染的恶化作用，使得环境保护支出与雾霾污染呈现正相关关系。而环境保护支出与财政分权的交叉项与雾霾灾害产生之间呈显著负相关，表明环境保护支出对雾霾灾害防治起到了积极作用，其减弱了财政分权对雾霾灾害防治的负面影响。

此外，以经济发展水平和雾霾灾害产生呈现出不明显的相关关系，但基于三个面板数据模型分析得出，其相关系数均为负值，这可能与山东近年来推动的新旧动能转换，淘汰了一部分旧动能，发展新动能，支持发展高效低碳的环保型产业有关。因此，为处理好经济发展与雾霾污染的关系，需要实现高耗能、高污染的企业转型，发展可持续经济。

3. 稳健型检验

稳健性检验结果如表 5 - 5 所示，PM2.5 的一阶滞后项与实证检验结果一致；财政收入分群度与雾霾污染显著正相关；地方政府竞争与雾霾污染的关系以及环境保护支出与雾霾污染的关系经稳健性检验结果与实证检验结果一致，财政分权分别与地方政府间相互竞争和环境保护支出的交互项与雾霾灾害产生呈现负相关，且结果均为显著相关。控制变量对雾霾污染的影响都不显著。综上所述，从财政收入分权角度对各变量进行检验，得出实证检验结果具有稳健性。

表 5 - 5   稳健性检验

变量	稳健性检验		
	(4)	(5)	(6)
l. lnPm	0.725 *** (5.85)	0.737 (4.49)	0.546 (2.46)
lnFd_in	1.854 (3.60)	2.071 (2.78)	5.472 (3.00)
lnFdi		0.767 (2.26)	
lnEnv			0.904 (1.73)
lnFd_in × lnFdi		− 0.506 (− 1.99)	
lnFd_in × lnEnv			− 0.755 (− 2.13)
lnGdp	− 0.504 (− 1.13)	− 0.346 (− 0.76)	− 0.546 (− 1.42)
lnPopu	0.876 (1.74)	0.398 (0.89)	0.423 (1.15)
lnIndu	2.638 (1.73)	1.653 (1.72)	2.697 (2.61)
lnRoad	2.310 (2.62)	2.480 (3.10)	1.821 (2.24)
_cons	− 16.46 (− 2.23)	− 15.32 (− 3.01)	− 14.29 (− 2.14)
AR (1)	Pr > z = 0.755	Pr > z = 0.185	Pr > z = 0.911
AR (2)	Pr > z = 0.144	Pr > z = 0.341	Pr > z = 0.129
Hansen test	Pr > z = 0.788	Pr > z = 0.859	Pr > z = 0.996

5.1.4　结论与建议

1. 结论

结合财政分权影响雾霾污染的理论分析，基于山东 17 地市 PM2.5 的面板数据，利用系统 GMM 方法构建动态面板模型，实证检验了财政分权对雾霾污染的直接和间接影响，并用财政收入分权进行稳健型检验，证明了检验结果的可靠性。研究结果表明：

（1）财政支出分权与环境污染显著正相关。这说明中国式财政分权对上负责、以 GDP 至上的绩效考核方式，致使作为"经济人"的地方官员在短暂任期内，过于注重经济发展，扭曲的绩效激励机制导致地方政府不惜牺牲"绿水青山"来换取"金山银山"，导致雾霾灾害频发，对中国推动生态环境保护和社会经济的高水平建设高质量发展构成巨大阻碍。此外，雾霾作为一种大气污染，其较强的外溢性、持续性不仅增加了治理工作的难度，而且还容易使地方政府之间相互推诿，而不是主动承担治理责任。雾霾治理的正外部性也容易使得地方政府采取"搭便车"的行动，致使雾霾治理工作效率低下。

（2）政府竞争与雾霾污染正相关。这是由于地方政府"趋劣竞争"，为了寻求更为显著的经济发展成果，各地方政府在接受外商直接投资过程中，存在不惜降低环保标准，为高污染但见效快的高污染企业提供优惠条件的现象，导致地方经济短时取得了较为明显的提升，但是相应的地区雾霾污染不断加重。财政分权与地方政府竞争的交叉项与雾霾污染显著负相关，说明财政分权体制下积极引导政府竞争行为可有效缓解雾霾污染。这可能是由于公众环保意识的增强，以及中央政府对生态文明的重视不断加强，促使地方政府在招商引资时不得不注重对环保的考量。

（3）环境保护支出与雾霾灾害呈现显著正相关，表现为环境保护支出增大，其雾霾灾害产生的可能性降低，其环境保护支出与财政分权交互项与雾霾灾害表现为负向关联。一方面可能是因为雾霾污染的治理具有滞后性，雾霾产生后需要各主体之间的协调，政府决策往往综合各方面考虑的前提进行选择，且短期治理对雾霾灾害防治作用并不明显，需要依靠长期持续性的治理才能获得显著效果，况且目前的环保支出相对经济性支出规模过小，导致雾霾污染治理效率较低；另一方面也可能是政府还处在出现雾霾、治理雾霾的被动状态，受制于技术、自然环境等不可抗因素的影响而难以积极采取预防措施，从根源上解决雾霾问题。

2. 建议

针对研究结果，本节对雾霾污染治理提出以下几点政策建议：

（1）改革财政分权体制，加强地方环境问责机制。中央政府在强调生态文明建设这一"千年大计"战略意义时，应考虑到地方政府进行环境治理的实际情况，将责任更多分担给地方政府的同时，也应在财政上予以更多的支持，即要充分发挥财政分权的积极作用，关键要把握好财政分权的"度"。此外，由于各地之间在经济发展、资源禀赋、地理区位等多方面存在较大的差异，因此雾霾治理应该因地制宜，通过加强问责机制，发挥地方政府在对本地区事务管理的监督和检查权力职能，借鉴"河长制"的做法，使地方政府主动承担起雾霾治理责任，对推动中国雾霾灾害防治具有基础性作用。

（2）规范地方政府竞争行为，促进"趋优竞争"。鼓励对环境友好的基础设施建设，引导政府通过改善环境吸引外资进入，而不是单凭降低准入门槛来引进外资。此外，还可以完善相应的法律法规，严格的标准约束地方政府竞争行为，倡导政府间的良性竞争。各地方政府间的竞争应当坚持绿色循环发展理念，在保证生态环境不受侵害的前提下，积极协调区域内各种组织、企业合理开发利用资源。在山东新旧动能转换战略的指导下，积极调整各地方产业结构与其空间布局，转向推动科技含量高、以高新技术为发展根本的可再生资源利用的企业，从而推动区域生态环境保护与经济建设的和谐共进。

（3）改进政府政绩考核模式，强调政府考核应当根据经济发展理念及时调整优化，生态环境考核应当被纳入地方政府政绩考核过程，引入对企业发展状况、高新技术企业数量、环境保护支出占比等绩效评价指标以改进当前政府绩效考核体系，符合中国构建区域建设高质量建设的发展趋势。因此，地方政府唯有重视生态环境保护指标体系构建，保证发展经济与保护环境的"两手抓"，以绿色 GDP 来衡量地方政府绩效，将生态文明建设纳入政绩考核标准，引导地方政府形成正确的政绩观，形成长效发展机制。

（4）立足本地实际，提高环境保护支出比例。当前各地市环境保护支出力度小，雾霾治理又是一项需长期进行的工作，因此，当下环境保护支出对雾霾污染治理的积极作用尚不明显。地方政府应当及时调整各部分占财政支出的比例，优化财政支出布局，需要不断改善建设性支出、轻环保支出的财政支出结构，逐步提高环境保护支出的比例，提高环境保护经费的使用效率，进而缓解地区雾霾污染，减缓雾霾灾害对本地区的影响。

5.2　产业结构对雾霾灾害的门槛效应研究

改革开放四十年来，山东第二产业总产值从 1978 年的 296.82 亿元增长到 2016 年的 150705.13 亿元，占山东省生产总值的 45.4%。相较于省内第一产业比重的缩小与第三产业比重的上升，山东省第二产业地位始终稳定，工业作为经济发展的助推器取得了快速增长。然而多年来粗放的经济增长方式也产生了一系列的负面影响，雾霾灾害问题就是其中之一。随着大气环境质量下降，各地区雾霾灾害问题逐渐显现，主要表现出了持续性强、范围广、集中时间爆发的特征，对中国推动区域高质量建设和生态环境和谐共生的发展模式构成极大阻碍，同时，由于雾霾治理成效关乎政府形象，常年季节性的雾霾灾害频繁发生导致政府在社会公共事务处理中的公信度降低，成为阻碍我国经济在新时期高质量发展的重要问题。雾霾灾害的治理不仅可以改善我们的生存环境，而且促进我国经济发展方式向着绿色可持续进行转变（周崎，2015）[169]。

自中国经济发展高速增长时期以来，生态环境保护便提升政府工作日程，生态环境保护与国家建设之间的和谐共生成为当前中国推动自新常态经济建设的重要标志。党的十九大报告中明确指出，大气污染防治必须要求调动社会各种力量，从源头加以治理，进行持续性的防治行动以改善大气环境，进一步缓解雾霾灾害的严重程度。在政府工作建设中，明确强调"民生发展的优先领域是要解决突出的大气环境问题"，解决大气环境问题应当从国家建设产业发展和社会公众日常生活两个方面入手展开工作，提升生态环境保护理念，注重产业发展是在符合生态发展理念的前提下进行，牢牢把握工业生产、燃煤利用、机动车废气排放三个污染源，推动传统产业的智能化建设和清洁化改造，从污染源头加以控制。将雾霾灾害防治纳入政府工作日程，转变政府对原有产业的投入，推动高新技术加持的清洁能源开发利用，在减少过度能耗和污染物排放的前提下，推动地区产业结构转型，将雾霾问题从根源上加以防治。因此本书重点关注产业结构对雾霾灾害的门槛效应研究。

5.2.1 文献综述与研究创新

雾霾灾害因其具有影响范围广、危害程度高的特点，被人们熟知且重视。近年来，学界的关注点从气象生态科学的视角延伸到经济、社会层面。本书围绕产业结构对雾霾灾害，从三个方面对研究现状进行梳理。

在产业结构与雾霾灾害二者关系的研究上，部分学者认为产业结构与雾霾灾害之间存在线性关系。研究结果表明，工业占三产结构的比例决定了雾霾灾害程度，即工业产值比重越高，雾霾灾害程度越严重（冷艳丽、杜思正，2015）[170]，而环境库兹涅茨曲线中倒"U"型关系在中国并不存在或还未出现（马丽梅、张晓，2014）[171]。也有学者提出产业结构与雾霾灾害之间存在非线性关系，认为产业结构也与大气污染存在倒"U"型关系（吴玉萍，齐绍州，Victor Brajer）[172-175]；此外，随着地理分异，产业结构与雾霾灾害之间呈现出倒"N"型、"N"型和"U"型曲线关系，这是由于我国产业结构发展不协调、三次产业结构之间差距过大等原因造成的（吴玉萍等，2002；高静和黄繁华，2011；何枫等，2016）[177-180]。

在产业结构调整对雾霾灾害影响的研究上，有学者认为，产业结构调整能够有效减少污染，提升环境质量，是治理雾霾的重要举措。研究结果表明，产业结构调整能够提升能源效率和技术水平，有利于治理环境污染，减轻雾霾灾害（王文举、向其凤，2014；韩永辉，2015；王星，2016；戴小文等，2016）[181-184]。有学者持不同观点，产业结构对雾霾灾害的产生并未构成决定性作用，对产业结构的调整可能会造成经济效益损失，且无法对雾霾灾害防治起到关键作用（黄亮雄，2012；程中华等，2019）[185,186]。部分研究成果将产业结构调整与废水和废气处理相关联，发现产业结构调整对废水和废气处理二者之间呈现出明显异质性特征（李姝，2011）[187]。

在产业结构对雾霾灾害影响的测度方法研究上，近年来，围绕产业结构对雾霾灾害影响的测度方法主要分成两类：第一类研究通过动态投入产出模型对产品结构进行预测，结果表明产业结构调整对实现中国减排的目标最高能达 60%（王文举和向其凤，2014）[181]。第二类研究多基于面板数据模型展开，以国内面板数据为数据源展开实证检验，取得丰硕的成果（冷艳丽，2015；马丽梅，2014；邵帅，2016）[170,171,78]。有学者运用 TOBIT 模型，结论显示：工业生产与雾霾灾害产生呈现明显正相关，当工业增加值占国内生产总值的比重越大，雾霾灾害发生的可能性越大，其防治的难度越高（何枫，2015）[180]。近期，还有学者运用面板门槛模型探究经济增长与雾霾灾害的关系，得出两者存在明显的非线性关系的同时产业结构与雾霾灾害之间表现出显著的门槛效应（2017，李德立）[189]。

已有研究成果很大程度解释了雾霾灾害发生的多数情况和相关因素，但是仍存在一些缺陷，主要包括：第一，大部分文献长期以来仅仅将工业产值占生产总值的比例作为产业结构衡量因素，考虑到目前我国高附加值、高收益、低消耗、低污染的第三产业近年来在拉动我国国民经济上的作用越来越大，我们需要引入产业结构高级化与产业结构合理化指标的动态产业结构指标，对产业结构与雾霾灾害之间的关系进行分析与研究。第二，雾霾灾害衡量指标迥异。由于 PM2.5 监测时间较短，学者大多使用二氧化硫或氮氧化物作为衡量指标，而在雾霾灾害的定义中，PM2.5 一直被判定为造成雾霾灾害性天气的决定因素。因此，本书通过选取具有针对性的 PM2.5 年均值作为指标，运用面板门槛模型，从动态及静态两个视角，分析产业结构调整对雾霾的影响并提出对策建议，以期丰富产业结构对雾霾灾害影响的理论框架。

5.2.2　模型设定与变量说明

1. 模型设定

1999 年 Hansen 提出面板门槛效应模型[190]，该模型基本思路是以设立门槛值为典型特征，通过将门槛值看作未知变量，以搭建分段函数以评估可能出现的拐点，基于对拐点值的检验，得出其对应的置信区间。本书将产业结构作为核心解释变量，研究产业结构对雾霾灾害产生的门槛效应，然后扩展检验是否存在多重门槛效应。

本书将埃利希和霍德伦（Ehrlich & Holdren，1972）[191] 的 IPAT 模型为基础，借鉴常书陈（Chang Shuchen，2015）[192] 构建的金融发展与能源消费之间面板门槛模型的过程，根据自身需要构建产业结构与雾霾的面板门槛模型。通过 Chang Shuchen 的方法设置线性面板模型：

$$PM2.5_{it} = \mu_i + \theta_1 IS_{it} + \theta' x_{it} + \varepsilon_{it} \qquad (5-3)$$

式中的 $PM2.5_{it}$ 是雾霾灾害水平；IS_{it} 为核心解释变量产业结构；i 代表观察个体，t 代表时间；μ_i 为地区个体差异的固定效应；x_{it} 为一系列控制变量包括机动车保有量、城镇化水平科研经费内部支出；ε_{it} 是随机扰动项并且满足独立同分布。考虑到产业结构与雾霾灾害之间可能存在门槛效应，为了检验在不同的经济发展阶段产业结构调整对雾霾灾害的影响，本书在汉森（Hansen，1999）基础上[190]，检验在不同经济发展水平下产业结构对雾霾灾害是否存在一个或多个拐点，建立如下计量模型：

$$PM2.5_{it} = \mu_i + \beta_1 x_{it} + \varepsilon_{it} \quad (q_{it} \leqslant \gamma) \qquad (5-4)$$

$$PM2.5_{it} = \mu_i + \beta_2 x_{it} + \varepsilon_{it} \quad (q_{it} > \gamma) \qquad (5-5)$$

其中，q_{it} 是门槛变量，γ 是待估计的门槛值，ε_{it} 扰动项为独立同分布。同时，根据模型的基本设定，运用"自体抽样法"来拟合似然比检验的渐进分布进行估计，结合式（5-1）模型可转化为：

$$PM2.5_{it} = \mu_i + IS_{it} I (q_{it} \leqslant \gamma_1) A_1 + IS_{it} I (q_{it} > \gamma_2) A_2 + B x_{it} + \varepsilon_{it}$$

$$(5-6)$$

式中，$I(\cdot)$ 为指示函数；其中，q_{it} 是门槛变量，$\gamma_1 \gamma_2$ 是门槛值，$A_1 A_2$、B 是待估参数。可以根据具体情况扩展为根据式（5-6）扩展为多重门槛模型，本书根据自身需求扩展为三重门槛模型。

2. 变量选取

（1）被解释变量。

将雾霾灾害作为被解释变量，雾霾中 PM2.5 能够较好地反应雾霾灾害状况[193]。国内雾霾灾害监测起步较晚，自 2013 年全国雾霾灾害暴发以后，国家环保部调整下发《环境空气质量监测标准》以更为直观监测和反映空气实时状态，由于国内雾霾灾害相关数据尚不全面，部分地市雾霾灾害相关数据获取不足，因此，本部分雾霾浓度数据基于栅格数据解析美国哥伦比亚大学社会经济数据和应用中心发布的、卫星监测的全球 PM2.5 浓度年均值为参考数据源，以判定山东 17 地市具体雾霾年均浓度值[194,195]，所得结果与中国环保部发布数据基本吻合，可信程度较高。

（2）核心解释变量。

将产业结构（IS）作为核心解释变量，并且从静态和动态两个角度去衡量。静态产业结构衡量指标的构造方法为工业产值在总产值中的占比。在这一衡量方法之下，一个地区工业占 GDP 的比重越高，雾霾灾害越严重，工业化进程与雾霾灾害程度正相关[196]，因此其代理变量选取静态产业结构指标，其指代了第二产业发展增长值占地区生产总值的百分比。随着研究的深入，越来越多的学者认为，产业结构是处于不断调整的动态过程中，仅从静态角度衡量产业结构难以满足实际需要。因此，本书基于现有研究，从产业结构合理化（ISR）、产业结构高级化（ISH）两个角度衡量动态的产业结构[197,198]。

$$ISR = \sum_{i=1}^{n} \frac{Y_i}{Y} \left| \frac{Y_i/L_i}{Y/L} - 1 \right| = \sum_{i=1}^{n} \frac{Y_i}{Y} \left| \frac{Y_i/Y}{L_i/L} - 1 \right| \qquad (5-7)$$

其中，L_i 和 Y_i 分别表示第 i 产业的从业人数和生产总值；Y_i/L_i 表示各个产业的部门生产率；Y_i/Y 表示第 i 产业的部门产出结构；L_i/L 表示第 i 产业的部门就业结构。当产业结构合理化指数趋向于零时，说明产业结构内部和谐，社会经济建设呈现均衡协调发展态势。

产业结构高级化强调了技术含量与技术利用效率间的转换程度，通常情况下经济服务化是衡量其主要标志，经济服务化突出其服务性的特征，选取产业结构高级化主要采用第三产业增加值与第二产业增加值比值为主要评估指标，当产业结构高级化指数大于 1 时，表明产业结构优化升级具有成效，逐渐向更高层次产业结构方向发展。

（3）控制变量。

借鉴已有文献并且考虑到数据可获得程度，本书选取经济发展水平、城市化水平、机动车保有量、科学技术研发投入费用等因素作为控制变量。其中，经济发展水平、城市化水平和机动车保有量均为代理变量，且预期系数为正。各控制变量具体解释为：①经济发展水平（GDP）。经济发展与社会活跃程度呈现明显正相关，即经济发展越有活力，其社会经济活动越为频繁，由于生产生活活动所引起的污染物排放增多也将导致雾霾灾害发生的频率上升，以反映经济发展与雾霾灾害间相关性，有效评估经济发展对雾霾产生的影响。②城市化水平（UL）。城市化水平越高，能源消费和污染物排放会随之提高，空气中沉积物浓度越高，越容易引发城市雾霾灾害。以城市化水平反映城市建设对大气污染的作用。③机动车保有量（VO）。机动车通过消耗化石燃料产生尾气，是雾霾灾害的重要来源。机动车保有量采用各地市载货汽车、载客汽车与其他汽车总和作为代理变量，并预期系数为正。④科研技术水平（R&D）。科学技术的进步能够起到节能减排，在治理雾霾上起到了重要作用。以各地市科研经费内部支出作为代理变量，并预期系数为负。

本部分门槛效应研究数据涵盖了 PM2.5、经济发展水平、城市化水平、科研技术水平和机动车保有量等数据自然对数，分别表示为 PM2.5、GDP、UL、VO、R&D。

其余变量数据来源于历年《山东省统计年鉴》及各地市统计年鉴。由于可获得 PM2.5 相关数据仅统计至 2016 年，因此本书研究的时间跨度为 2000～2016 年，研究对象设置为山东省 17 地市（见表 5-6）。

表 5-6 变量详细定义

解释变量	代理变量	符号	变量解释
传统产业结构	第二产业占比	IST	各城市第二产业占 GDP 的比重
产业结构高级化	服务化程度	ISH	各城市第三产业与第二产业增加值的比
产业结构合理化	结构偏离度	ISR	各城市产出结构和投入结构耦合相似度
经济发展水平	人均地区生产总值	GDP	各城市地区人均生产总值
城市化水平	城市人口占比	UL	各城市人口占地区总人口比重
机动车保有量	地区机动车数量	VO	各城市载货、载客汽车和其他汽车总和
科研技术水平	科研经费内部支出	R&D	各城市科研经费内部支出

5.2.3　实证分析

1. 典型化事实分析

为明确山东省 17 地市雾霾灾害现状，本书基于 GIS 可视化分析方法，总结雾霾灾害分布特征。具体来看，2000 年雾霾灾害水平的较高的地区主要分布在山东省西部，这一分布特征一方面是由于这些地区的经济发展主要依赖于重工业，高污染企业较多；另一方面地理位置也产生了一定的影响，与东部地区相比，这些地区偏居内陆，其中典型城市三面环山，导致空气流通程度较差，温度较高，工业生产所排出的废气难以在短时间内消除。2016 年山东省雾霾灾害局势产生了一些新变化。东部地区的青岛市也呈现高雾霾灾害的特点。青岛市作为山东省经济发展大市，在山东省的经济发展中发挥了重要的辐射带动作用，城市规模也呈现大幅度上升，连带作用导致周边区域的空气质量也受到一定程度影响。据统计，青岛市 2016 年机动车保有量在全省排名第一，规模庞大的机动车保有量带来了较大的交通压力，同时也会产生了大量的废气，加重了雾霾灾害。

2. 门槛效应检验与门槛值估计

面板门槛效应分析始于对研究对象门槛效应存在性的检验，通过对其存在性检验通过的基础上对模型门槛数和形式进行选择，对于模型（4）来说，门槛效应的原假设为：H0：A1 = A2，假定原假设成立，表明产业结构调整与雾霾灾害之间不存在单重门槛效应。反之，若果原假设不成立，即拒绝原假设，则表明产业结构调整与雾霾灾害之间存在单重门槛效应。在拒绝原假设的前提条件下进行双重门槛显著性及置信区间检验，如果未通过检验，表明产业结构调整与雾霾灾害之间不存在双重门槛效应。据此，本书选择经济发展水平作为门槛变量，经过 1000 次 Bootstrap 自抽样得到具体的 F 统计量，其结果如表 5 - 7 所示。通过结果分析可知，静态产业结构和动态产业结构作为核心解释变量时，均存在三重门槛检验，因此采用三重门槛模型。

表 5 – 7　　　　　　　　　　　　　门槛效应检验结果

核心解释变量	门槛模型	门槛值	95%置信区间	10%	5%	1%	F统计值	p值	BS次数
IST	单重	9.901	[9.671, 10.051]	20.24	10.05	6.78	16.675	0.013	1 000
	双重	9.232	[9.07, 12.008]	10.56	5.34	2.81	5.331	0.05	1 000
		9.974	[9.829, 10.359]						1 000
	三重	10.359	[10.25, 12.008]	7.9	4.8	3.33	6.727	0.015	1 000
ISH	单重	9.143	[9.07, 9.802]	18.15	23.31	31.46	26.336	0.033	1 000
	双重	10.51	[9.667, 10.673]	13.011	15.94	20.95	17.793	0.032	1 000
		9.143	[9.07, 9.265]						1 000
	三重	9.671	[9.575, 9.998]	6.81	9.31	14.16	9.951	0.04	1 000
ISR	单重	9.533	[9.209, 11.063]	25.74	29.09	38.91	18.886	0.233	1 000
	双重	10.99	[10.826, 11.145]	7.9	9.62	13.61	15.316	0.003	1 000
		9.533	[9.226, 9.757]						1 000
	三重	11.782	[9.85, 12.008]	3.49	2.37	3.49	2.940	0.021	1 000

注：*、**、*** 分别表示在10%、5%、1%的水平上显著。

3. 门槛条件分析

　　表 5 – 8 的门槛回归结果中的静态产业结构系数（IST）表明，当经济发展水平尚未跨越第一门槛值时，IST 系数为正且在 1% 的水平上显著。当经济发展水平跨越第一门槛且尚未跨越第二门槛时，IST 系数依然为正，其在 1% 的水平的检测度上呈显著。当经济发展水平跨越第二门槛尚且未跨越第三门槛时，IST 表现为正且在 1% 的水平上显著。当经济发展水平跨越第四门槛时 IST 依然为正且在 5% 的水平上显著。通过观察发现产业结构系数一直为正，但随着经济发展水平的提高而减小，这说明 IST 与雾霾灾害之间存在基于经济发展水平之间的门槛效应。得出当所处研究区域为经济发展相对落后地区，其产业结构极大影响当地空气污染状况，极易引发雾霾灾害。而在经济发展较为发达地区，其产业结构相较于发展水平低的区域更为合理，当地产业结构对雾霾灾害的产生影响较低。

表 5 - 8　　　　　　产业结构调整对雾霾灾害的门槛效应估计结果

变量	模型（1）	模型（2）	模型（3）
	静态	动态	
	IST 为核心解释变量	ISH 为核心解释变量	ISR 为核心解释变量
IS_{it}（$q_{it} \leqslant \gamma_1$）	0.5996 *** （8.21）	0.3274 *** （3.63）	- 0.1339 *** （ - 7.35）
IS_{it}（$\gamma_1 \leqslant q_{it} \leqslant \gamma_2$）	0.4531 *** （4.81）	- 0.0031 （ - 0.05）	- 0.0576 *** （ - 3.48）
IS_{it}（$\gamma_2 \leqslant q_{it} \leqslant \gamma_3$）	0.3353 *** （3.07）	- 0.1358 *** （ - 3.83）	- 0.1509 *** （ - 5.95）
IS_{it}（$q_{it} \geqslant \gamma_3$）	0.2309 ** （2.15）	- 0.2522 *** （ - 6.81）	- 0.0397 （ - 0.58）
UL	0.0332 （0.62）	0.1196 ** （2.29）	0.1001 * （1.85）
VO	0.2562 *** （9.64）	0.3222 *** （13.27）	0.3542 *** （14.19）
R&D	- 0.133 *** （ - 8.6）	- 0.1364 *** （ - 8.1）	- 0.1322 *** （ - 8.2）
Cons	2.619 *** （7.99）	1.6328 *** （5.59）	1.2701 *** （4.23）
R^2	0.6691	0.6608	0.6396
观测值	289	289	289

注：* 、** 、*** 分别表示在 10% 、5% 、1% 的水平上显著。

　　上述结果表明，当传统产业结构系数低于第一个门槛值时，雾霾灾害影响最为严重；当跨越第一个门槛值后，雾霾灾害的整体趋势呈现下降，尤其在跨越第四个门槛值后，传统产业结构系数对雾霾影响最小，这说明经济水平越高的地区，产业结构对雾霾灾害影响越小。机动车保有量系数在传统产业结构上显示为正且在 1% 的水平上显著，这说明随着机动车保有量的增加雾霾灾害会趋向严重。科研技术投入系数显示为负且在 1% 的水平上显著，这表明随着科学技术投入的增加，雾霾灾害趋势会减弱。

　　从动态角度的产业结构高级化系数（ISH）门槛回归结果上来看，当指代变量经济发展水平尚不足以跨越第一门槛值时，产业结构高级化系数显示为正且在1%的水平上显著。当经济发展水平足以跨越第一门槛且尚未跨越第二门槛时，产业结构高级化系数显示为负，但回归结果不显著，这说明在过渡阶段表现出负向影响，产业结构高级化程度还不够。当经济发展水平跨越第二门槛且尚未跨越第三门槛时，ISH系数显示为负且在1%的水平上显著。当经济发展水平跨越第三门槛时，ISH系数显示为负且在1%的水平上显著。

根据回归结果显示：产业结构越趋向于高级化，系数转换为负且变小，这说明产业结构越高级对雾霾灾害影响越小且雾霾灾害能得到有效解决。从动态角度的产业结构合理化系数（ISR）门槛回归结果上看，当经济发展水平尚未跨越第一门槛值时，ISR系数显示为负且在1%的水平上显著。当经济发展水平跨越第一门槛且尚未跨越第二门槛时，ISR系数显示为负且在1%的水平上显著，当经济发展水平跨越第二门槛且尚未跨越第三门槛时，ISR系数显示为负且在1%的水平上显著。当经济发展水平跨越第三门槛时，ISR系数显示为负且在1%的水平上显著。根据回归结果显示：ISR系数表现出动态变化过程，产业结构与雾霾灾害之间呈现出负相关关系，产业结构越合理，雾霾灾害越低。产业结构高级化系数对雾霾灾害的影响也存在三个门槛值，当产业结构高级系数低于第一个门槛值时，系数显示为正且在1%的水平上显著，这说明产业结构高级化程度发展尚不充分时会导致雾霾灾害；当跨越第一个门槛值且尚未跨越第二个门槛值时，系数显示为负且尚未通过检验，这说明产业结构高级化对雾霾灾害的效果已经显现，由于程度还不够高，所以不通过检验。当产业结构高级化系数跨越第三门槛值后，系数显示为负且在1%的水平上显著，雾霾灾害程度呈现下降趋势，可以得出结论，产业结构越高级，雾霾水平越低。城市化水平系数显示为正且在5%的水平上显著，这表明城市化与雾霾灾害之间存在正向影响，城市化水平的提高雾霾灾害会随之趋向严重。

机动车保有量系数显示为正且在1%的水平上显著，这说明随着机动车保有量的增加雾霾灾害会趋向严重。科研技术投入系数显示为负且在1%的水平上显著，这表明随着科学技术投入的增加，雾霾灾害趋势会减弱。产业结构合理化系数对雾霾灾害的影响也存在三个门槛值，产业结构合理化呈现出非线性变化，产业结构越合理，雾霾灾害越会减弱。城市化水平系数显示为正且在1%的水平上显著，这表明城市化与雾霾灾害之间存在正向影响，城市化水平的提高雾霾灾害会随之趋向严重。机动车保有量系数显示为正且在 1% 的水平上显著，这说明随着机动车保有量的增加雾霾灾害会趋向严重。科研技术投入系数显示为负且在 1% 的水平上显著，这表明随着科学技术投入的增加，雾霾灾害趋势会减弱。

5.2.4　结论与建议

1. 结论

结合以上结果分析，我们可以看出门槛模型在分析产业结构对雾霾灾害的影响上有着良好的解释性。根据本书研究结果表明，我们无论是从传统以第二产业占国内生产总值的静态角度，还是结合了产业结构高级化与产业结构合理的动态角度，都验证了产业结构对雾霾灾害存在显著的多重门槛效应。门槛效应的存在也佐证了：产业结构对雾霾灾害影响不是简单的线性关系，而是存在非线性关系，拐点的存在即证明静态与动态的产业结构指标对于雾霾灾害有不同影响。

我们根据门槛效应的结果得出结论：在传统静态产业结构视角下，雾霾灾害会随着经济发展水平的提高而降低，这说明雾霾灾害水平会因地区经济发展水平的提高而降低，二者在关系上总体呈现出负相关，表明了经济发展同步带动产业结构的优化，使得区域主导性产业发展转变；在动态的产业结构高级化与产业结构合理化视角下，雾霾灾害会随着经济发展水平的提高而降低，这说明经济水平越高的地区，产业结构越合理、越高级，雾霾灾害水平会越低。

2. 建议

山东发展模式与中国经济发展模式之间存在较多共通点，由于二者在发展模式上的高度相似性，决定了山东省的先进经验也可成为全中国社会经济发展转型的经验。要将过去的资源消耗型、高能效占用且生态破坏力大的老旧产业转变为以科学技术支撑、合理优化产业结构布局的高新技术产业，而这一目标的实现，依赖于对产业结构与雾霾灾害之间关系的正确考量，建议从以下方面进行改进：

（1）将新旧动能转换与产业结构优化升级有机融合。新旧动能转换意味着将旧动能中大量不能高效利用或者涉及高耗能、高污染的产业进行放弃或者转变，积极发展新一轮科技革命中能够成为社会经济发展中流砥柱的新技术、新产业。旧动能以第二产业为代表，表现出能源的粗放利用、原材料一次性利用、机械化生产工艺等特点，而新动能则体现出精细利用能源、循环利用新材料和高度网络化人工智能化的特点，新旧动能转换是建立在推进第一、二、三产业协同发展的过程中的，对整个产业结构的转型升级有巨大推动作用。

（2）大力推动产业结构高级化与产业结构合理化进程。实现产业结构高级化建设是推动山东省乃至全国产业结构调整的关键一步。标志着国家经济发展由主要依靠由第二产业发展向第一、二、三产业间的协同推进，充分体现国家战略发展重心的转移调整，对推动产业高效建设发展和社会经济高质量发展建设起到了至关重要的作用。牢牢抓住当前国家建设产业结构比较低级的问题，将其转换为发展动机，大力推动各产业轻重工型企业发展成为推进产业结构调整的重要举措。工业发展一直是推动国家综合国力提升的重要指标。现在，中国正处于"创新驱动"生产力发展的新时期，本阶段要稳步提升以高新技术产业与金融服务业为代表的第三产业比例，实现产业结构高级化。每次工业革命都会带来新的机遇与经济增长动力，中国曾经因为错失两次工业革命，导致落后挨打成为列强的竞技场，也间接引起早期国家建设依赖于第二产业发展，为后来雾霾灾害扩散埋下隐患；当前在抓住计算机革命的前提下，要想实现第四次工业革命，需要国家聚焦产业结构高级化，提升整体的竞争力。产业结构合理化则依赖于技术创新与技术进步，通过技术的提升能够使生产要素在三次产业之间有效配置。

（3）优化三次产业结构。对产业结构的调整一直贯穿于经济发展变革过程中，新兴技术产业是国家高质量发展和高水平建设的重要着力点，也是推动各地区发展最具潜力的产业重要组成成分，促进第三产业的发展不仅能够提高人民日益增长的需要，提供更为智能且多元化的选择，而且低污染、低能耗的第三产业可以有效减少雾霾灾害。产业结构应该按照每个地区的具体经济形势而定，不应按照统一的标准来进行划分。

（4）科学推动城镇化发展进程。国家建设发展过程中，典型特征在于城市空间不断扩大,势必会同样影响到周边城镇发展,而相对周边城镇雾霾灾害的影响也将进一步扩大。基于本部分对城镇化水平的研究成果可知,城镇化对雾霾灾害存在正向的影响关系,城镇化水平提高体现在城市人口增加与城市建筑物增多上,大力推动新型城镇化建设必须兼顾生态文明建设。城市中的绿化水平不能降低,城市发展过程中不能盲目扩张,在坚守自然生态和谐的条件下,带动城市规划与生态环境规划的和谐推进可有效控制雾霾灾害产生。

(5)控制机动车数量优化城市路网。城镇化过程中城市内机动车保有量也会随之增多,机动车尾气排放量提高无疑会导致 PM2.5 浓度的上升,雾霾灾害将在一定范围扩散,并直接威胁生产生活、引发居民安全等一系列问题,因此,推动新能源载具的普及与发展城市轨道交通是有效减少雾霾的举措。以城镇化建设为中心,优化城市内部道路衔接和布局对雾霾灾害防治也起到一定作用,通过对衔接不畅、畸形交叉的路网进行优化调整,减少城市交通存在的时间成本,以有效控制机动车空气污染源废弃物排放情况,并在此基础上,推动汽车产业对尾气处理设备的开发升级,可从源头上加以解决雾霾灾害。

(6)创新推动技术水平提高。科技能力及其产业科技含量的关键在于创新驱动,科研技术水平的提升,科研经费投入的增加使得节约资源能源技术提高,利用高新技术提升资源利用率,降低废弃物排放率,优化污染物的处理能力,从实际资源利用状况着手加快推动实施创新驱动发展战略,以技术创新为着力点,拉动企业创造新的社会价值和自身长久效益提升,推动环保企业的发展,雾霾灾害也会因此降低。

5.3 居民消费对雾霾灾害的门槛效应研究

近年来,我国大气环境污染问题日益严峻,雾霾灾害已成为阻碍经济可持续发展、危及民众健康的重要因素之一。党的十八届五中全会首次提出创新、协调、绿色、开放、共享五大发展理念,《中共中央关于制定国民经济和社会发展第十三个五年规划的建议》强调,要加大环境治理力度,以提高环境质量为核心,实行最严格的环境保护制度,形成政府、企业、公众共治的环境治理体系。在巴黎召开的第二十一届联合国气候变化大会（COP21）开幕式中，国家主席习近平发表了题为《携手构建合作共赢、公平合理的气候变化治理机制》的重要讲话，再次强调中国将把生态文明建设作为"十三五"规划重要内容，坚持绿色发展，着力改善生态环境，通过科技创新和体制机制创新，实施优化产业结构、构建低碳能源体系、发展绿色建筑和低碳交通、建立全国碳排放交易市场等一系列政策措施，推动形成绿色发展方式和生活方式，为人民创造良好生产生活环境。因此，探寻切实可行的雾霾灾害治理对策，从根本上破解雾霾治理难题，成为目前政府及学术界共同关注的重要课题。

5.3.1　文献综述

雾霾早已成为全人类共同面对的问题，1943 年的洛杉矶光化学雾霾事件、1952 年的伦敦雾霾事件，使欧美等发达国家陆续展开了针对雾霾灾害的相关研究。我国自 21 世纪初开启对该领域的探索，随着2012 年以来持续出现的大范围雾霾天气，越来越多的学者着眼于雾霾灾害治理这一重要课题，相关研究也在不断地丰富和深入。

1. 关于经济主体对雾霾灾害影响的研究

关于经济主体行为与雾霾灾害相关性的研究始于 20 世纪 60 年代（White et al.，1977）[198]，1977 年美国大气清洁法案（Clean Air Act，CAA）颁布标志着围绕雾霾灾害展开的研究步入正轨（吴兑，2012）[200]。早期的研究多从大气污染视角，探讨单一主体环境行为与雾霾灾害之间的关系。研究认为，政府的环境决策偏好会极大地影响到大气的污染与治理（Wiesmann，1999；包群，2013）[200、201]，而财政分权及寻租腐败行为将恶化环境质量（Qian，1998）[202]。此外，企业废物排放、环保投资动力不足（Prakash，2001）[205]、公众环保意识的缺乏及参与、监督不到位（Peattie，2010；张小曳，2013）[204、205]等环境行为也是造成大气质量恶化的重要原因。近年来，国内外学者又围绕环境认知、情感和行为倾向（孙岩，2012）[206]等环境行为进行了实证研究，探讨了企业、居民、政府二元或三元的关联行为对大气环境污染的影响。

2. 关于分析雾霾灾害测度方法的研究

初期对雾霾灾害影响因素的测度多是在 EKC 模型基础上，利用时间序列、省级或行业面板数据进行实证分析（彭水军，2006；赵忠秀，2013）[207、208]，当外界因素影响较大时，此类方法测度得出的结论误差也较大。也有学者运用灰色关联分析法、神经网络法、系统聚类分析法、结构分解法以及混沌法等对大气污染的影响因素进行了测度（Alcantara，2004）[209]，这类方法需要利用高精确度的数据对各项指标最优值进行确定，稳定性、准确性欠缺。近期，部分学者运用非参数统计结合多元回归的方法、多元统计分析中的因子分析和对应分析等方法，对雾霾灾害的主要影响因素进行了相关性实证分析（冯少荣、冯康巍，2015）[210]，但非参数检验结合多元线性回归方法往往忽略了变量之间的交互作用，而因子分析结合对应分析方法得到的结果又较为主观，缺少建模定量分析。也有学者从企业投资偏好角度，通过门槛回归模型分析了环境规制对工业发展与雾霾污染脱钩的作用机制[211]。现有文献对居民环境行为与雾霾灾害的相关性进行测度的研究较少。

已有研究为本书提供了重要借鉴。目前，基于主体环境行为对雾霾灾害影响的研究较为匮乏，且多为描述性统计分析，研究视角和方法的局限制约了纵深实证分析的开展。因此，本书从居民消费行为入手，运用门槛回归分析方法，考察居民消费水平、消费结构、能源消费偏好三因素对雾霾灾害影响的门槛效应。

5.3.2　实证设计

1. 门槛模型的原理及参数估计

汉森（2000）构建了面板回归模型，可以表示为：

$$y_{it} = \begin{cases} u_i + \beta_1' x_{it} + e_{it}, & q_{it} \leqslant \gamma \\ u_i + \beta_2' x_{it} + e_{it}, & q_{it} > \gamma \end{cases} \qquad (5-8)$$

其中，y_{it} 为被解释变量，x_{it} 为 $p \times 1$ 维解释变量，q_{it} 为门槛变量，它既可以是解释变量 x_{it} 的一个回归元，也可以是一个独立的门槛变量。

定义虚拟变量 $d_{it}(\gamma) = I(q_{it} \leqslant \gamma)$，其中 $I(*)$ 为指示函数：$q_{it} > \gamma$

时，$I(*)=0$；$q_{it} \leq \gamma$ 时，$I(*)=1$。基于此，Hansen 门槛回归模型可以改写为：

$$y_{it} = u_i + x'_{it}\beta + x'_{it}d_{it}(\gamma)\theta + e_{it} \qquad (5-9)$$

其中，$\beta = \beta_2$；$\theta = \beta_1 - \beta_2$。

对 Hansen 模型来说，$\beta_1 = \beta_2$ 即不存在门槛值，模型为线性模型，$\beta_1 \neq \beta_2$ 即存在门槛值。对于门槛值 γ，可以通过计算残差平方和 $S_n(\gamma) = \hat{e}(\gamma)'\hat{e}(\gamma)$，进而得到各参数的估计值。Hansen 使用格栅搜索法将最优门槛值 $\hat{\gamma}$ 定义为使 $S_n(\gamma) = \hat{e}(\gamma)'\hat{e}(\gamma)$ 在所有残差平方和中的最小者：$\hat{\gamma} = \mathrm{argmin}S_n(\gamma)$。在确定了门槛估计值后，其他参数进行相应的确定。

2. 门槛模型构建

借鉴 Hansen 的门槛回归分析模型方法，本书通过构建如下的三个门槛回归模型分别考察雾霾灾害程度与居民消费水平、消费结构、能源消费偏好 3 个影响因素的门槛效应：

$$HFD_{it} = c + \alpha_i \times X_{it} + \beta_1 \times XF_{it} \times I(xf_{it} \leq \gamma_1^{\#}) + \beta_2 \times XF_{it} \times I(\gamma_1^{\#} < xf_{it} \leq \gamma_2^{\#})$$
$$+ \cdots + \beta_n \times XF_{it} \times I(\gamma_{n-1}^{\#} < xf_{it} \leq \gamma_n^{\#}) + \beta_{n+1} \times XF_{it} \times I(xf_{it} > \gamma_n^{\#}) + \varepsilon_{it}$$

$$HFD_{it} = c + \alpha_i \times X_{it} + \beta_1 \times JG_{it} \times I(\gamma_1^{\#\#} \leq jg_{it}) + \beta_2 \times JG_{it} \times I(\gamma_1^{\#\#} < xf_{it} \leq \gamma_2^{\#\#})$$
$$+ \cdots + \beta_n \times JG_{it} \times I(\gamma_{n-1}^{\#\#} < jg_{it} \leq \gamma_n^{\#\#}) + \beta_{n+1} \times JG_{it} \times I(jg_{it} > \gamma_n^{\#\#}) + \varepsilon_{it}$$

$$HFD_{it} = c + \alpha_i \times X_{it} + \beta_1 \times NY_{it} \times I(\gamma_1^{\#\#\#} \leq ny_{it})$$
$$+ \beta_2 \times NY_{it} \times I(\gamma_1^{\#\#\#} < ny_{it} \leq \gamma_2^{\#\#\#}) + \cdots + \beta_n \times NY_{it}$$
$$\times I(\gamma_{n-1}^{\#\#\#} < ny_{it} \leq \gamma_n^{\#\#\#}) + \beta_{n+1} \times NY_{it} \times I(ny_{it} > \gamma_n^{\#\#\#}) + \varepsilon_{it}$$

其中，HFD_{it} 为各地级市雾霾灾害（Haze – Fog disaster）程度，XF_{it}、JG_{it}、NY_{it} 分别为各省份居民的消费水平、居民消费结构、能源消费偏好，X_{it} 为控制变量，xf_{it}、jg_{it}、ny_{it} 分别为各地级市居民的消费水平、居民消费结构、能源消费偏好的门槛变量，i 表示地级市，t 表示地区，$I(*)$ 为指示函数，$\gamma^{\#}$、$\gamma^{\#\#}$、$\gamma^{\#\#\#}$ 分别为居民的消费水平、居民消费结构、能源消费偏好在不同水平上的门槛值。

使用 Hansen 门槛回归模型和各地级市面板数据考察各初始条件下的门槛作用，该模型不仅能通过面板样本数据内生检验门槛因子对自变量与因变量联系的影响，而且能克服一般线性模型解释能力不强和非统计方法门槛条件设定过于主观和随意的缺点。

3. 变量

（1）被解释变量：雾霾灾害程度（HFD），反映某个时期地区雾霾灾害污染的程度。目前学术界较为一致地认为，雾霾主要由二氧化硫、氮氧化物和可吸入颗粒物组成。由于中国对于可吸入颗粒物（PM2.5）的统计较晚，部分地区从 2012 年才开始统计 PM2.5 的相关数据，且仅限于较大城市，因此本书用雾霾灾害中的另一主要污染物二氧化硫的排放作为表示雾霾灾害程度的指标。

（2）解释变量：居民消费水平（XF）、居民消费结构（JG）、能源消费偏好（NY）等居民行为指标。综合考虑山东省居民消费支出的实际情况及数据的可获得性，本书选取各地级市城镇居民家庭平均每人全年消费性支出、交通支出占城镇居民家庭平均每人全年消费性支出的比例、电力消费支出分别代表居民的消费水平、消费结构和能源消费偏好。

（3）控制变量（X）。雾霾灾害程度还受其他控制变量的影响，本书研究主要考虑居民消费行为对雾霾灾害的影响，因此在分别检验不同消费行为（消费水平、消费结构和能源消费偏好）对雾霾灾害的影响程度时，将另外两个变量作为控制变量。

4. 数据来源与变量的描述性统计

本书对山东省 17 个地级市 2007～2016 年 10 年间的雾霾灾害程度与居民消费水平、消费结构和能源消费偏好的门槛效应进行研究，所用数据均为根据《山东省统计年鉴》《中国城市统计年鉴》及各地级市统计公报公布的数据整理而来。

5. 门槛效应回归分析

本书在构建门槛回归模型的基础上，采用 Stata 软件进行回归分析。

（1）居民消费水平对雾霾灾害的门槛效应。

首先我们检验居民消费水平作为门槛变量是否存在门槛效应。从表 5－9 可以看出，单一门槛效应在 5% 的统计水平上通过了检验，双重门槛效应和三重门槛效应没有通过检验。

表 5 - 9   居民消费水平对雾霾灾害程度门槛效应检验

模型	F 值	P 值	BS 次数	临界值		
				1%	5%	10%
单一门槛	19. 42 **	0. 013	300	20. 301	16. 654	15. 389
双重门槛	10. 58	0. 260	300	20. 388	14. 892	13. 115
三重门槛	4. 6	0. 540	300	12. 986	9. 123	8. 008

注：*** 、 ** 、 * 分别表示在 1% 、5% 、10% 的统计水平上显著。本章下同。

居民消费水平对雾霾灾害的影响存在门槛效应，门槛值为 9223. 2100 元，跨过门槛值，居民消费水平对雾霾灾害有不同程度的影响（见表 5 - 10）。

表 5 - 10   居民消费水平门槛值估计结果及其置信区间

项目	估计值（元）	95% 的置信区间
门槛 $\gamma_1^{\#}$	9223. 210	[9199. 920, 9458. 810]

从居民消费水平对雾霾灾害的门槛效应面板分析结果看，当城镇居民的年现金性消费支出低于 9223. 210 元时，居民消费支出对雾霾灾害的影响系数为 0. 00053，说明消费支出加重了雾霾灾害的程度；但当居民消费支出跨越门槛值 9223. 210 元时，居民消费支出对雾霾灾害的影响系数增加到 - 0. 00027，居民消费支出更加有利于雾霾灾害的控制（见表 5 - 11）。

表 5 - 11   居民消费水平对雾霾灾害影响的双门槛面板回归分析结果

变量	估计参数	T 值
xf ≤ 9223. 210	0. 00053 **	2. 04
9223. 210 > xf	- 0. 00027 *	- 1. 88

从表 5 - 12 可见，在 2007 年，有 8 个地级市未跨越消费支出对雾霾灾害影响的门槛，消费支出处于不利于控制雾霾灾害影响的阶段；有 9 个地级市跨越了消费支出对雾霾灾害影响的门槛，消费支出有利于控

制雾霾灾害；到 2012 年，所有的地级市跨越了消费支出对雾霾灾害影响的门槛，各地级市均处于消费支出有利于控制雾霾灾害的阶段。

表 5 - 12　　各地级市居民消费水平对雾霾灾害程度的门槛跨越情况（一）

变量	估计参数	2007 年地级市情况	2016 年地级市情况
xf≤9223.210	0.00053**	枣庄、济宁、日照、滨州、德州、聊城、菏泽、莱芜	
9223.210＞xf	− 0.00027*	济南、青岛、淄博、东营、烟台、潍坊、泰安、威海、临沂	济南、青岛、淄博、枣庄、东营、烟台、潍坊、济宁、泰安、威海、日照、滨州、德州、聊城、临沂、莱芜、菏泽

从表 5 - 13 可以看出，各地级市居民消费水平对雾霾灾害程度的门槛跨越时间差异较大，2011 年前 17 地级市均跨越了门槛，其中济南、青岛、淄博、东营、烟台、潍坊、泰安、威海、临沂在 2007 年就已经跨越了门槛值，日照、滨州、德州、聊城在 2008 年跨越门槛值，枣庄在 2009 年跨越门槛值，菏泽在 2010 年跨越门槛值。

表 5 - 13　　各地级市居民消费水平对雾霾灾害影响的门槛跨越情况（二）

城市	2007 年	2008 年	2009 年	2010 年	2011 年	2012 年	2013 年	2014 年	2015 年	2016 年
济南	■									
青岛	■									
淄博	■									
枣庄			■							
东营	■									
烟台	■									
潍坊	■									
济宁										
泰安	■									
威海	■									
日照		■								

城市	2007 年	2008 年	2009 年	2010 年	2011 年	2012 年	2013 年	2014 年	2015 年	2016 年
莱芜										
临沂	■									
德州		■								
聊城		■								
滨州		■								
菏泽				■						

注：黑色表示跨越门槛。

（2）居民消费结构对雾霾灾害的门槛效应。

首先检验居民消费结构作为门槛变量是否存在门槛效应。从表 5 – 14 可以看出，双重门槛效应在 1% 的水平上通过了检验，单一门槛效应、三重门槛效应没有通过检验。

表 5 – 14　　　　　居民消费结构对雾霾灾害程度门槛效应检验

模型	F 值	P 值	BS 次数	临界值		
				1%	5%	10%
单一门槛	4.72	0.257	300	8.818	7.140	6.231
双重门槛	12.52***	0.007	300	11.619	8.633	7.025
三重门槛	3.08	0.777	300	35.585	12.172	9.193

居民消费结构对雾霾灾害的影响存在门槛效应，门槛值分别为 9.3% 和 9.7%，跨过不同的门槛值，居民消费结构对雾霾灾害有不同程度的影响（见表 5 – 15）。

表 5 – 15　　　　　居民消费结构门槛值估计结果及其置信区间

	估计值（%）	95% 的置信区间
门槛 $\gamma_1^{\#}$	9.3	[9.14%，9.76%]
门槛 $\gamma_2^{\#}$	9.7	[9.12%，9.74%]

从居民消费结构对雾霾灾害的门槛效应面板分析结果看，当城镇居民交通支出占城镇居民家庭平均每人全年消费性支出的比例低于 9.3%时，居民消费支出对雾霾灾害的影响不显著；但交通支出占比高于9.3%但未达到 9.7%时，居民消费支出对雾霾灾害的影响系数为147.355，居民消费结构加重了雾霾灾害的程度；且当居民消费结构跨越了第二个门槛值 9.7%时，居民消费结构对雾霾灾害的影响系数降低到1.950，居民消费结构对雾霾灾害的加剧作用下降明显（见表 5 - 16）。

表 5 - 16　　居民消费结构对雾霾灾害影响的双门槛面板回归分析结果

变量	估计参数	T 值
jg≤9.3%	13.667	0.47
9.3% < jg≤9.7%	147.355 ***	3.52
jg > 9.7%	1.950 ***	0.12

从表 5 - 17 可见，早在 2007 年，有 1 个地级市未跨越消费结构对雾霾灾害影响的第一个门槛，消费结构处于对控制雾霾灾害影响不显著阶段；有 2 个地级市跨越了消费结构对雾霾灾害影响的第一个门槛，消费结构加重了雾霾灾害；有 14 个地级市跨越了消费结构对雾霾灾害影响的第二个门槛，消费结构明显对雾霾灾害加重程度减弱。到 2016 年，除德州和烟台外，其余地级市跨越了消费结构对雾霾灾害影响的第二个门槛，各省区均处于消费结构加重雾霾灾害的阶段。

表 5 - 17　　各地级市居民消费结构对雾霾灾害影响的门槛跨越情况（一）

变量	估计参数	2007 年地级市情况	2016 年地级市情况
jg≤9.3%	13.667	济宁	德州、烟台
9.3% < jg≤9.7%	147.355 ***	菏泽、枣庄	
jg > 9.7%	1.950 ***	济南、青岛、德州、聊城、潍坊、日照、烟台、临沂、泰安、威海、东营、滨州、淄博、莱芜	济南、青岛、济宁、聊城、潍坊、日照、临沂、菏泽、枣庄、泰安、威海、东营、淄博、滨州、莱芜

从表 5 - 18 可以看出，各地市居民消费结构对雾霾灾害程度的门槛

跨越时间差异较大，2009 年前各地级市均跨越了第二门槛，其中枣庄和菏泽早在 2008 年跨越了第二门槛，而济宁则在 2009 年才跨越第二门槛，其余地级市则在 2007 年就跨过了第二门槛。

表 5 – 18　　各地级市居民消费结构对雾霾灾害影响的门槛跨越情况（二）

城市	2007 年	2008 年	2009 年	2010 年	2011 年	2012 年	2013 年	2014 年	2015 年	2016 年
济南	■									
青岛	■									
淄博	■									
枣庄	▨	■								
东营	■									
烟台	■									
潍坊	■									
济宁			■							
泰安	■									
威海	■									
日照	■									
莱芜	■									
临沂	■									
德州	■									
聊城	■									
滨州	■									
菏泽	▨	■								

注：灰色表示跨越第一门槛，黑色表示跨越第二门槛。

（3）居民能源消费对雾霾灾害的门槛效应。

首先检验居民能源消费作为门槛变量是否存在门槛效应。从表 5 – 19 可以看出，双重门槛效应在 10% 的水平上通过了检验，单一门槛和三重门槛效应没有通过检验。

表 5 – 19　　　　　　居民能源消费对雾霾灾害程度门槛效应检验

模型	F 值	P 值	BS 次数	临界值		
				1%	5%	10%
单一门槛	2.56	0.953	300	12.976	9.791	8.643
双重门槛	8.57*	0.080	300	11.498	10.051	8.229
三重门槛	6.13	0.746	300	25.764	21.081	18.722

居民能源消费对雾霾灾害的影响存在门槛效应，门槛值分别为82.57 亿千瓦小时和 92.97 亿千瓦小时，跨过不同的门槛值，居民能源消费对雾霾灾害有不同程度的影响（见表 5 – 20）。

表 5 – 20　　　　　　居民能源消费门槛值估计结果及其置信区间

	估计值（亿千瓦小时）	95%的置信区间
门槛 $\gamma_1^\#$	82.57	[81.88, 83.13]
门槛 $\gamma_2^\#$	92.97	[42.10, 96.62]

从居民能源消费对雾霾灾害的门槛效应面板分析结果看，当电力消耗量低于 82.57 亿千瓦小时，居民能源对雾霾灾害的影响系数为0.0296，说明消费能源消费加重雾霾灾害的程度；但能源消费高于82.57 亿千瓦小时但未达到 92.97 亿千瓦小时，居民能源消费对雾霾灾害的影响系数为 – 0.0422，居民消费结构有利于控制雾霾灾害的程度；且当居民能源消费跨越了第二个门槛值 92.97 亿千瓦小时，居民能源消费对雾霾灾害的影响系数降低到 – 0.0200，居民能源消费更加有利于控制雾霾灾害（见表 5 – 21）。

表 5 – 21　　　　居民能源消费对雾霾灾害影响的双门槛面板回归分析结果

变量	估计参数	T 值
ny≤82.57	0.0296*	0.94
82.57 < ny≤92.97	– 0.0422**	– 1.36
ny > 92.97	– 0.0200**	1.02

从表 5 - 22 可见，2007 年，有 13 个地级市未跨越消费结构对雾霾灾害影响的第一个门槛，能源消费处于加重雾霾灾害影响的阶段。到 2016 年，有 11 个省区跨越了能源消费对雾霾灾害影响的第二个门槛，仍有 6 个省区没有跨越能源消费对雾霾灾害影响的一个门槛。

表 5 - 22　　各地级市居民能源消费偏好对雾霾灾害影响的门槛跨越情况（一）

变量	估计参数	2007 年地级市情况	2016 年地级市情况
ny≤82.57	0.0296 *	枣庄、东营、烟台、潍坊、济宁、泰安、威海、日照、莱芜、德州、聊城、滨州、菏泽	枣庄、泰安、威海、德州、聊城、菏泽
82.57 < ny≤92.97	- 0.0422 ***		
ny > 92.97	- 0.0200 **	济南、青岛、淄博、临沂	济南、青岛、淄博、东营、烟台、潍坊、济宁、日照、莱芜、临沂、滨州

从表 5 - 23 可以看出，各地级市居民能源消费对雾霾灾害程度的门槛跨越时间差异较大，2007 年济南、青岛和淄博已经跨越第二门槛，到 2016 年仍有 5 个地级市未能跨越第一门槛，但东营、烟台、潍坊、日照、莱芜、聊城、济宁、滨州已经陆续跨越了第二门槛。

表 5 - 23　　各地级市居民能源消费偏好对雾霾灾害影响的门槛跨越情况（二）

城市	2007 年	2008 年	2009 年	2010 年	2011 年	2012 年	2013 年	2014 年	2015 年	2016 年
济南										
青岛										
淄博										
枣庄										
东营										
烟台										
潍坊										
济宁										
泰安										

续表

城市	2007 年	2008 年	2009 年	2010 年	2011 年	2012 年	2013 年	2014 年	2015 年	2016 年
威海										
日照			■	▨						
莱芜			■							
临沂		▨								
德州										
聊城					■	▨				
滨州								▨		
菏泽										

注：黑色表示跨越第一门槛，灰色表示跨越第二门槛。

5.3.3　结论及建议

本书运用门槛回归模型对山东省 17 个地级市 2007 ~ 2016 年的面板数据进行分析，实证研究表明，居民消费水平、消费结构、能源消费偏好对雾霾灾害的产生存在门槛效应，得到以下主要结论：

（1）城镇居民的消费支出对雾霾灾害的影响存在一个门槛值。当城镇居民的年现金性消费支出低于门槛值时，居民消费支出不利于雾霾灾害的控制；但当现金性消费支出跨越门槛值之后，居民消费支出的增加有利于控制雾霾灾害。

（2）城镇居民的消费结构对雾霾灾害的影响存在两个门槛值。当城镇居民交通支出占城镇居民家庭平均每人全年消费性支出的比例低于第一个门槛值时，消费结构对雾霾灾害的控制影响不显著；但交通支出占比跨越第一个门槛值之后，居民消费支出对雾霾灾害的影响加重了雾霾灾害的程度；且当居民消费结构跨越了第二个门槛值时，居民消费结构对雾霾灾害的作用程度有所降低。

（3）居民能源消费对雾霾灾害的影响存在两个门槛值。当电力消耗量低于第一个门槛值时，居民能源消费加重雾霾灾害的程度；但能源消费跨越第一个门槛值之后，居民能源消费有利于控制雾霾灾害的程度；当居民能源消费跨越了第二个门槛值后，居民能源消费更加有利于控制雾霾灾害。

（4）不同省份地区居民消费支出跨越对雾霾灾害影响的门槛值的时间不尽相同，且差异较大。目前各地级市居民消费支出总量处于有利于控制雾霾灾害阶段；从居民消费结构对雾霾灾害的影响看；除德州和烟台以外，其余15个地级市均处于消费结构加重雾霾灾害阶段；就居民能源消费对雾霾灾害的影响看，有6个地级市未能跨越第一门槛，但东营、烟台、潍坊、日照、莱芜、聊城、济宁、滨州已经陆续跨越了第二门槛。

当前我国雾霾灾害的治理过程中，为如何通过规范居民消费行为来减轻雾霾灾害，提供了有益的政策启示。第一，规范居民的消费行为、提倡绿色消费，是有效的雾霾治理对策，应当大力宣传注重环保、节约资源和能源的绿色消费理念，积极倡导消费者选择未被污染或有助于公众健康的绿色产品，建立绿色消费的长效机制。第二，改善居民的消费结构对控制雾霾灾害具有积极有益的影响，政府积极倡导低碳、绿色的出行方式，为居民出行提供更加便利和多样的公交、地铁等公共交通方式。第三，持续优化居民的能源消费模式，坚持节能、降耗、减污的优先发展战略，大力推广清洁、高效、多用途的能源，积极采取科学有效的控制污染的方法，尽量减少二氧化碳、二氧化硫等污染物的排放。第四，不同的地区根据本地区居民消费规模、结构等对雾霾灾害影响所处的不同阶段，综合运用优化消费结构、优化能源消费方式等多种手段，从消费者消费行为的角度，实现雾霾灾害的综合治理。

第6章 雾霾污染合作治理的动因、目标及困境分析

随着中国社会经济的迅速发展，推进雾霾合作治理对促进区域生态文明建设有显著推动作用，因此，明确雾霾合作治理各主体之间利益衡量、决策选择、行动方案都将推进雾霾灾害的有效治理，本章进一步探讨雾霾合作治理的各主体参与动因，并力求将阻力降到最低，以期建立起良好的合作动力网络成为当前雾霾治理研究的关键点；理清合作的目标，可以把握未来多主体合作治理的走势，引导各主体正确把握雾霾灾害治理的方向；关注各个雾霾治理主体之间的合作困境，深化对生态环境方面合作治理的理解。以下将从雾霾合作治理的动因、目标以及困境三个方面进行分析。

6.1 雾霾合作治理的动因

整个社会都是有机联系、互联互通的系统，也是各个社会主体公共合力构成的统一整体。其中动力系统是促进社会可持续发展的重要因素，也是调动各主体参与公共事务管理的有效动力来源。从雾霾合作治理角度来看，雾霾合作治理的主体包括政府、企业、公众，各利益相关者的相互作用构成了一种动力源，其涵盖了支撑力、推动力、阻力三个动力机制，并在三个动力机制的相互作用下形成了耦合场力共同作用于雾霾合作治理，以下将对个参与主体所构成支撑力、推动力、阻力的主要因素以及耦合场力的形成进行分析与探讨。

6.1.1 雾霾合作治理的支撑力

支撑力是雾霾合作治理的内生动力，在动力系统中处于根本性的地位。能够促进雾霾合作治理有效进行的支撑力主要分为两种：一是国家层面提出的政策规划；二是以政府、企业、公众为主体的多方治理主体的利益诉求。二者共同作用下构成了雾霾合作治理的支撑力系统。

1. 政府政策支持

中国雾霾灾害治理过程中，政策性引导发挥了关键性作用，直接影响各参与主体的行为，也是各行为主体采取的行动的准则。2013 年出台的《大气污染防治行动计划》初步提出在雾霾合作治理过程中地方政府之间要在应急管理、预警监控、信息共享等方面建立好区域协作机制，并把总的治霾任务目标分解给企业与公众一起去执行，充分强调了各主体之间的相互制约、相互协调，形成合力以应对雾霾灾害[212]；2016 年国务院颁布《"十三五"节能减排综合工作方案》强调了公众参与节能减排的重要性，倡导全社会形成良好的治霾氛围以及建立成熟的社会监督机制，已充分调动公众参与公共事务管理的监督作用；2018年国务院印发《打赢蓝天保卫战三年行动计划》指出地方政府要发挥领导职能，明确政府、企业、公众在雾霾治理过程中相互的责任，构建全民治霾格局[213]；2020 年中央经济工作会议表明要坚持精准治理和科学治理以及在"十四五"规划中提出对污染防治更加注重实地调研和协同治理，加快形成环境治理体系。在地方规定方面，如四川省在2013 年雾霾防治方案中提出政府要加大秸秆焚烧、煤油污染、汽车尾气等方面的整治；企业要加快落后产能淘汰；公众要树立保护环境光荣的意识，三者形成良好的合力是有效制定雾霾灾害的重要举措。北京市、兰州市、太原市均在政策方面反映出企业和公众在雾霾治霾过程中的重要性，这些规定均在政策方面给予雾霾合作治理极大的支持。在过去十年里，国家层面和地方层面出台了各种环境保护与大气防治的法律法规，并将环境治理纳入多个五年规划。与此同时政府也在政策文件中强调了协同治理的重要性，承诺会提供大量的资金以支持企业和公众的顺利参与，希望在全社会营造一个良好的治霾氛围以保证多方主体有效参与雾霾治理。通过以政策为支撑，政府执法必严，企业有法必依，公众有法可依，三方共同激发雾霾合作治理的动力。

2. 多主体利益诉求

政府利益方面，第一，1994 年分税制下达后，党中央把一些权利分给了地方政府，让地方政府成为利益较大的独立组织，其中包括生态利益，尤其是近些年来国家强调区域合作更加凸显了生态利益的重要性。区域合作的实质是合理利用资源，在保护好环境的前提下使经济得到较快发展，促进各类要素的自由流动，保证资源的协同高效利用，以实现区域经济、生态、社会的持续发展[214]。在当前注重协同治理的背景下，生态利益的实现更符合各个治理主体间共同的利益，尤其在面对雾霾污染治理这种生态环境问题时，多方主体间的合作将引导雾霾治理朝着积极的方向发展。第二，国家对于政府的绩效评审也不同于以往，更加注重对官员实行重大环境事故终身追究制等制度措施，环境指标在考核中比重不断上升。因此，作为"理性经济人"的政府官员会通过政府、企业、公众之间的合作治理来推动环境质量的改善，把雾霾污染的改善作为生态环境政绩的重要标准。同时应当注意，各地方政府间在对环境保护评价指标体系上存在一定差异，导致各级地方政府之间在应对雾霾灾害上存一定程度偏差，阻碍了区域雾霾合作治理的有效推进[215]。

公众利益方面，雾霾污染不仅影响着公众的身体健康，而且对其行为方式也有极大的改变。据 2013 年雾霾事件的数据报告显示，在雾霾严重的城市里，医院呼吸内科门诊和儿童急诊就诊人数最高增加至55.5%，除了易出现呼吸道疾病外，严重的会出现肺部感染与高血压等疾病[216]。而且不仅仅是 PM2.5，空气中其他污染物也会对人体健康产生影响，包括二氧化氮、一氧化氮、二氧化硫等，这些污染物均可以依附于食物、水源等物质进入人体，对人体健康的损害巨大。随着中国雾霾灾害的逐年加剧，公众已经切身体会到雾霾污染时刻威胁着自己的身体健康，因此公众想要参与到雾霾治理活动中来，是一种符合自身利益的行为选择，通过监督政府和企业行为举措，给予政府和企业参考意见，及时反馈即为社会对政府和企业的监督，以帮助他们作出正确的选择，并让这些选择符合社会整体的利益，满足公众对于身体健康以及良好生活环境的需求。另外，对雾霾灾害的忧患意识会促使公众重视雾霾灾害发生频率和造成雾霾灾害频发的原因。加入雾霾合作治理的过程中对公众来说也是其个人价值和社会价值的实现，由于雾霾长期存在不仅是对当代环境造成污染，若不加以防治，未来也将存在爆发的可能性，而这也促使公众参与到雾霾合作治理过程中。

企业利益方面，第一是雾霾污染导致大气能见度降低，高速公路因此经常封路，企业不得不减少运输的次数，甚至改变自己的库存制度，导致货物积压，由以具有时间期限的产品受挫程度最大，对企业的利益产生极大的影响；第二是"防治大气污染行动计划"导致国内钢铁行业、水泥和焦炭行业损失上百亿元人民币；第三是雾霾污染让劳动力市场产生极大损失，比如某些污染严重的企业基于环境政策搬离市区前往郊外，可能有部分员工选择放弃高薪而去往空气更好的城市，导致企业人才流失，不利于企业的生存与发展。对企业而言主动进行能源升级，开发清洁能源，淘汰自身的落后产能，最大限度地降低污染排放，一方面能获得政府的技术支持和政策补贴，另一方面能保障公众身体健康从而得到公众的支持。对于企业来说短期可能伴随技术升级和人员保留等问题导致短期成本增长，但从长远角度来就看，有利于企业的持续发展，这也是雾霾合作治理出现的动机。

6.1.2　雾霾合作治理的推动力

不同于支撑力，推动力更多是基于外部环境的变化来推动雾霾合作治理，往往能形成一种良好的环境氛围。构成推动力的主要因素有市场成熟度的提升、合作治理理念的提高、成功经验启迪与互联网的发展。

1. 市场成熟度的提升

随着我国社会经济的发展，我国社会主义市场成熟度较 20 世纪有较大幅度的提升。市场机制越成熟，制度保障越规范，企业和公众就越愿意和政府进行合作。对于企业来说，企业可以通过市场机制进行排污权以及碳排放权交易，此前中国环境保护主要依靠政府的强制手段，而现在把排污权等环境指标引入市场，运用经济手段，让排污权可以在市场中自由流动与买卖。这一变化不仅让企业交易环保产品来达到保护环境的目的，还履行了企业的社会责任，获得了广大社会公众的认可，同时在市场成熟度较高的情况下，环保企业间的竞争也是一种良性竞争状态，减少了寻租的成本。

企业摒弃了以前通过罚款获得排污权的做法，在不降低工业产值的情况下减少污染排放，并出售排污权获得利润，推动着企业主动进行技术创新以提高污染治理技术，提高社会生产效率。这种做法既达到政府在区域总量上控制的目标，又有利于公众参与环境治理。部分企业为了能够达到生产许可要求，可以进入市场购买排污权，由达到标准的企业进行出售，虽说这在一定程度上会造成一些生产带来的废弃物排放，但是从社会整体角度来看，由于部分企业已经达到规定生态标准，表明整体环境保护效率是在提升的状态，从而实现社会生态环境的整体保护。虽然在市场机制中仍存在各种的问题，但随着市场成熟度越来越高，政府、企业、公众三者在雾霾治理中的合作也将会更加紧密，雾霾灾害合作治理也将达到新的高度。

2. 合作治理理念的提高

绿色可持续发展理念一直是党中央所强调的，当前雾霾污染较为严重，政府在思想上已经意识到雾霾污染的严重性，政府、企业、公众都表达出想要控制和解决雾霾污染的诉求。在党的十八届三中全会之后，中国改变以前管理型政府的特点，提出了社会治理的理念，预示着我国政府逐渐转变为服务型政府，正在打造共治共享的社会格局。建设服务型政府就意味着对雾霾的治理不再以政府为主导，而是政府逐步将雾霾治理的部分社会职能交给企业与公众，实现社会的共同治理。同时各个治理主体要素之间流动不断加强和技术能力的不断提升，这些主体积极参与公共生态项目的治理，打破行政区域壁垒，一定程度上构成了政府、企业、公众合作治理雾霾的推动力。如表 6-1 所示，分别从合作治理雾霾的制度、意识、操作三个层面，指出各参与主体的不同作用。基于生态文明理念与合作治理理念的提升，政府从主导者慢慢转变为引导者，在保证其指导性作用的前提下，加强其监督保障企业生产的合理性，引导社会向绿色文明转变；企业将社会责任融入自身文化，主动担负起建设生态文明的重任；公众随着自治意识的觉醒，通过多样化的渠道表达自己的诉求，并对政府与企业的各种行为选择进行监督，三者各自扮演合适的角色，共同推动着雾霾合作治理的不断深化。

表6-1 雾霾合作治理模式

雾霾合作治理	主体	制度层面	意识层面	操作层面
	政府	引导企业与公众对资源合理分配	建设服务型政府	相对的行政权力
	企业	生态与经济双向指标制度	加强社会责任	产品盈利与责任
	公众	主动性、实质性的参与	合作治理理念的觉醒	政府与企业之间的沟通桥梁

3. 成功经验启迪

由于国外发达国家经济发展较早，也同样经历过各种自然灾害，因此，在各类自然灾害防治中，有许多合作的治理成功经验，如莱茵河跨区域协调治理、美国和加拿大五大湖区管理经验等，都为中国雾霾合作治理提供了强大的推动力。如莱茵河的跨区域协调治理是建立流域水管理一体化体制和机制，牺牲政府方面的利益来保证各个跨区域利益相关主体的目标一致，发挥企业在环境治理中的主体作用，建立企业主动申报环境保护的机制，实现环境服务规模化与专业化。同时治理莱茵河也是沿河企业和公众共同利益所在，在环境治理过程中，企业和公众均参与到重要决策的讨论过程中，使决策具有广泛的可操作性，也保证了公众的认可，这是中国当前雾霾防治过程中要大力推进的。

政府、企业、公众都是生态环境治理的主体，政府发挥主导作用，积极治理湖区并采取创造性的合作，创立跨国的协作管理组织，规定五大湖区的环境治理由政府和企业共同承担，运用经济手段去促进企业重视环境利益，在治理行动中，政府激励越来越多的农民去改善下游水质，引导公众去种植草带与湿地保护来保证水质安全。中国现在正在摸索的合作治理模式如四川省成都市制定"三个一"模式，创新了社会治理模式，由政府主导培育大量企业，扩展了公众互助方式，激发了多主体合作的活力，同时还有如京津冀、长三角的雾霾联合防控都为中国进一步开展雾霾合作治理奠定了基础。

4. 互联网的发展

迅速发展的互联网在推进雾霾合作治理中表现出独特的优势，首先，中国政府的治理结构和体制是历史形成的，具有很强的路径依赖性，而互联网在不改变组织形态的前提下，通过其自身的平台连接作用，为政府与企业和公众进行协作提供了可能性，基于互联网这一平台，可将信息有效传递至社会各主体，保证信息的传递时效性。其次，互联网作为一种新型的技术系统，影响了政府与企业、公众之间的技术潜力。互联网具有赋权的能力，一方面随着公共事务的增加，政府治理的压力加大；另一方面随着现代社会企业和公众的成长，对政府的治霾提出了新的任务要求。互联网在赋予企业与公众对政府权力挑战的同时，也对政府自身进行了赋权，即多方治理主体可以通过互联网获取及时有效的信息，加强对雾霾治理的监督，提高整合资源的能力。最后，互联网作为信息聚集的平台，可以使政府、企业和公众之间合作更加容易、成本更加低廉，并且各方主体在参与过程中都会得到巨大的利益，同时也推动着政府组织形式向扁平化、网络化发展，互联网相当于一个治理工具推动着雾霾合作治理的优化与发展。

6.1.3　雾霾合作治理的阻力

除了内部的支撑力和外部的推动力，也存在一些阻力因素，如客观实践中企业不良的生产习惯、政府污染治理技术标准不统一，主观因素中各方治理主体对于雾霾治理价值的认识偏差；等等。这些都对雾霾治理有着深远的影响，也是形成多主体治理雾霾的重要动因。

1. 客观因素

在企业不良生产习惯方面，虽然中国近些年一直在控制煤炭、石油等能源的消耗量，但是2019年煤炭在能源消耗量中仍占59%左右，并在能源占比中接近70%；石油在能源消耗中占20%左右，且目前中国这种能源结构在短期内不会改变，仍处于高投入、高污染但低效率的不科学模式，因此对燃煤等污染物排放的调整变得日益紧迫[217]。中国雾霾的形成过程与国外的雾霾形成过程有些不同，多数企业在利益的诱导下，过度追求经济效益，忽略了环境问题，导致中国郊区环境破坏、土壤酸碱化以及水源遭到污染等多重效应叠加，是中国雾霾有别于其他国家的特殊性。

基于雾霾污染在中国涉及区域大、持续时间长且具有自身发生的季节特殊性，表明了其治理方式也要符合自己的国情。首先，仅仅依靠各个地方政府的"各自为战",无法解决雾霾自身的空间溢出性和局部转移性等特点，需要借助搭建合作平台，调动各地方政府间相互协作、信息共享，在雾霾合作治理过程中达成一致；其次，企业与政府之间并非对立面关系，二者之间在达成一致目标下可以推动实现企业生产线转型和政府城市建设规划等多方面的科学性和可持续性；最后，公众所处社会环境也决定了三者之间存在相互作用，由于雾霾灾害是将各种有毒悬浮颗粒物散布在空中，难以分辨造成雾霾灾害的源头，这就表明了治理雾霾并不只是政府自己的任务，而是需要政府、企业、公众齐心协力与共同合作，因此建立以政府、企业、公众为主体的联合治理雾霾体系尤为重要。

由于中国环境监测技术起步较晚，且监测机构分布在不同地区，各个地区在污染治理方面技术标准不统一，造成雾霾治理的困难。如在京津冀地区，硫化物、氮化物是北京、天津、河北雾霾的主要形成因素，但是三者对于排污税收的标准并不一致，调整后的标准为 9：7：1。通过这种方式，大型污染产业将会被转移到排污标准相对较低的地区，如北京和天津为了避开高额的税收将高污染企业嫁接到河北省。对于北京、天津一些大企业来说，缴纳排污的税收更为倾向于成本问题，但对河北省来说这对当地生态环境造成严重冲击，两者不平等的权利会导致区域合作治理雾霾差距越来越大[218]。技术标准的不统一会在进行检测之时，一方面会增大检测的难度，难以保证检测准确性；另一方面，也会让公众产生误解，无法获取真实的情况，让一些企业有机可乘，无形中增加了雾霾合作治理的难度。

2. 主观因素

从政府方面看，早期中国政府的政绩考核主要以 GDP 为主，往往中央政府针对不同地区也会采取同样的考核方式，这种做法会对整个政府评估体系产生适得其反的效果，容易导致所获信息不准确，且难以反映地方实际情况，会导致地方政府加大经济投资，而忽略环境指标[219、210]。政府为了追求利益最大化，而对一些重污染企业采取包容的态度，没有履行监督环境保护的责任，只为获得更多的财政指标，在应对上级的检查中，弄虚作假，究其本质还是不合理的评估方式以及缺少外部的监督而导致地方政府有机可乘，虽然短期内可能会给地方政府带来一定经济收益,但其加深了对生态利益的损害,难以实现区域的可持续性建设,极易引发更为严峻的雾霾污染问题。

企业层面,早期政府追求产业高速增长,引入工业化企业等一系列高污染产业链,虽在一定程度上推动了当地经济发展,但是给生态环境造成的伤害是巨大的。由于缺乏完善的监管机制,企业自身建设和社会责任缺失等问题都在一定程度上助长了早期企业生产向收益看齐的发展趋势。同时,由于早期发展技术水平受限,导致生产效率低下,多数污染主要集中于生产线落后所致,资源利用低效无法保证对自然生态环境的保护,使得雾霾灾害长期存在,导致雾霾灾害在我国呈现多地集中爆发的特征,雾霾治理势在必行。

在公众方面,虽然公众对于治理雾霾的意愿较为强烈,但是大多数也只是停留在思想观念上,即使政府大力宣传,公众也认为自己多一份力量,少一份力量对于雾霾治理毫无影响。在日常生活中,焚烧秸秆、燃放爆竹、大量私家车上路的情况屡见不鲜,公众在抱怨雾霾的同时,并没有把自己看作合作治理雾霾的一部分,缺乏社会责任感也成为减缓雾霾治理成效的一大阻碍。同时雾霾污染多发生在京津冀、长三角等地区,一些公众缺乏公共事务管理的社会责任感,认为离自己所在城市较远,而不需要去关注和参与其中,公众这种主动的消极回避阻碍着雾霾合作治理的进一步发展。积极调动公众认识合作治理雾霾的重要性,采取宣传教育的方式加深公众对污染问题的重视程度,加强对公众社会责任意识的培养,不断树立公众的主人翁意识,对于推动多主体参与的雾霾合作治理起到了关键作用,也将使得公众在未来的发展扮演更为重要的角色。

6.1.4　雾霾合作治理的耦合动力场

综上所述,影响雾霾合作治理的政府、企业、公众在各自利益诉求下形成了动力源,动力源再次形成了支撑力、推动力、阻力三个次要动力机制,并通过各个机制之间的相互作用,形成了一个耦合动力场。

其中,政策支持和利益诉求两个方面构成的支撑力机制就是雾霾合作治理的原动力,根本上决定了合作的速度与质量。政府在法律政策方面的支持为环境治理提供资金、解决人才短缺等问题,并通过立法的方式为合作治理的合法性提供保障；同时政府、企业、公众三方基于自身利益的诉求也愿意进行合作治理雾霾以保证各自的利益不受侵害。而阻力机制是由企业不良生产习惯、防污技术标准不一、对雾霾治理认识的偏差构成的，为雾霾合作治理造成了较大的约束力，在阻力方面归根到底还是利益所导致的，因此如何协调各方治理主体的利益，化阻力为动力，是能否让合作治理走向深化的关键。最后，由市场成熟度的提升、合作治理理念的提高、成功经验启迪以及互联网的发展构成的推动力机制，是保证雾霾合作治理能够顺利进行的外部催化剂。支撑力、推动力、阻力分别表现在支撑力作为原动力决定着雾霾合作治理出现的原因；推动力作为催化剂表明了雾霾合作治理已经具备一定的外部条件去实施；而阻力作为一种约束力强调了其合作治理的内容和方式需不断的创新发展。三种力相互作用与影响最终形成了耦合场力，推动着雾霾合作治理的顺利进行，如图 6-1 所示。

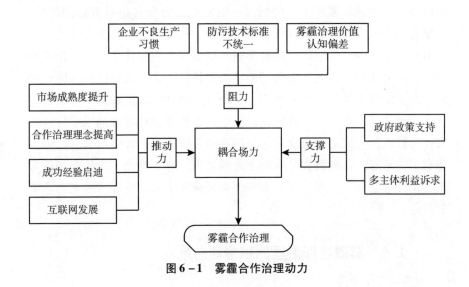

图 6-1　雾霾合作治理动力

6.2　雾霾合作治理的目标

明确各阶段雾霾合作治理的目标，才能更具有针对性地解决中国各个时期所处的环境问题，本书将"十二五"规划、"十三五"规划、

"十四五"规划三个五年规划作为时间节点,分别阐述这三个阶段中国对于雾霾合作治理的目标。

6.2.1　第一阶段目标（2015 年之前）

在 2015 年之前正是中国"十二五"规划时期,中国正处于工业化高速化发展的时期,以煤炭化石能源为主的能源结构导致大气污染高居不下,同时该阶段,居民生活水平快速提升,各类消费行为逐渐多样,在雾霾灾害治理难度逐渐增加,对于雾霾污染的治理不能局限于单纯的局部防治,有必要通过建立联防联控的工作体制和创新环境政策来解决环境问题,此阶段的主要目标是从国家立法和国家政策方面对雾霾合作治理进行摸索和保障,并且在地方层面开始制定相关政策。

在立法层面,虽然国家已对于大气污染方面推出了相应文件,但是都很少涉及雾霾合作治理问题,治理力量分散。因此,2010 年环境保护部等部门印发《关于推进大气污染联防联控工作改善区域空气质量的指导意见》,阐述了地方政府之间要建立一致的规划、评估、监督机制,加强与企业和公众之间的组织协调能力;随后发布的《重点区域大气污染防治"十二五"规划》,总结了雾霾合作治理的探索,提高了雾霾合作治理管理能力。同时,优化雾霾灾害评价评价指标体系,明确雾霾浓度警戒值,以确定有效的空气质量衡量标准。

在国家政策层面,2014 年的《政府工作报告》指出要建立起公众参与的公益诉讼制度,建立起合作治理雾霾的新机制。在地方层面,如北京制定的《北京市大气污染防治条例》明确提出了以降低大气中的颗粒浓度为目标,建立健全政府牵头、企业转型、区域协同、公众参与、社会监督的工作机制,加强与其他省份的联防联治的工作。上海市、江苏省、广东省相继在各地方政府的立法中提到要建立重大污染事项通报制度,实现治理技术与信息的共享,推进合作治理的应急管理。此阶段,对于多主体合作治理来说,近年来从国家层面和地方层面相继出台各种政策文件,以规范雾霾灾害治理具体准则,明确应对方案,从而为雾霾合作治理的出现提供契机,在地区整体发展方向和国家规划方面为雾霾合作治理奠定了基础。

6.2.2 第二阶段目标 (2015～2020 年)

第二阶段中国正处于"十三五"规划时期,在"十三五"时期,中国要求治理能力取得重大进展和推动绿色清洁能源生产,此时雾霾合作治理的目标将从制度政策方面转向创新和参与方面。"十三五"时期,将创新作为环境治理的基点,支撑绿色发展。政府要加强对新材料、新能源等绿色产业的投入,实现前沿核心技术的突破,在政府和企业的合作下攻克在应对气候变化上具有全局作用的关键技术,研发出新技术、新材料,降低企业在能源上的消耗,发挥创新在传统产业改造和新型产业的支撑带动作用,同时政府要大力培育新型产业,真正让企业做到效益高、污染少、资源消耗低与技术含量高,本阶段以小型高能耗企业基本已经实现转型或关闭,以节能绿色、创新驱动治理雾霾取得了一定成果。只有技术取得进步,才能切实帮助企业、公众制定有效的雾霾治理方案,优化配置资源,制定出科学化、人性化的措施。

"十三五"期间倡导"绿水青山就是金山银山"的理念,因此必须让全体公众参与到雾霾治理中来,而不只是停留在政策文件上,有效的公众参与不仅能减少雾霾污染程度,而且还能有效提高政府的决策水平和社会的接受度。对于政府来说,要进一步深化和创新政策文件中的区域联防联治机制,明确企业在治理过程中的主要职责与责任,严罚超过排污指标的企业;拓宽公众的参与渠道,让公众监督成为雾霾合作治理的主导监督方式,公众也要逐渐改变之前的不良习惯,全面践行绿色理念,共同构建多元善治的雾霾治理体制。

6.2.3 第三阶段目标 (2020 年以后)

2020 年是中国"十三五"规划收官之年,同时为"十四五"的后续展开打好地基的一个时期,与此同时,中国大气污染防治面临着多重挑战,包括新冠肺炎疫情、多目标协同控制的要求等因素,加大了雾霾合作治理的压力。因此在"十四五"时期,打赢蓝天防护战,作为利益主体的政府、企业、公众三方主体,应该秉承统筹合作、协同利益的思维,为雾霾治理发挥合力,共同推进高质量发展。未来雾霾合作治理的目标集中在以下方面。

1. 实现雾霾治理网络化

多主体雾霾治理网络化的首要目标是满足全社会的共同利益，雾霾治理是公益性问题，而单一的治理方式会让公众产生不适，对人们生活方式产生影响。因此要实现治理网络化，不仅是解决环境污染的表面问题，而是更深层次地进行经济转型、产业结构调整。未来必须把雾霾治理当作综合性问题，解决本质的经济发展问题，在提升经济发展水平的前提下，会带动整个产业在技术、布局、所占比重等多方面的改进，从而保证雾霾问题得以解决。

因此要建立政府、公众和企业的平等合作关系，政府应当慢慢转变为整个治理体系中的协调者，鼓励企业发展转型，加大向环保企业的招标，从而在保证企业正确发展方向的前提下，为企业提供资金和政策扶持。环保企业反过来向政府提供专业的设备和优质人才，为政府宣传雾霾治理知识，让公众树立环保意识。公众在足够了解雾霾相关知识的同时，能够明确其自身利益与社会利益存在密切关联，从而发挥自身监督作用，将治理雾霾过程中产生的问题再反馈给政府，最终建立起以政府为主导、企业参与治理、公众参与监督的网络化模式。

2. 实现成本和收益的共担共享机制

雾霾合作治理的关键在于调动各个治理主体的治理积极性，首先，要建立生态补偿机制，遵循"谁污染、谁治理"的原则，在联防联治雾霾专门机构的评估下，实现成本共担、利益共享，建立各个政府、企业和公众的成本利益共担共享机制。其次，根据企业与公众的不同特点，利用行政手段进行生态补偿。比如在经济水平差异较大的两个区域，企业在进行产业结构升级、更新设备的时候，通过对其进行合理的评估后，可对较落后的企业进行政策补贴或者减少税收来补偿治理雾霾的成本，并且政府应该利用财政转移、技术援助等手段来推动企业与公众参与雾霾治理的效率，但更多的是政府鼓励企业自身的转型。一般情况下，长期造成资源浪费且难以对污染物加以处理的企业往往难以适应发展趋势而终将被淘汰。最后，要建立雾霾合作治理的市场导向机制，成立污染排放权交易中心、技术交易平台，听取公众的意见来制定污染排放物的标准，能够在考虑到社会认同的前提下，明确排污权以保证其发展符合可持续性建设，从而实现雾霾合作治理市场机制的长效发展。

3. 合作治霾要协调各治理主体利益

现阶段的目标应该是解决政府、企业以及公众各个治理主体之间的利益协调问题。雾霾治理不仅需要中央和地方政府之间的协作，也需要企业在经营理念上的改变和全部公众时刻保持监督意识。而在利益矛盾中，不同的利益主体对于雾霾治理的方法具有明显的差异，公众作为最大的利益主体以及最重要的治霾参与者，其近年来对环境保护的关注日益提高，要求政府按照自己的诉求进行改变以及要求企业转变自己的生产方式。同时企业为了追求利益和节约成本，不愿意更新机器设备来推进产业升级，而政府有时候也会将公众的意见置之不顾或对污染企业进行宽容处理，三者的利益矛盾是导致当前雾霾合作治理缓步不前的原因。三者应当完善多主体参与雾霾治理的法律法规，例如实行环境公益诉讼制度，即政府、企业代表公众对各级人民法院向造成雾霾污染的义务方提出诉讼，从而维护公众的利益。所以政府、企业和公众应该跳出固定思维，作出彼此的让步，分析考虑三方主体的利益，寻求三方利益均衡，才是解决问题的关键所在。

4. 建立信息公开和资源共享系统

现阶段各治理主体互相间的信任度不够，各个利益主体"各扫门前雪"，对于合作治理的积极性不高，政府、企业和公众缺乏沟通，目前应当共同建立信息公开和资源共享机制。在信息公开方面，首先政府应当建立一个信息公开系统，确保企业的不法行为如偷排、过度排放等录入智能信息公开系统，同时就不合规信息和数据进行统一，及时反馈到政府数据管理后台系统，从而大大提高治理雾霾的效率。其次政府应将雾霾灾害相关信息进行收集，让公众及时了解治理雾霾现状，通过构建雾霾预警系统、雾霾实时天气分享系统以及对污染企业的曝光机制，以满足公众对治理雾霾的需求并及时获取信息，以公开透明的方式向公众和企业提供大气污染数据、空气流动数据等气象数据，让其他治理主体可以针对雾霾进行科学地评估预算，缓解舆论情绪，提高治霾氛围。

在资源共享方面，政府应当用强制性的法律措施对资源共享进行强有力的支撑，集结国内开展雾霾研究的高校、研究所和企业单位实现雾霾治理成果及其数据得以共享、成果得以转化，最后对共享进行奖励，缓解企业和公众对于相关数据信息泄露的担忧，建立更为完善的信息保护机制。综合来看，雾霾合作治理必须是在物质和信息上都支持共享，才能促进多主体治霾的有效进行。

6.3　雾霾污染合作治理的困境分析

在多年与雾霾污染的"斗争"中，中国雾霾治理虽然在一定程度上取得了成效，但在合作治理方面仍存在不足之处，具体表现为地方政府间治理困境、公众与政府间治理困境、政府与企业间治理困境、公众与企业间治理困境四个方面。

6.3.1　政府间的治理困境

地方政府之间的合作治理是指两个或者两个以上的地方政府基于公共利益的问题，通过出台政策与法规，整合地区间的资源，以获得经济和社会效益以及解决社会问题。地方政府之间的合作受到政治、经济、自然等因素的影响，其发展的过程由简单到复杂、低级到高级，地方政府间的合作不仅要处理好自己管辖区域内的各项事务，还要与毗邻政府联合起来提供区域公共物品，合理分摊成本，这无疑对政府的治理能力和责任感提出很大的要求。"雾霾"作为跨区域传播的重要案例，政府间的合作是解决问题的必要途径，相邻政府之间只有相互合作，才能实现彼此利益的最大化，地方政府合作治理雾霾是公众的根本价值期盼。

实际上，中国对于环境保护问题的解决，地方政府之间协作的案例较少，原因既包括自然层面也包括人为主观层面。首先，由于雾霾污染的跨区域性难以明确其产生源头，导致地方政府间存在相互扯皮，严重拉低了合作治理雾霾灾害的效率。其次，由于政府官员主观意识的欠缺、制度因素、利益纠纷这一根本原因，在解决公共利益的整体性和地方政府管理碎片化之间还是有较多的矛盾。

1. 主观因素

影响政府间合作治理雾霾的主观因素方面是地方政府之间缺乏协作意识以及互相之间缺乏信任关系。第一个根本因素是地方政府缺乏协作的意愿，受到地域特征的限制，地方政府在解决自己区域的问题时，习惯用自己的思维和处事方式来解决问题，认为政府间的协作会影响本区域的发展，采取严格的地方保护主义，对协作采取保守的态度，同时政府间存在不信任关系会导致"公地悲剧"发生。第二个根本因素也就是影响政府间合作困境的根源就是地方政府之间的利益冲突，利益问题作为政府间合作的关键，贯穿于整个问题的关键。政府作为"理性经济人"，追求利益最大化是必然的，但是合作治理治理具有负外部性，其收益和成本不成正比，甚至收益远远赶不上成本，此时政府出于自身利益额考虑，不愿意将大量的资金投入跨区域污染治理中，甚至存在"搭便车"心理，破坏区域合作。

比如京津冀地区，北京经济发展水平较高，对于经济利益和财政考量程度较低，更加容易推进雾霾的综合治理，并且北京和天津会考虑到，如果和经济发展水平较低的河北合作可能会导致自身效率降低。同时河北基于自己的产业结构，会投入大量的人力、物力、财力来整治生态环境，而北京和天津则共享了河北带来的生态治理的收益，导致河北治理雾霾动力不足，这种利益的不平衡影响了地方政府关于雾霾治理的有效性，导致地方协作可能性降低。同时地方政府官员存在晋升心理，地方经济发展水平是地方官员政绩的直接表现，为了保持地方政府的政绩，地方官员在某种程度上会相对放松治理雾霾的力度，以致吸引并非优质且可持续性强的资源流入本地。晋升不仅取决于本地的经济发展水平，也会与竞争地区的发展水平有关，因此地方政府间的治霾政策总是建立在竞争对手的策略之上，导致治霾政策可能呈现出"宽松—更宽松"过程。

2. 客观因素

客观制度方面，政府间缺少合作保障机制，在我国地方政府的法规中仅仅规定了本地政府管辖的事务，对于政府之间的合作的权利和责任并没有明确的规定，造成地方政府治理雾霾的持续时间和意愿有限。一方面，地方政府之间的合作更多注重的是自身利益的实现，而对于同级政府之间的共同利益并不感兴趣；另一方面，监督机制和法律保障机制有待完善，监督机制分为自我监督、同级监督和外部监督即社会监督，自我监督表现为政府自身的监督，但是仅仅靠地方政府自我监督是远远不够的，而合作政府之间的互相监督存在信息不对称、利益不共享等问题也无法形成强有力约束，外部力量即公众的监督，由于公众缺乏多样渠道获取真实信息，导致其对实际情况不够了解，无法完全了解整个治理过程的本质，监督能力也比较薄弱。虽然中国对政府间的合作治理有相关规定，但是针对具体的细节尤其是利益问题没有完全的展开讨论，区域政府之间的制度之间存在冲突，缺少法律强有力的制约，导致雾霾治理效果并不显著。

雾霾治理是一个漫长的过程，仅仅靠地方政府去治理雾霾是很难实现的，并且各个地方政府牵扯的利益错综复杂，在协调各自利益需求时，就需要有一个具有实际权利的合作机构来进行管理和协调。如在京津冀地区，河北与其他两个地区相比，无论经济发展水平还是环境保护理念都存在着巨大的差异，加上地方政府之间缺乏沟通，使得在生态环境治理中，政府间的政策往往转变成"无效政策"，没有能够真正地推动雾霾合作治理。

6.3.2　公众与政府治理困境

公众作为雾霾合作治理的最大主体，不仅是雾霾污染的直接接触者，还是雾霾治理的中坚力量。前期决策、中期监督、后期控制是公众与政府在治理雾霾全过程中主要的表现形式。前期决策是地方政府在出台相关雾霾治理政策之前，听取公众的意见，通过双方的互动确保公众参与其中，来决定公共事务的进程。中期监督是在政府作出雾霾治理决策以后，公众对治理方案进行监督，并参与到治理过程中来，保障决策有效的执行。后期控制是指在雾霾治理过程中出现了偏差，公众可以通过举报、信访等方式与政府进行沟通，达到纠偏作用[221]。但是双方在合作过程中，无论是公众还是政府都存在自身的缺陷，使合作治理面临一些困境。

1. 政府主导地位

在雾霾合作治理中，政府仍处于主导地位，信息的传播由政府掌控，公众了解关于雾霾的信息多为政府单向性的信息输出，公众相对处于弱势的一方。2013 年发布的《大气污染防治计划》提出要将中国的可吸入颗粒物降到比 2012 年少 10% 左右，为此政府采取了大量的行动，但却忽略了与公众之间的合作；随后天津、河北等地相继发布了自己地区的大气污染防治规划，在文件中也只是提出了省政府、市政府、县政府之间在治理雾霾过程中的责任，仍然停留在政府主导的层次，对公众参与公共事务管理方面提及较少。目前中国仍处于"大政府，小社会"体制下，公众相对来讲主要是被动接受政府的安排，虽然近些年来政府相继出台了信访、举报、电子邮件等渠道，但政府与公众之间信息双向交流仍有欠缺，加之政府应用网络媒体的发展较晚，致使公众与政府之间存在一定程度的信息落差，也在一定程度上放缓了多主体合作治霾进度。

2. 公众参与度较低

在雾霾合作治理中，只有少数的公众参与监督工作建设中，大部分公众对雾霾合作治理的观念只是停留在思考阶段，认为仅仅依靠政府治理就足矣，参与积极性不高，政府关于这方面的宣传虽然较多但是都难以真正落地。公众在参与雾霾治理过程中把"重担"都扔给了政府，导致公众"消极参与"，缺乏调动公众参与雾霾治理的引导也是制约雾霾灾害合作治理的一大阻碍。同时公众除了意识淡薄之外，在与政府的合作治理中同样也存在制度与社会经济的困境。公众无法有效地影响政府官员们的决策，一定程度上影响了公众参与雾霾治理的积极性。

3. 缺乏法律保障

公众与政府合作治理雾霾缺少法律制度的保障，中国大多数法律都是从宏观角度制定，缺乏相应针对特定问题的解决方式，因此不能因地制宜地解决每个区域的问题。如 2014 年，《中华人民共和国环境保护法》提出要联合防治大气污染问题，但是在现实中却不能有效地进行合作治理，其中的根源就是法律对公众参与治理雾霾方面缺少强制性，更多表现在对公众意见的征询，形式大于内容，难以保证公众意见能够被采纳。另外在实际操作中政府与公众之间的权责划分界定模糊、缺乏责任监督机制与多主体利益保障机制[222]。如在赔偿方面，雾霾污染的主要来源是企业，但是受到最大危害的是公众，而在法律中对于公众的赔偿存在很大的空白；在监督方面，《中华人民共和国环境保护法》虽然陈述了政府在大气防治中的指导作用，但并未明确其具体内容，使政府在治理过程中缺乏公众的监督，滥用权力现象屡见不鲜。

4. 利益难以协调

第一方面，虽然近年来对官员实行了自然资源责任审计，建立生态环境终身追究制，但是经济发展模式没有得到根本的改变，政府官员还是把 GDP 作为自身的驱动力来管理区域内的事务。而治理雾霾过程是一个长期过程，并且治理雾霾的收益在短期不会显现出来，因此大部分政府官员对治理雾霾表现得非常敷衍，存在对雾霾严重程度不重视和片面追求经济利益的情况，当公众的健康权和环境权受损并为此进行司法上诉时，也会受到阻挠，如出现审核周期长、立案难等问题。

第二方面，公众的部分需求与政府政策之间存在一些矛盾，比如政府在治理雾霾过程中出台相关政策如限制过多车辆出行的规定时，则会受到路途遥远需要开车上下班的人群反对；出台禁止春节时期燃放烟花爆竹的规定时，广大公众认为燃放爆竹是一直传承下来的传统，也会遭到广大公众的抗拒。但是从根本上反对的声音往往只是少数，真正引起公众不满的问题必然是直接影响公众日常生活需求的问题，导致了公众与政府在治理雾霾的过程中利益协调陷入困境，需要在未来继续探寻两者之间的合作路径。

6.3.3　企业与政府治理困境

企业和政府作为雾霾治理的最大的两个主体，两者的合作却存在许多问题，影响了合作治霾的进程。出现困境的原因：第一，污染控制和减少雾霾工作不一致，没有长期的控制措施，中国雾霾天气的出现具有明显的季节性特征，在秋冬季发生较多，在春夏季发生较少。因此，在秋冬季节严峻的雾霾天气中，许多地方政府都大力开展污染控制和减少雾霾的工作，在剩下的时间里，对这项工作的关注度将有明显降低。同时，政府的空气污染控制措施相对单一，基本上着眼于经济处罚，一些企业宁愿接受处罚来继续进行生产污染排放，也有一部分企业因政府强调经济处罚从而降低自身转型升级的积极性，导致这种不可持续的控制措施对减少雾霾没有太大影响。第二，企业过于追求经济利益，忽视了自己在环境保护中的重担，大多数企业认为雾霾对自身的发展尚未构成威胁，但是对自己的设备进行改造升级将会耗费大量的成本，政府对于企业进行雾霾治理的经济激励如减免税收制度、公共资金补助较少，缺乏对企业自信心的培养。在此维度，就需要来自政府对其进行一定程度支持，从而减轻其转变的压力，从而从源头上加以节制，以保证雾霾灾害发生概率降低。

另外，在中国治理污染产生的社会效益远小于企业的经济效益，企业产生的污染代价也不会根本上对企业发展造成限制，所以企业通常将环境治理当作表面工作，流于形式。而一个企业要想经济效益高，需要当地政府的扶持，相应的是政府官员的业绩与企业的经济效益挂钩。基于这种利益关系，当发生严重的空气污染时，政府通常很难决定选择税收还是环境。如果企业生产受到限制，收益将减少，政府收到的税收也将相应减少。因此在这个过程中，政府为了当地企业的经济效益，对下达的环境治理政策"睁一只眼闭一只眼"，甚至产生权利寻租现象，滋生腐败。此外，随着分税制度的改进，财政的独立性导致政府可以开辟更多的税源，对一些污染较严重的企业采取容忍态度，以罚款代替排放权，获取更多的财政收入。同时政府难以界定污染环境主体的责任，处罚力度也不够，一定程度上加剧了雾霾的污染。

6.3.4 公众与企业治理困境

企业参与雾霾治理须要进行转型升级，必将耗费大量的人力、物力、财力开支，经济损失比较大，对于公众而言参与雾霾治理更多是监督作用，而企业就是公众最主要的社会监督对象。又因为污染企业的排污直接影响着公众的身体健康，导致公众对于企业的监督方式有时候过于激进，所以两者在合作治理过程中势必会出现一些困境。一是企业的首要目的就是追求利润最大化，而追求利益最大化势必会减少更新设备的成本，并为了节约成本而不愿配合治霾工作，而随着公众对雾霾问题关注度越来越高，环保意识也愈来愈强，公众盼望的环境友好型社会则需要原有产业结构的企业进行改变，而企业并不愿意进行改变。公众在要求处罚企业的意见未被采纳时，则会用激进的方式与企业直接对峙，例如封杀企业的上市产品、利用网络渠道曝光企业种种行为，而这些激烈的斗争方式，导致关系破裂。二是尽管中国出台的《企业事业单位环境信息公开办法》中规定企业应当保持信息公开性和透明性，自愿公开环境信息，但是在实际情况中，大部分企业从自己的经济效益出发，认为相关条例中的自愿公开环境信息是企业可自行决定企业发展模式，与政府和公众关系不大，而不去公开自己的污染排放情况，并且大部分企业将污染排放情况视为商业机密、企业隐私，导致公众难以获取企业的环境信息，从而无法起到公众对企业的外部监督作用，使公众监督作用大大削弱。另外，中国小微企业占据了市场的绝大多数，无论是在规模、技术实力方面都存在差距，大部分小企业对治理雾霾的意向不高，从而并不配合公众对其的监督，可能会产生相互间的矛盾和冲突。

6.4　本章小结

综上所述，雾霾合作治理的动因是由支撑力、推动力和阻力形成的一个有机的动力系统，支撑力是多主体治理雾霾的原动力，包括国家层面颁布的法律政策文件给予雾霾合作治理以法律支撑，并且政府治理环境带来的收益、企业转型带来的长远利益、民众对目前危害自己身体健康的切身利益，都将政府、企业和民众紧紧联系起来，为合作治理提供保障。外部的推动力则是由市场成熟度提升、互联网发展、合作治理理念提高和国内外多区域协同治理的成功经验构成。阻力由企业不合理生产结构、公众不良生活习惯组成。三种力相互作用，互联互通，共同促进雾霾合作治理的产生与发展。

雾霾合作治理的目标则是基于国家不同的发展规划，以三个五年规划为准则，把目标分为三个阶段，在2015年之前是雾霾合作治理的探索阶段，更加注重在政策和立法方面保障合作治理的进行；在2015～

2020 年期间贯彻中国生态文明建设，实现创新发展，以技术推动环境治理和公众共同参与的目标；在 2020 年之后则需要继续完善大气治理目标，实现雾霾合作治理网络化和协调各方主体利益的目标。在各个时期具有明确的目标，才能实现雾霾合作治理的因地制宜，更有针对性地对雾霾治理展开行动。

在多主体合作治理的过程中，仍然会出现政府和企业、企业和公众、公众和政府之间的矛盾，造成治理过程缺少动力，停滞不前。雾霾治理是一个长期的过程，在雾霾合作治理的体系中，政府要继续发挥引导作用，以市场为导向，确保各个治理主体的公平地位，创造一个宽松的外部环境。在此基础上，加强公众、企业、政府之间的合作与监督，形成多主体联合的治理体系，确保治霾工作的全面推进。

第7章 政府、企业、公众 三方演化博弈分析

大气环境质量影响着城市的宜居性，与城市居民生产生活密切相关。然而，在城市化迅速发展、人口往城市聚集的过程中，粗放的城市经济增长模式使大气环境恶化[223]。2013年，全国雾霾污染问题凸显，在此背景下，国务院发布了《大气污染防治行动计划》，2017年"打好蓝天保卫战"被写进政府工作报告。在政府积极的应对措施下，大气环境质量得到一定改善，但并未实现常态化，大气治理仍面临较大压力。就治理模式而言，早期治理模式主要是政府主导的治理模式，治理效率偏低且容易忽视公众对于环境的诉求，治理效果无法达到公众预期。为了"打赢蓝天保卫战"，党的十九大报告明确指出，要"构建政府为主导、企业为主体、社会组织和公众共同参与的环境治理体系"，参与治理的主体向多元转变。

地方政府相对中央政府具有信息优势[224]，能够更好地满足当地居民对环境等公共物品和服务的偏好和需求。而中国的财政分权对地方政府行为具有重大影响，具体体现在中央政府给予地方政府更多财政资金的同时，还要根据政绩对地方官员进行考核[225]。而以GDP为导向的绩效考核方式使地方政府面临经济增长的压力，在此压力下，地方政府存在与企业合谋[226]，忽视公众的环境诉求等行为，进而使大气治理达不到预期效果。大气环境治理中多元主体策略选择及其影响因素较为复杂，因此，研究如何兼顾大气治理中多方主体的利益诉求，使地方政府、企业和公众合作共赢具有重要意义。

7.1　大气污染治理多方利益主体及其关系界定

在大气污染治理博弈过程中，主要参与者为地方政府、企业及公众，这三个参与主体具有各自的利益诉求，并且相互联系，需将其中的关系厘清以支撑实证研究。

7.1.1　多元利益主体界定及其策略

1. 地方政府

在大气污染治理问题中，地方政府更容易了解辖区内的环境状况，更能针对本辖区大气污染的特点对症治理，相较中央政府具有信息优势[224]，且财政分权背景下的地方政府在经济上拥有一定自由度，为对症治理提供了相应的资金支持。在大气污染治理的具体实施中，地方政府应成为主要引导者，因此，本书的研究对象为地方政府，且不考虑环保部门与地方政府的委托代理关系，将二者视为一个整体进行分析。地方政府具有两种行为策略：按照中央政府指示对辖区内大气污染进行严格监管、开展相关工作，或者由于面临经济增长的压力等原因而选择放松监管。

2. 企业

本书所研究的企业指排污企业。企业作为市场力量的核心，是大气污染治理的主要执行者，可以依托市场机制改善治理效率。企业的行为策略有两种：依据相关规定合法排污，或者超标排污。而企业追求自身利润最大化。一般认为，在不受约束的情况下，合法排污需要购置相关设备，而超标排污可以减少企业的生产成本，为企业带来更丰厚的利润。因此，企业会倾向于选择逃避规制和节约减排成本的超标排污的行为策略，而当地方政府采取奖惩机制对大气污染进行治理时，企业超标排污的行为会受到一定约束。

3. 公众

公众主要指居民，其生产生活与大气环境密切相关，是大气污染问题直接的利益相关者，且公众的关注能够改善城市环境[227]。而媒体和网络的发展以及政府的重视也为公众监督与参与提供了条件。公众的策略选择有两种：参与大气污染治理中监督其他主体的行为，或者不参与。当大气污染问题严重时，最先感受到损失的即是公众。公众在生产中获得物质的同时，其生存环境受到威胁，健康损失（如呼吸道疾病[228]、失眠[229]等）和迁移损失由此出现，公众必要时可以采取举报甚至是诉讼的手段维护自己的合法权益[230]。同时地方政府为了鼓励公众参与到大气污染治理中，也会采取一些补偿激励手段。

7.1.2　多元利益主体关系界定

在中央政府选择积极策略应对大气污染的情况下，主要考虑中央政府对地方政府的单向影响。在财政分权的背景下，地方政府对中央政府负责，为避免被中央政府问责而采取积极态度应对大气污染的同时，以GDP 为导向的绩效考核方式又使地方政府面临经济增长的压力，将更多的财政资金用于短期粗放的经济增长上[231]，使大气环境质量持续恶化。为使地方政府与中央政府在环境目标上保持一致，中央政府可以通过约束性指标以及奖惩等行政施压的方式使地方政府"以 GDP 为中心"向"以人民为中心"转变[232]，进而使地方政府积极参与并引导地方大气污染治理工作。由此可见，在财政分权背景下，中央政府对地方政府的影响主要表现在中央政府对地方政府的绩效考核机制以及奖惩机制上。

地方政府作为引导者，在大气污染治理中约束企业行为，同时鼓励公众参与，即对企业及公众积极参与到大气污染的行为进行奖励，并对企业超标排放行为进行约束和惩罚。企业是大气污染治理中的重要执行者，其对利润的追求有可能以牺牲环境为代价，此时会与公众的环境诉求产生冲突。为强化大气治理效果、平衡企业和公众的利益诉求，地方政府不仅要考虑公众对于环境的诉求，同时还要兼顾企业对利润的追求。因此，地方政府的行为也会受企业制衡。综上所述，公众、企业与地方政府是监督与被监督的关系，通过评价机制对地方政府和企业大气污染治理的策略选择作出反应：在公众的环境诉求与企业的经济利益冲突、企业超标排放行为被察觉时，公众作为消费者可以通过抵制该企业产品影响企业的利润[230]，或者通过向地方政府举报等手段，给企业带来负面效应。同时，积极参与治理的企业会得到声誉提升等正面激励；而当政府对大气污染不作为时，公众会通过这种机制给地方政府带来负反馈，同时，当地方政府对大气污染治理采取积极态度，大气污染得到缓解时，公众对该地区评价良好，会增加该地区的吸引力，进而对地方政府大气治理产生积极影响。

由以上分析可知，大气污染治理中三个利益主体相互间通过不同机制影响，关系网络如图7-1所示。

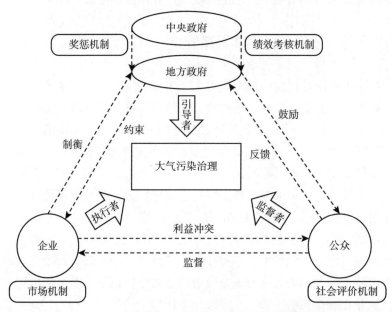

图7-1 大气污染治理过程中多元主体之间的关系网络

7.2 地方政府、企业、公众三方演化博弈分析

7.2.1 基本假设

假设1：大气污染的治理是地方政府、企业和公众三方演化博弈的结果。三方博弈属于非对称博弈，三方均受到信息条件限制，不具备预

测其他主体如何行动的能力，仅能通过以往的选择，遵循惯例、按照经验来作出判断。即基于"有限理性"不同特征博弈方之间的、收益不对称的博弈，但在多次的博弈过程中，主体可以通过不断地修正最终确定最优策略。

假设 2：地方政府的策略集合为 $S_g =$（严格监管，放松监管），群体中选择两种策略的比例分别为 α 和（$1-\alpha$）；企业的策略集合简化为 $S_e =$（不排放，排放）（如果企业按照排污标准合法排污为"不排污"，超标排污为"排污"），群体中选择两种策略的比例分别是 β 和（$1-\beta$）；公众的策略简化为集合 $S_p =$（监督，不监督），公众中选择两种策略的比例分别为 γ 和（$1-\gamma$）。

假设 3：当地方政府放松监管、企业不排污、公众不进行监督时，地方政府、企业和公众的正常收益均为 0。

假设 4：对于地方政府来说，选择严格监管的成本为 C_g，会对企业不排放的行为进行补贴 E_e（$E_e > 0$），对选择排放的企业进行惩罚，惩罚以企业选择排污所获得的额外收益 R_e（$R_e > 0$）为据，设为 $\theta_1 R_e$（θ_1 为处罚系数），同时对公众进行补偿，为 $\theta_2 R_e$（θ_2 为补偿系数）。为了调动公众参与大气污染治理的积极性，将对采取监督策略的公众进行奖励，为 E_p。

假设 5：当企业不按标准进行排放时，地方政府因经济发展而带来的政绩提高的正项效应为 R_g，但是如果此时地方政府选择放松监管，中央政府将对其问责，处罚力度为 F_g。当地方政府选择严格监管时，地方政府将会受到中央政府的补贴为 E_g。

假设 6：对于公众来说，如果企业选择排放时，大气污染程度加剧，所带来的迁徙和健康等损失，设为 D_p。公众选择监督时的监督成本为 C_p。同时，公众在选择监督时根据大气污染状况以及地方政府和企业是否采取积极手段应对大气污染作出反应，该反应通过社会评价机制会对地方政府和企业产生正反馈（分别记为 R_{g+}、R_{e+}）以及负反馈（分别为 R_{g-}、R_{e-}），且一般认为负反馈带来的影响大于正向效应，即 $R_{g+} < R_{g-}$，$R_{e+} < R_{e-}$。当企业选择排放而地方政府不作为时，公众对地方政府和企业分别产生负向影响（R_{g-} 以及 R_{e-}），而当地方政府选择严格监管或者企业选择不排放时，将分别获得公众的正面评价（R_{g+} 以及 R_{e+}）。

根据上述假设，地方政府、企业和公众之间的博弈矩阵如表 7 - 1 所示。

表 7 - 1 地方政府、企业、公众间的博弈支付矩阵

			地方政府	
			严格监管（α）	放松监管（$1-\alpha$）
企业	不排放（β）	公众 监督（γ）	政府：$-C_g - E_e + E_g + R_{g+} - E_p$	政府：0
			企业：$E_e + R_{e+}$	企业：R_{e+}
			公众：$-C_p + E_p$	公众：$-C_p$
		不监督（$1-\gamma$）	政府：$-C_g - E_e + E_g$	政府：0
			企业：E_e	企业：E_e
			公众：0	公众：0
	排放（$1-\beta$）	公众 监督（γ）	政府：$-C_g + R_g + \theta_1 R_e - \theta_2 R_e + R_{g+} + E_g - E_p$	政府：$R_g - F_g - R_{g-}$
			企业：$R_e - \theta_1 R_e - R_{e-}$	企业：$R_e - R_{e-}$
			公众：$-C_p + E_p + \theta_2 R_e - D_p$	公众：$-C_p - D_p$
		不监督（$1-\gamma$）	政府：$-C_g + R_g + \theta_1 R_e - \theta_2 R_e + E_g$	政府：$R_g - F_g$
			企业：$R_e - \theta_1 R_e$	企业：R_e
			公众：$-D_p + \theta_2 R_e$	公众：$-D_p$

7.2.2 各方演化博弈过程分析

地方政府、企业和公众三方主体在策略选择时相互影响，在演化过程中需要通过不断学习、模仿和改进策略以达到最大期望，并最终达到均衡状态，此时选择的策略为演化稳定策略（evolutionary stable strategy，ESS）。

1. 地方政府演化稳定策略分析

地方政府群体选择"严格监管"和"放松监管"策略的期望收益分别为 U_{11} 和 U_{12}，平均收益 U_1，由上述假设分析可知：

$$U_{11} = \beta\gamma(-C_g - E_e + E_g + R_{g+} - E_p) + (1-\beta)\gamma(-C_g + R_g + \theta_1 R_e$$
$$-\theta_2 R_e + R_{g+} + E_g - E_p) + \beta(1-\gamma)(-C_g - E_e + E_g)$$

$$+ (1 - \beta)(1 - \gamma)(-C_g + R_g + \theta_1 R_e - \theta_2 R_e + E_g) \qquad (7-1)$$

$$U_{12} = (1 - \beta)\gamma(R_g - F_g - R_{g-}) + (1 - \beta)(1 - \gamma)(R_g - F_g) \qquad (7-2)$$

$$U_1 = \alpha U_{11} + (1 - \alpha)U_{12} \qquad (7-3)$$

则得出地方政府的演化博弈复制动态方程为:

$$F(\alpha) = \frac{d\alpha}{dt} = \alpha(U_{11} - U_1) = \alpha(1 - \alpha)(U_{11} - U_{12})$$

$$= \alpha(1 - \alpha)\{\beta[-R_{g-} - (E_e + F_g + \theta_1 R_e - \theta_2 R_e)] + \gamma(R_{g+} - E_p$$

$$+ R_{g-}) - (C_g - \theta_1 R_e + \theta_2 R_e - E_g - F_g)\} \qquad (7-4)$$

根据微分方程的稳定性定理及演化稳定策略的性质,地方政府要想达到演化稳定策略所要满足的必要条件是 $\frac{dF(\alpha)}{d\alpha} < 0$。

当 $\beta = \dfrac{\gamma(R_{g+} - E_p + R_{g-}) - (C_g - \theta_1 R_e + \theta_2 R_e - E_g - F_g)}{\gamma R_{g-} + (E_e + F_g + \theta_1 R_e - \theta_2 R_e)}$ 时,

$F(\alpha) \equiv 0$,对于所有 α 均为稳定状态。当 $\beta \neq$ $\dfrac{\gamma(R_{g+} - E_p + R_{g-}) - (C_g - \theta_1 R_e + \theta_2 R_e - E_g - F_g)}{\gamma R_{g-} + (E_e + F_g + \theta_1 R_e - \theta_2 R_e)}$ 时,令 $F(\alpha) = \dfrac{d\alpha}{dt} = 0$,

当 $\alpha = 0$、$\alpha = 1$ 时,处于稳定状态。可能存在两种情况:

当 $\beta < \dfrac{\gamma(R_{g+} - E_p + R_{g-}) - (C_g - \theta_1 R_e + \theta_2 R_e - E_g - F_g)}{\gamma R_{g-} + (E_e + F_g + \theta_1 R_e - \theta_2 R_e)}$ 时,当 $\alpha =$

1,此时 $\dfrac{dF(\alpha)}{d\alpha} < 0$,则 $\alpha = 1$ 为平衡点;

当 $\beta > \dfrac{\gamma(R_{g+} - E_p + R_{g-}) - (C_g - \theta_1 R_e + \theta_2 R_e - E_g - F_g)}{\gamma R_{g-} + (E_e + F_g + \theta_1 R_e - \theta_2 R_e)}$ 时,当 $\alpha =$

0,此时 $\dfrac{dF(\alpha)}{d\alpha} < 0$,则 $\alpha = 0$ 为平衡点。

2. 企业演化稳定策略分析

企业群体选择"不排放"和"排放"策略的期望收益分别为 U_{21} 和 U_{22},平均收益为 U_2,由上述假设可知:

$$U_{21} = \alpha\gamma(E_e + R_{e+}) + (1 - \alpha)\gamma R_{e+} + \alpha(1 - \gamma)E_e \qquad (7-5)$$

$$U_{22} = \alpha\gamma(R_e - \theta_1 R_e - R_{e-}) + (1 - \alpha)\gamma(R_e - R_{e-})$$

$$+ \alpha(1 - \gamma)(R_e - \theta_1 R_e) + (1 - \alpha)(1 - \gamma)R_e \qquad (7-6)$$

$$U_2 = \beta U_{21} + (1 - \beta)U_{22} \qquad (7-7)$$

则企业的复制动态方程分别为:

$$F(\beta) = \frac{d\beta}{dt} = \beta(U_{21} - U_2) = \beta(1-\beta)(U_{21} - U_{22})$$
$$= \beta(1-\beta)[\alpha(E_e + \theta_1 R_e) + \gamma(R_{e+} + R_{e-}) - R_e] \qquad (7-8)$$

根据微分方程的稳定性定理及演化稳定策略的性质，企业群体达到演化稳定状态的必要条件为 $\frac{dF(\beta)}{d\beta} < 0$。

当 $\alpha = \dfrac{R_e - \gamma(R_{e+} + R_{e-})}{E_e + \theta_1 R_e}$ 时，$F(\beta) \equiv 0$，对于所有 β 均为稳定状态。当 $\alpha \neq \dfrac{R_e - \gamma(R_{e+} + R_{e-})}{E_e + \theta_1 R_e}$ 时，令 $F(\beta) = \dfrac{d\beta}{dt} = 0$，当 $\beta = 0$ 或 $\beta = 1$ 时处于稳定状态。此时可能存在两种情况：当 $\alpha > \dfrac{R_e - \gamma(R_{e+} + R_{e-})}{E_e + \theta_1 R_e}$ 时，当 $\beta = 1$，此时 $\dfrac{dF(\beta)}{d\beta} < 0$，因此 $\beta = 1$ 为平衡点；当 $\alpha < \dfrac{R_e - \gamma(R_{e+} + R_{e-})}{E_e + \theta_1 R_e}$ 时，当 $\beta = 0$，此时 $\dfrac{dF(\beta)}{d\beta} < 0$，因此 $\beta = 0$ 为平衡点。

3. 公众演化稳定策略分析

公众群体选择"监督"和"不监督"策略的期望收益分别为 U_{31} 和 U_{32}，平均收益为 U_3，由上述假设分析可知：

$$U_{31} = \alpha\beta(-C_p + E_p) - (1-\alpha)\beta C_p + \alpha(1-\beta)(-C_p + E_p + \theta_2 R_e - D_p) - (1-\alpha)(1-\beta)(C_p + D_p) \qquad (7-9)$$

$$U_{32} = \alpha(1-\beta)(-D_p + \theta_2 R_e) - (1-\alpha)(1-\beta)D_p \qquad (7-10)$$

$$U_3 = \gamma U_{31} + (1-\gamma)U_{32} \qquad (7-11)$$

则公众的复制动态方程分别为：

$$F(\gamma) = \frac{d\gamma}{dt} = \gamma(U_{31} - U_3) = \gamma(1-\gamma)(U_{31} - U_{32}) = \gamma(1-\gamma)(\alpha E_p - C_p)$$
$$(7-12)$$

根据微分方程的稳定性定理及演化稳定策略的性质，公众群体要想达到演化稳定策略，其必要条件为 $\frac{dF(\gamma)}{d\gamma} < 0$。

当 $\alpha = \dfrac{C_p}{E_p}$ 时，$F(\gamma) \equiv 0$，对于所有 γ 均为稳定状态。当 $\alpha \neq \dfrac{C_p}{E_p}$ 时，令 $F(\gamma) = \dfrac{d\gamma}{dt} = 0$，当 $\gamma = 0$ 或 $\gamma = 1$ 时处于稳定状态。此时可能有两种情

况：当 $\alpha > \dfrac{C_p}{E_p}$ 时，当 $\gamma = 1$，此时 $\dfrac{dF(\gamma)}{d\gamma} < 0$，因此 $\gamma = 1$ 可能为平衡点，

当 $\alpha < \dfrac{C_p}{E_p}$ 时，当 $\gamma = 0$，此时 $\dfrac{dF(\gamma)}{d\gamma} < 0$，因此 $\gamma = 0$ 为平衡点。

7.2.3 系统平衡点的稳定性分析

上述过程分析了系统各主体平衡点的可能情况，就系统整体的均衡点及其稳定性可借助于复制动态方程的雅克比矩阵 J 进行分析。根据李雅普诺夫间接法，通过特征值的符号进行分析：当雅克比矩阵的三个特征值均为负数时，系统在该点达到稳定状态；当三个特征值均为正数时，系统在该点不稳定；当有一个或两个特征值为正数时，该点为鞍点。

根据复制动态方程求得的雅克比矩阵 J 为：

$$J = \begin{pmatrix} (1-2\alpha)[\beta(-\gamma R_{g-} - A^*) + \gamma B^* - C^*] & \alpha(1-\alpha)[-\gamma R_{g-} - A^*] & \alpha(1-\alpha)(-\beta R_{g-} + B^*) \\ \beta(1-\beta)(E_e + \theta_1 R_e) & (1-2\beta)[\alpha(E_e + \theta_1 R_e) + \gamma(R_{e+} + R_{e-}) - R_e] & \beta(1-\beta)(R_{e+} + R_{e-}) \\ \gamma(1-\gamma)E_p & 0 & (1-2\gamma)(\alpha E_p - C_p) \end{pmatrix}$$

$$A^* = E_e + F_g + \theta_1 R_e - \theta_2 R_e$$
$$B^* = R_{g+} + R_{g-} - E_p$$
$$C^* = C_g - \theta_1 R_e + \theta_2 R_e - E_g - F_g$$

在各方的演化博弈过程分析的过程中，我们可以知道该系统的均衡点可能为：$E_1(0, 0, 0)$、$E_2(1, 0, 0)$、$E_3(0, 1, 0)$、$E_4(0, 0, 1)$、$E_5(1, 1, 0)$、$E_6(1, 0, 1)$、$E_7(0, 1, 1)$、$E_8(1, 1, 1)$ 以及 $E_9(\alpha^*, \beta^*, \gamma^*)$，其中 $(\alpha^*, \beta^*, \gamma^*)$ 是下列方程的解。

$$\begin{cases} \beta[-\gamma R_{g-} - (E_e + F_g + \theta_1 R_e - \theta_2 R_e)] + \gamma(R_{g+} + R_{g-} - E_p) \\ \quad - (C_g - \theta_1 R_e + \theta_2 R_e - E_g - F_g) = 0 \\ \alpha(E_e + \theta_1 R_e) + \gamma(R_{e+} + R_{e-}) - R_e = 0 \\ \alpha E_p - C_p = 0 \end{cases}$$

而多群体的演化博弈过程，其均衡点的策略选择一定严格符合纳什均衡，一定是纯策略[233]，所以 E_9 不需要考虑。根据其他 8 个点的雅克比矩阵来衡量各点的稳定性，具体分析如下所示。

情形 1：在 $E_1(0, 0, 0)$，对应的雅克比矩阵为：

$$J = \begin{pmatrix} -C^* & 0 & 0 \\ 0 & -R_e & 0 \\ 0 & 0 & -C_p \end{pmatrix}$$

$$C^* = C_g - \theta_1 R_e + \theta_2 R_e - E_g - F_g$$

雅克比矩阵的特征值分别为：$\lambda_1 = -C^*$，$\lambda_2 = -R_e$，$\lambda_3 = -C_p$。

当 $\lambda_1 = -C^* < 0$ 时，即 $C_g > (E_g + F_g) + (\theta_1 R_e - \theta_2 R_e)$ 时，系统在该点达到稳定状态。这就意味着，对于地方政府而言，当其治理大气污染所付出的成本 C_g 大于若选择严格监管所获得的中央政府的相对奖励（$E_g + F_g$）与因对排污企业进行惩罚并对公众进行生态补偿之后的余额（$\theta_1 R_e - \theta_2 R_e$）之和，地方政府选择 {放松监管}，企业选择 {排放}，公众选择 {不监督}。该策略组合所带来的结果较差，大气环境将会持续恶化。

情形 2：在 $E_2(1, 0, 0)$，对应的雅克比矩阵为：

$$J = \begin{pmatrix} C^* & 0 & 0 \\ 0 & E_e + \theta_1 R_e - R_e & 0 \\ 0 & 0 & E_p - C_p \end{pmatrix}$$

$$C^* = C_g - \theta_1 R_e + \theta_2 R_e - E_g - F_g$$

雅克比矩阵的特征值分别为：$\lambda_1 = -C^*$，$\lambda_2 = E_e + \theta_1 R_e - R_e$，$\lambda_3 = E_p - C_p$。

当 $C_g < (E_g + F_g) + (\theta_1 R_e - \theta_2 R_e)$、$E_e + \theta_1 R_e < R_e$、$E_p < C_p$ 时，该点是系统的演化稳定策略。

该点地方政府严格监管付出的成本 C_g 小于选择严格监管所获得的中央政府的相对奖励（$E_g + F_g$）与因对排污企业进行惩罚并对公众进行生态补偿之后的余额（$\theta_1 R_e - \theta_2 R_e$）之和；对于企业，其因排污所获得的额外营业利润 R_e 大于其若选择排污所获得的地方政府的惩罚（$\theta_1 R_e + E_e$）；对于公众，其参与大气污染治理活动进行监督所获得的地方政府的奖励 E_p 小于进行监督的成本 C_p。因此，该状态下地方政府选择 {严格监管}，企业选择 {排放}，公众选择 {不监督}。对于大气污染的治理，该组合仍然不能带来很好的效果，公众仍旧会受到大气污染的侵扰。

情形 3：在 $E_3(0, 1, 0)$，对应的雅克比矩阵为：

$$J = \begin{pmatrix} -A^* - C^* & 0 & 0 \\ 0 & R_e & 0 \\ 0 & 0 & -C_p \end{pmatrix}$$

$$A^* = E_e + F_g + \theta_1 R_e - \theta_2 R_e$$

$$C^* = C_g - \theta_1 R_e + \theta_2 R_e - E_g - F_g$$

雅克比矩阵的特征值分别为：$\lambda_1 = -A^* - C^* = -E_e - C_g + E_g$，$\lambda_2 = R_e$，$\lambda_3 = -C_p$。此时由于 $\lambda_2 = R_e > 0$，根据李雅普诺夫间接法，系统不能在该点达到稳定状态，为鞍点。

情形4：在 $E_4(0, 0, 1)$，对应的雅克比矩阵为：

$$J = \begin{pmatrix} B^* - C^* & 0 & 0 \\ 0 & R_{e+} + R_{e-} - R_e & 0 \\ 0 & 0 & C_p \end{pmatrix}$$

$$B^* = R_{g+} + R_{g-} - E_p$$

$$C^* = C_g - \theta_1 R_e + \theta_2 R_e - E_g - F_g$$

雅克比矩阵的特征值分别为：$\lambda_1 = B^* - C^*$，$\lambda_2 = R_{e+} + R_{e-} - R_e$，$\lambda_3 = C_p$。

此时由于 $\lambda_3 = C_p > 0$，根据李雅普诺夫间接法，该点为鞍点或者不稳定点，系统不能在该点达到稳定状态。

情形5：在 $E_5(1, 1, 0)$ 时，对应的雅克比矩阵为：

$$J = \begin{pmatrix} A^* + C^* & 0 & 0 \\ 0 & -(E_e + \theta_1 R_e - R_e) & 0 \\ 0 & 0 & E_p - C_p \end{pmatrix}$$

$$A^* = E_e + F_g + \theta_1 R_e - \theta_2 R_e$$

$$C^* = C_g - \theta_1 R_e + \theta_2 R_e - E_g - F_g$$

雅克比矩阵的特征值分别为：$\lambda_1 = A^* + C^*$，$\lambda_2 = -(E_e + \theta_1 R_e - R_e)$，$\lambda_3 = E_p - C_p$。

此时当 $C_g + E_e < E_g$、$E_e + \theta_1 R_e > R_e$、$E_p < C_p$ 时，系统处于演化稳定的状态。这时地方政府因对大气污染进行治理所获得的中央政府的奖励 E_g 大于其治理成本 C_g 与对合理排污企业奖励 E_e 之和；对于企业，如果超标排污所获得的额外营业利润 R_e 小于其超标排污所获得的地方政府的相对惩罚（$\theta_1 R_e + E_e$），即超标排污所带来的成本（$\theta_1 R_e + E_e$）

超过其可能获得的利润 R_e；对于公众，其参与大气污染治理活动、进行监督所获得的地方政府的奖励 E_p 小于其监督成本 C_p。在此情境下，地方政府选择 {严格监管}，企业选择 {不排放}，公众选择 {不监督}。这种状态下，大气环境状况明显改善，但是公众并未参与其中，公众的环境诉求不能完全满足。缺少了公众的监督，地方政府对大气污染进行治理的成本比较高。

情形6：在 $E_6(1, 0, 1)$ 时，对应的雅克比矩阵为：

$$J = \begin{pmatrix} -B^* + C^* & 0 & 0 \\ 0 & E_e + \theta_1 R_e + R_{e+} + R_{e-} - R_e & 0 \\ 0 & 0 & -(E_p - C_p) \end{pmatrix}$$

$$B^* = R_{g+} + R_{g-} - E_p$$

$$C^* = C_g - \theta_1 R_e + \theta_2 R_e - E_g - F_g$$

雅克比矩阵的特征值分别为：$\lambda_1 = -B^* + C^*$，$\lambda_2 = E_e + \theta_1 R_e + R_{e+} + R_{e-} - R_e$，$\lambda_3 = -(E_p - C_p)$。

在 $C_g + E_p < (E_g + F_g) + (\theta_1 R_e - \theta_2 R_e) + (R_{g+} + R_{g-})$、$(E_e + \theta_1 R_e) + (R_{e+} + R_{e-}) < R_e$、$E_p > C_p$ 时，系统在该点达到稳定状态。此时对于地方政府，中央政府对其严格监管相对于放松监管的奖励（可以看作是中央政府奖惩机制对地方政府的相对影响力 $E_g + F_g$）、因对排污企业进行惩罚并对公众进行生态补偿之后的余额（$\theta_1 R_e - \theta_2 R_e$）、公众评价对地方政府的相对影响（$R_{g-} + R_{g+}$）之和大于政府进行治理的成本 C_g 及为了鼓励公众参与 E_p 对其进行奖励之和（可以看作是总的成本）；对于企业来说，在政府管控下，其超标排污所带来的额外成本（$\theta_1 R_e + E_e$）与公众评价机制对其相对影响力（$R_{e+} + R_{e-}$）之和小于其因超标排污所带来的额外的收益 R_e；对于公众来说，其参与大气污染治理的成本 C_p 小于其因监督所获得的地方政府的奖励 E_p。此种情境，地方政府选择 {严格监管}、企业选择 {排放}、公众选择 {监督}。公众参与大气污染治理的行为得到褒奖，但由于社会评价机制不成熟或者地方政府对企业的奖惩力度不够，企业仍旧选择超标排放，大气污染状况仍不能得到改善。

情形7：在 $E_7(0, 1, 1)$ 时，对应的雅克比矩阵为：

$$J = \begin{pmatrix} -R_{g-} - A^* + B^* - C^* & 0 & 0 \\ 0 & -(R_{e+} + R_{e-} - R_e) & 0 \\ 0 & 0 & C_p \end{pmatrix}$$

$$A^* = E_e + F_g + \theta_1 R_e - \theta_2 R_e$$

$$B^* = R_{g+} + R_{g-} - E_p$$

$$C^* = C_g - \theta_1 R_e + \theta_2 R_e - E_g - F_g$$

雅克比矩阵的特征值分别为：$\lambda_1 = -R_{g-} - A^* + B^* - C^*$，$\lambda_2 = -(R_{e+} + R_{e-} - R_e)$，$\lambda_3 = C_p$。

由于 $\lambda_3 = C_p > 0$，根据李雅普诺夫间接法，系统不能在该点达到稳定状态。

情形 8：在 $E_8(1，1，1)$ 时，对应的雅克比矩阵为：

$$J = \begin{pmatrix} R_{g-} + A^* - B^* + C^* & 0 & 0 \\ 0 & -(E_e + \theta_1 R_e + R_{e+} + R_{e-} - R_e) & 0 \\ 0 & 0 & -(E_p - C_p) \end{pmatrix}$$

$$A^* = E_e + F_g + \theta_1 R_e - \theta_2 R_e$$

$$B^* = R_{g+} + R_{g-} - E_p$$

$$C^* = C_g - \theta_1 R_e + \theta_2 R_e - E_g - F_g$$

雅克比矩阵的特征值分别为：$\lambda_1 = R_{g-} + A^* - B^* + C^*$，$\lambda_2 = -(E_e + \theta_1 R_e + R_{e+} + R_{e-} - R_e)$，$\lambda_3 = -(E_p - C_p)$。

当 $C_g + E_e + E_p < R_{g+} + E_g$、$(E_e + \theta_1 R_e) + (R_{e+} + R_{e-}) > R_e$、$E_p > C_p$，系统可以在该点达到稳定平衡状态。此时对于地方政府来说，严格监管行为得到中央政府的奖励 E_g 与社会评价机制给予的正向评价影响 R_{g+} 之和大于其监管成本 C_g、给予采取购置净化设施等措施而合法排污企业的奖励 E_e 以及给予积极参与大气污染治理公众的奖赏 E_p 之和（可以看作是该情境下地方政府的总成本）；对于企业来说，在政府管控下，其超标排污所带来的额外的相对成本（$\theta_1 R_e + E_e$）与公众评价对其相对影响力（$R_{e+} + R_{e-}$）之和大于其因超标排污所带来的额外的收益 R_e；对于公众来说，其参与大气污染治理的成本 C_p 小于其因监督所获得的地方政府的奖励 E_p。地方政府会选择 {严格监管}、企业选择 {不排放}、公众选择 {监督}。在此策略组合下，大气污染治理取得良好的效果，在地方政府的引导下，公众和企业积极参与其中，形成良性的大气污染治理体系，大气污染能够得到持续治理（见表 7 - 2）。

表 7 - 2   均衡点的稳定性分析

平衡点	满足条件	稳定性
$E_1(0,0,0)$	$C_g > (E_g + F_g) + (\theta_1 R_e - \theta_2 R_e)$	ESS
$E_2(1,0,0)$	$C_g < (E_g + F_g) + (\theta_1 R_e - \theta_2 R_e)$、$E_e + \theta_1 R_e < R_e$、$E_p < C_p$	ESS
$E_3(0,1,0)$	—	不稳定
$E_4(0,0,1)$	—	不稳定
$E_5(1,1,0)$	$C_g + E_e < E_g$、$E_e + \theta_1 R_e > R_e$、$E_p < C_p$	ESS
$E_6(1,0,1)$	$C_g + E_p < (E_g + F_g) + (\theta_1 R_e - \theta_2 R_e) + (R_{g+} + R_{g-})$、$(E_e + \theta_1 R_e) + (R_{e+} + R_{e-}) < R_e$、$E_p > C_p$	ESS
$E_7(0,1,1)$	—	不稳定
$E_8(1,1,1)$	$C_g + E_e + E_p < R_{g+} + E_g$、$(E_e + \theta_1 R_e) + (R_{e+} + R_{e-}) > R_e$、$E_p > C_p$	ESS

7.3　数值模拟及动态仿真

在上文分析中得到了该演化博弈模型的复制动态方程组为：

$$
\begin{cases}
\dfrac{d\alpha}{dt} = \alpha(1-\alpha)\{\beta[-\gamma R_{g-} - (E_e + F_g + \theta_1 R_e - \theta_2 R_e)] \\
\qquad + \gamma(R_{g+} - E_p + R_{g-}) - (C_g - \theta_1 R_e + \theta_2 R_e - E_g - F_g)\} \\
\dfrac{d\beta}{dt} = \beta(1-\beta)[\alpha(E_e + \theta_1 R_e) + \gamma(R_{e+} + R_{e-}) - R_e] \\
\dfrac{d\gamma}{dt} = \gamma(1-\gamma)(\alpha E_p - C_p)
\end{cases}
$$

本节选择 $E_8(1,1,1)$ 均衡点进行数值模拟及动态仿真。

7.3.1　$E_8(1,1,1)$ 的现实意义

在地方政府、企业、公众的演化博弈过程中，出现了五种不同条件下的演化稳定策略。其中 $E_1(0,0,0)$ 表示企业超标排污、地方政府放松监管、公众不参与，情形类似于大气污染的初始阶段，与目前政府对大气污染的高度关注不符，对其进行仿真没有现实意义。其余四个点均代表政府引导下的大气污染治理模式，在这四个点中，$E_2(1,0,0)$、

$E_6(1，0，1)$ 表示地方政府对于企业的奖惩力度不够，企业仍旧选择不按标准进行排污，大气污染状况未能得到有效的缓解。相较 $E_8(1，1，1)$ 而言，$E_5(1，1，0)$ 状态下不利于公众对环境诉求的表达，而公众的参与有利于扩展大气污染治理的边界，所以治理效率可能不如 E_8；另外公众参与有可能减少地方政府的监管成本。同时从大气污染治理体系的形成过程来看，存在从以政府为主的单元治理向多元治理模式转变的趋势，研究 E_8 均衡点的稳定性对于构建多元治理模式具有现实意义。因此本书借助于 Matlab 软件对情形 8 进行数值模拟及仿真分析，验证 E_8 的稳定性，以探索多元治理模式的实现路径。

7.3.2　参数设置

首先，需要满足表 7 - 2 所列出的 $E_8(1，1，1)$ 需要满足的条件：$E_e + E_p + C_g < R_{g+} + E_g$、$(E_e + \theta_1 R_e) + (R_{e+} + R_{e-}) > R_e$、$E_p > C_p$。其次，在各项参数设置时应考虑到在多主体共同参与的大气污染治理模式下，中央政府对大气污染的关注度较高，其对地方政府的奖惩力度（E_g 和 F_g）较大。地方政府能够根据企业超标排污的额外利润对企业进行惩罚（$\theta_1 R_e$），且对企业正常排污的行为进行适当奖励（E_e），使得企业能够主动选择按标准排污。对于公众而言，恰当的反馈渠道使其参与监督的成本（C_p）较低，并能对地方政府和企业的大气污染治理行为作出反应并产生影响且负面影响大于正面影响（$R_{g+} < R_{g-}$，$R_{e+} < R_{e-}$）。而公众的参与又会使地方政府的监管成本（C_g）下降。据此对相关参数进行赋值：$C_g = 2.5$，$E_g = 6$，$F_g = 5$，$R_e = 4$，$E_e = 2.5$，$\theta_1 R_e = 2.5$，$\theta_2 R_e = 2$，$E_p = 1.5$，$C_p = 0.5$，$R_{g+} = 2.5$，$R_{g-} = 3$，$R_{e+} = 1$，$R_{e-} = 2$。

7.3.3　仿真结果分析

仿真实验结果如图 7 - 2、图 7 - 3 所示，从各主体策略选择的演化趋势来看，不论初始状态如何，随时间推移地方政府、企业、公众群体中选择参与大气污染治理的比例总体上呈现扩大的趋势，增速降低，比例最终趋于 1，达到 $E_8(1，1，1)$ 的稳定状态（见图 7 - 2）。但是各方具体变化情况不同，地方政府较企业、公众更快趋于 1，且群体中没有选择其他策略的现象（除了初始比例为 0 的极端情况），说明中央对地方政府的奖惩力度较大，能够在短期内引导地方政府对大气污染进行治理。而对于企业和公众而言，在地方政府的奖惩机制下群体中大部分能够克服成本的约束，积极参与到大气污染治理中。同时在本次参数设置下相较于企业，公众反应速度略慢，原因可能在于公众受大气污染的直接影响，其策略选择与大气污染程度有关，而在本模型假设大气污染现象源于企业的排污行为。

仿真结果验证了本书模型下 $E_8(1, 1, 1)$ 的稳定性（见图 7 - 2），说明了多方参与的大气污染治理模式实现的可能。而图 7 - 3 所显示的各方演化过程则说明了财政分权的背景下，对于地方政府而言，中央政府高奖励（E_g）和公众群体正向评价（R_{g+}）的激励使地方政府严格监管相较于放松监管大气污染治理的收益更高，随时间推移，选择严格监管的地方政府的行为将会被效仿，在群体中积极参与的比例不断提高；对于企业而言，通过超标排污所获得的额外收益（R_e）不足以弥补公众评价（$R_{e+} + R_{e-}$）以及地方政府奖惩机制（$E_{e+} \theta_1 R_e$）对超标排污行为的相对影响，群体中选择按标准排污的企业生存下来，其行为被模仿，选择积极态度应对大气污染企业的比例将会得到提升；对于公众而言，地方政府的奖励（E_p）使公众可以克服参与成本（C_p）的制约，

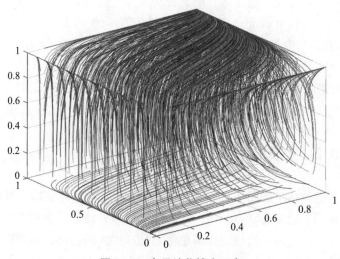

图 7 - 2　多元演化博弈示意

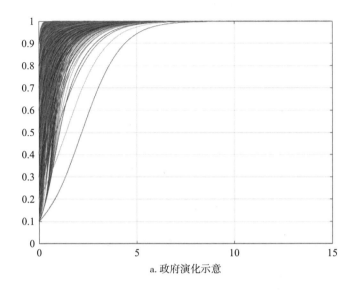

a. 政府演化示意

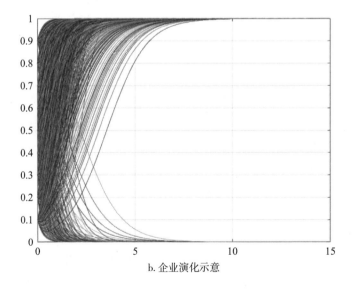

b. 企业演化示意

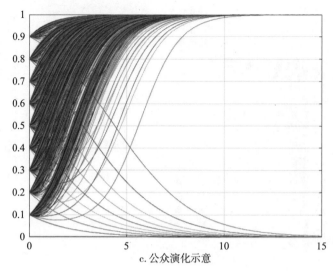

c.公众演化示意

图 7 – 3 各方演化博弈示意

积极参与的行为在群体中得到提倡，参与比例不断提高。演化过程表明中央政府的奖惩机制、地方政府对公众和企业的奖惩以及公众评价机制能够发挥作用，使各方行为向积极参与大气污染治理发展。

7.4 结论与建议

近年来，在大气环境治理中，公众表达环境诉求的意识逐渐增强。随着互联网的迅速发展，信息传播速度加快，公众表达诉求的途径增多，对社会各界的影响不断扩大。地方政府在规范企业行为的同时，应充分了解其实际需求，同时积极引导公众参与、监督，提高大气污染治理的效率。本书选择地方政府、公众和企业作为研究对象，构建"地方政府引导、企业执行、公众监督"的大气环境治理博弈模型，研究结果表明，存在三方均不参与（平衡点 E_1）的情况，这与大气污染程度较轻、未引起社会各界重视的情况相符。此时，企业出于利益最大化需求不会主动变革生产方式，随时间累积，大气污染问题凸显。模型假设下的其他四种稳定情形则表明，要想建立大气环境治理长效机制，必须使地方政府充分发挥其引导作用，通过奖惩或者补贴的形式对企业严格监管。同时，该模型下多元共治模式（平衡点 E_8）可以实现，应考虑如何充分发挥中央政府奖惩与绩效考核机制、地方政府的奖惩机制及公众的社会评价机制的作用。

从影响各主体策略选择的因素出发，本书重点分析了财政分权背景下地方政府的行为，分析表明中央政府不同程度的奖惩影响地方政府策略选择。同时，仿真结果显示力度较大、较为分明的奖惩，对地方政府积极参与大气环境治理具有正向引导作用，能够促使地方政府充分发挥信息优势，将财政资金用于地方大气环境的治理过程中。由于大气污染的负外部性及自身追求利益最大化等因素的存在，多数企业不会主动承担环境治理职责，需要政府和公众的监督。对公众而言，参与成本影响其策略选择，应减少或弥补其成本。此外，以公众监督为主的社会评价机制，会对地方政府和企业行为产生影响。从初钊鹏等的研究来看，存在公众向政府举报或者诉讼来表达其对大气环境治理要求的情况[8]，另外 2016 年《生态文明建设目标评价考核办法》中政府生态文明建设考核中引入了公众满意度指标，这有助于改善地方政府以 GDP 为主的政绩观，也为公众参与提供了依据。

基于博弈及仿真的结果，结合实际，围绕大气污染治理问题，从以下几点提出对策建议：

第一，明确地方事权与财权，建立奖惩分明的反馈机制。财政分权背景下，存在中央与地方财权与事权不匹配等问题。因此，在大气污染治理过程中，需要明确地方政府职责，对于易污染及生态较为重要的区域适当增加地方环保专项资金，发展地方相关税种，减轻地方财政压力，充分发挥财政职能。同时，加强监督和审查，根据地方政府在大气环境治理的表现对其进行奖惩分明的反馈。

第二，确定重点行业的排放标准及补贴处罚标准，引导产业转型升级。不环保的生产方式是产生大气污染问题的重要因素，而市场中的企业追求利润最大化，不具备主动进行产业转型升级的动机，需要充分发挥地方政府的引导作用。在明确重点行业的排放标准的基础上，公示各企业的排污数据，并对违反标准的企业进行处罚。同时，以补贴等形式加大对节能减排企业的资金支持，引导产业转型升级，从根源上治理大气污染。

第三，创新公众参与机制，丰富公众诉求表达途径。一方面，完善相关法律法规，通过将公众大气环境治理满意度纳入对地方政府绩效考核等手段，为公众参与提供法律和程序依据；另一方面，通过发展如环保公益组织、创建环保 App、建立公众举报和投诉通道等方法，丰富公众表达环境诉求的途径，减少公众参与治理的成本。

第8章 雾霾灾害合作治理的
经验及启示

雾霾灾害发生时空气中含有大量污染物，不仅会导致人体感到不适，还会妨害正常生产生活。为降低雾霾灾害带来的危害，政府出台了多种应对之策的同时组织了有力的治霾行动。综观世界，发达国家和发展中国家都在经济发展过程中出现了严重的大气污染问题，通过制定严格的法律法规、科学的治理技术和有效的宣传教育工作，在雾霾治理方面作出了良好的示范。当前，中国大气污染问题较为严重，经过一系列实践，也收获了一定效果，在此基础上，应该针对性地借鉴不同经济社会发展水平国家和地区的治霾对策和行动，以本国治霾实践为基础，因地制宜，采取有力措施，提升治理效果。

8.1 发达国家雾霾灾害合作治理的经验及启示

雾霾是全人类面临的共同难题，为降低雾霾带来的危害，发达国家通过政府政策制定和激励、企业设施改善、公众生活方式改善等方式，实现政府、私营部门、社会力量、公民等多方合作治理雾霾，为中国雾霾治理提供了新思路。

8.1.1 英国治霾措施及经验

1952 年"伦敦烟雾事件"，使"雾霾"第一次出现在人类的视野。煤炭作为支撑伦敦工业化发展的重要能源，过高的使用量造成严重的雾霾灾害，威胁到了国民身体健康和日常生活。至此，英国开始注重雾霾治理。

（1）严格立法并依法确定各级政府的治理职责与权力。1954年，伦敦政府颁布《伦敦城法案》，依据严格的法律来改善伦敦恶劣的空气质量。1956年，英国颁布了人类社会有史以来第一部《清洁空气法》，1968年经过修订，新《清洁空气法》要求在规定的区域设立禁烟区和限制烟雾排放量。之后，英国在1995年颁布《环境保护法》，在之前设立市郡政府的空气质量管理区，提出由中央政府制定空气污染案防治计划，国家环境保护局在对危险工业设施进行管理与控制的基础上，《环境保护法》进一步指出各市郡政府有权力成立空气质量管理区，并希望各个管理区的空气质量最终能够达到国家标准。一系列立法以及相关政策的出台，使得英国的空气质量获得了一定程度的改善。

（2）组建专业的雾霾治理研究机构进行雾霾治理工作。为了更加有效地治理雾霾，伦敦政府鼓励全国的高等院校、科研机构以及工厂的相关研发部门积极投入雾霾治理和环境保护工作，为伦敦雾霾治理工作提供了科学的依靠。Warren Spring实验室在全国设立了120多个环境污染监测点，通过实时测算和估算的方式，分析二氧化硫、烟雾等大气污染物的浓度，进而获得各个区域的空气污染实况，仅对比后进行针对性的防治。此外，一些高等院校，包括谢菲尔德大学、伦敦帝国理工学院、阿利兹大学等，在雾霾治理工作中作出了巨大贡献，如对产品流程进行研究，使其更加环保，对企业的排污设施进行改造，减少废气等污染物的排出等。这些高等院校和科研机构在政府的鼓励下积极为雾霾治理贡献力量，使得英国空气污染治理工作获得了巨大的成效。

（3）在雾霾治理工作中引入市场机制，利用征税等方式促进产业转型升级。英国繁荣的依靠是高度的工业化水平，但却由于过度依赖煤炭等能源导致严重的环境污染问题。因此英国政府通过削减对传统产业的补贴来引导这些高耗能的传统产业转型升级，以清洁低碳的生产方式降低能耗和污染，并逐渐将发展重心转移至低碳的高新技术产业和现代服务业，努力摆脱对高耗能的传统产业的依赖。此外，英国政府制定了碳排放交易制度，通过向企业征收大气环境变税、设立企业运作碳基金等方式来激励企业生产行为向更加环保的方向转变。这一系列措施使得企业在环境保护方面自觉承担起了更多的责任，在新能源的开发和利用方面作出了更多的探索。这对于雾霾治理和环境保护具有十分重要的意义。

（4）积极发挥社会环保组织的作用。英国的社会环保组织与其他国家的有所不同，这些环保组织有着来自英国政府的资金支持，组织中的志愿者在普及雾霾防治知识以提高民众对雾霾危害的认知水平、监督环境污染行为和提供环保咨询服务等方面起到了巨大的作用。

（5）重视公众在雾霾治理过程中的作用。英国政府为保障公众在雾霾治理过程中的权利，以先进的信息技术为支撑，建立了覆盖全国的系统化监测网络，同时设立"空气质量档案"等网站，为公众获悉雾霾严重程度和监督雾霾治理效果提供了方便、快捷的平台。在此基础上，英国政府还通过实施公布环境污染治理信息、提供环境污染治理纠纷法律支持以及允许公众参与环境治理政策制定等方式提高公众参与雾霾治理的积极性，并通过积极倡导绿色生活方式来鼓励公众积极为雾霾治理工作贡献力量。尤其是政府通过完善公共交通体系、建设非机动车道、官员以身作则等方式，促使低碳环保的出行方式逐步被社会大众所接受，不仅有利于抑制私家车的使用，还有利于车辆顺畅通行，从而降低不必要的能源耗费和尾气排放，对大气污染治理具有促进作用。

8.1.2　美国治霾措施及经验

20 世纪 40 年代，"洛杉矶光化学烟雾"的爆发对美国政府和公众发出了警告，其危害之深远令人瞩目，改善空气质量迫在眉睫。美国环保署公开说明，2008～2010 年这三年间，洛杉矶空气质量极低，PM2.5浓度超标平均天数达到 20 多天，远高于环保署制定的不超过 3 天的标准。严重的雾霾污染使得政府制定一系列措施来积极改善空气质量。

（1）从联邦和州两个层级出发进行立法和标准制定。一是联邦法律和标准。《清洁空气法案》和《空气质量法案》两部法律先后于 1963年和 1967 年通过并颁布，将大气污染治理提升到了法律层面。随后，联邦政府在 1970 年颁布修订后的《空气清洁法》，不仅将联邦政府的权责作出进一步的明确，还提出了公民诉讼条款，从资金和技术层面支持环保项目的开展。此后，根据美国空气污染治理技术的发展和经验，该法案又进行过几次修订，对提升美国空气质量起着积极作用。此外，为更加细致地管控大气污染源，美国政府在 1971 年发布了 6 种必须进行管控的大气污染物，并明确写入《国家环境空气质量标准》。二是州法律和标准。美国环保署具有制定全国环境质量标准的权力，但是由州政府负责标准的执行及执行过程中的具体事宜。鉴于美国"州政府独立实施原则"，因此美国环保署在制定和调整空气质量标准及雾霾治理相关政策法规时受到来自州政府的制约，这是相关法律和标准得以顺利施行的必要前提。这体现了美国治霾工作权力下放，不仅遵循了统一的标准，在具体执行过程中各级州政府具有较强的自主权，能够依据各州的实际情况采取针对性的行动。

（2）建立大气污染控制机构并实行分区管理。一方面，通过在雾霾灾害重点地区设立专门机构治理大气污染来针对性解决雾霾问题，如1946年洛杉矶烟雾控制局的建立，这一机构不仅是全美国第一个地方大气质量管控部门，同时还首次规定了工业污染排放标准，并设立了工业污染排放许可证制度，有效防控了大气环境污染。在此之后，加州机动车污染控制协会、加州空气资源局等大气污染治理机构相继建立，美国大气污染治理机构设置不断完善。此外，空气流动性使得跨区域大气污染治理成为必然。但由于各个区域的污染程度、污染源和利益诉求等并不相同，对大气污染跨区域合作治理形成阻碍。为解决大气污染治理区域间协调困难、治污费用分摊不合理等问题，1997年南海岸空气质量管理局成立，依托此由多个县联合成立的机构，南加州地区实现了大气污染防控方面合作进行政策制定、排污监管等，促进南加州地区空气质量符合联邦和州清洁空气标准，并通过向企业发布污染物排放规定从而切断大气污染来源，这为大气污染区域联防联控的施行提供了借鉴和启示。另一方面，美国环保署不仅制定全国环境保护法律法规，还在大气治理相关科研工作、资金及技术方面支持地方政府大气污染治理工作。在此基础上，为实现大气污染防控区域合作，美国环保署以州为最小单位对全国进行区域划分，并分别成立环境管理办公室，允许各区以美国环保署颁布的法律法规和相关政策为依据，结合区域自身特点，解决各自辖区内的大气污染问题，并与其他区域合作以消除地方保护主义对大气污染治理工作带来的负面影响。

（3）将市场机制引入空气质量管理。市场手段在大气污染治理中运用最为广泛的是排污许可证制度。排污许可证制度在美国水污染治理中起到的良好作用启发了美国大气污染防控工作。美国联邦政府规定如果企业的污染物排放量超过 100 吨，就被认定为主要污染源。而加州实际执行的标准较联邦政府的规定更为严格，即企业污染物排放量超过 10 吨，就需要受到管制。南海岸空气质量管理局则以排污许可证制度为基础进行创新，推出了空气污染排放交易机制。空气污染排放交易机制运行规则为：实行这一机制的企业、工厂等每年会分配到污染物排放额度，具体由南海岸空气质量管理局每年根据一定的规则计算出，并且额度会逐年递减，同时将排放指标放置在芝加哥期货市场公开交易，而且南海岸空气质量管理局会对排污量进行实时监控，即使用强制性的手段迫使企业、工厂等降低排放量。这一规则的推行有效控制了固定污染源。

（4）加强机动车排放监管力度以减少污染源。机动车尾气、轮船废气等污染物是洛杉矶大气污染物的主要来源。因此。洛杉矶政府从完善公共交通系统、城市道路规划和私家车排放管控等方面进行了大力调整。在公共交通系统完善方面，在倡导低碳出行、减少私人交通工具施工的同时扩建地铁轨道，为公民提供更加便捷的公共交通工具，致力于降低私家车的使用，减少尾气排放；在城市道路规划方面，增设自行车和过境车辆准用车道，此外，还在高速公路上设置单人新能源汽车和两人座以上汽车专用车道；在私家车排放管控方面，市场上引入节能低污染车辆，以逐步淘汰高污染排放车辆，从而缓解汽车尾气对空气质量的负面影响，同时降低能源消耗。为进一步推广清洁节能车辆，美国政府不仅在 1994 年提出有资格在洛杉矶销售的汽车必须满足"清洁"这一条件的规定，还同时增强了对洛杉矶机动车排放的管控力度。机动车车主需要在有关部门的协助下对所拥有的不达标机动车进行检测和维修，以防止超标排放。加州政府还出台了的《污染防治法》，明确规定车辆的排放性能必须达标，以降低空气中污染物含量，逐步解决大气污染问题。

（5）注重治理技术研发应用，倡导清洁新能源的使用。加州作为美国雾霾灾害最为严重的地区之一，在大气污染治理过程中积累了丰富的经验，因此拥有全美最先进的大气污染检测技术和治理技术。从 20 世纪 60 年起，加州空气质量管理相关部门，如空气污染控制改革委员会、空气质量管理局等，不断推广应用了多种先进的大气污染防治技术，包括尾气排放量减少措施、汽车配备的催化转换器、在联邦政府倡导下用甲醇和天然气取代汽油、淘汰含铅汽油、私营企业低排放或零排放技术的研发等，这些新技术的应用提升了美国雾霾治理效果。与此同时，美国政府积极推动传统产业的转型，鼓励产业朝着环保方向发展，以逐步缓解雾霾污染。

（6）鼓励公民积极参与雾霾治理。美国政府不仅在环保政策法规的制定过程中征求公民的意见，而且在环保信息发布方面，通过简单易懂和便于获取的方式来保障公民能及时了解到相关信息，并对空气污染治理情况进行监督。此外，为积极调动公民参与雾霾治理的积极性，美国政府以环境保护知识宣传为手段，达到促使公民将环境保护责任感转换为低碳行为的目标。

8.1.3 德国治霾措施及经验

20世纪五六十年代，经济发展飞速的德国鲁尔区出现严重雾霾天气，莱茵河曾经是鱼类无法生存的"死河"，雾霾侵袭了法兰克福、慕尼黑、斯图加特、科隆等多个城市。德国政府为改善空气质量，20世纪70年代以来，采取了一系列强有力的措施。

（1）制定雾霾治理应急措施，以及时应对严重的雾霾灾害。该措施的主要内容包括：严重雾霾天气出现时，政府必须及时关闭重污染工厂或者限制生产以减少工厂污染物排放，并对车辆进行限行以减少尾气排放。

（2）加强雾霾治理法治建设，设立空气质量环保区。1971年，德国环境保护计划首次提出要进行大气污染防治，并于1974年首次进行环境保护立法，颁布了《联邦污染防治法》，严格限制二氧化硫、二氧化氮以及其他大气污染物的排放量，在一定程度上缓解了德国的雾霾污染问题。经过多次的补充、完善和修改，该法案不仅成为德国最重要的环保法律之一，也成为欧洲大气污染治理的样板法律之一。此外，德国政府根据全国城市的大气污染程度，将全国40多个城市纳入空气质量环保区（以下简称环保区），并规定只有符合排放标准的机动车才能在"环保区"通行，否则车主将会受到相应的处罚。

（3）增加环境保护支出，致力于环保技术的开发与利用。德国在雾霾治理过程中，注重对环境保护人才的培养，以开发环保技术，因此加大了环保支出力度，环保支出占 GDP 的比重远超国际平均水平。再配合以严格的立法，使得德国的环保事业发展领先于其他国家。

（4）注重发挥行业协会的作用。为更有效地治理雾霾，德国政府会与行业协会合作，在鼓励相关企业革新技术的基础上，与各行业协会分担治污责任，同时也给予各行业协会一定的优惠政策和补贴，从而取得了良好的雾霾治理效果。

（5）设立严格的排放标准，鼓励民众绿色出行。德国作为欧盟成员国之一，严格遵守欧盟制定的机动车排放标准，只有符合此排放标准的车辆，才被允许出售和上路，并规定不符合排放标准的车辆需要安装尾气清洁装置。而且德国政府还对安装尾气清洁装置的车辆给予补贴，以鼓励民众绿色出行。

（6）以"空气清洁与行动计划"降低可吸入颗粒物浓度。德国为减少可吸入颗粒物在空气中的含量，实施了上百次"空气清洁与行动计划"来限制各类污染物排放。为此，德国政府除了限制机动车排放以外，还积极推广清洁能源的使用，以实现能源结构的升级，不断减少传统污染能源的使用，使得太阳能、风能等清洁能源使用十分广泛。2010年 9 月，德国政府推出了致力于新能源开发与使用的长期性战略，制定了一系列措施，以期达到能源结构改善、促进环境质量提高的目的。

（7）以环境保护教育为基础内化生态文明观念。德国是最早进行环保教育的国家之一，采取的是"从娃娃抓起"的方式。德国的幼儿贯彻"先育人后教学"的原则，从小教育德国公民保护环境，并长期进行类似的教育，再加上政府的大力宣传，使得环境保护不仅是一个口号，更内化为德国人的行为，使他们自愿以更加绿色的方式出行、在生活中更加能约束自己的行为。

8.1.4 日本治霾措施及经验

20 世纪 70 年代，日本进入了第二次世界大战后前所未有的经济增长高峰期。与很多发达国家发展历程相似，大气污染以及诸多其他环境污染问题伴随经济快速发展导致的能源消耗量日益增加不断恶化。从化石企业排污过度造成的"联合企业公害"开始，到由于工厂污染物排放逐年累积导致的严重雾霾灾害所引发的 1961 年出现的"四日市哮喘事件",再到 20 世纪 70 年代"光化学烟雾"的爆发,造成越来越多市民患上慢性支气管炎和支气管哮喘病等呼吸道疾病,日本大气污染问题在 20 世纪六七十年代到达顶峰。身体健康受到严重损害的民众开始认识到大气污染的严重性,联合一致向政府和污染工厂及企业提出控诉,推动了日本大气防治领域立法的进程。因此,日本大气污染治理十分注重政府、企业和公众的参与,具体做法包括以下几个方面:

(1)逐步完善相关法律制度。同英国和美国一样,日本在治理雾霾方面也有一套系统的法律法规。为切断大气污染源头,20 世纪 50 年代,日本陆续出台了《煤烟限制法》《减少汽车氮氧化物总排放量的特殊措施法》《环境基本法》《大气污染防治法》等一系列旨在减少和控制各类有害气体、固定污染物排放量的法律法规。为进一步控制机动车尾气排放,日本在 2001 年修订了 1992 年颁布的《机动车 NOX 法》,不仅提高了原有的氮氧化物排放标准,还在此基础上制定了《机动车 NOX 和 PM 法案》,进一步控制有害气体和颗粒物的排放。此外,日本非常注重完善民间公害诉讼制度,保障民众在雾霾治理中的权利,维护民众的生命安全。而且在某种程度上增强了民众对雾霾污染监督的力量,督促政府和企业在雾霾治理中做好本职工作,使得雾霾治理工作获得更大的成效。

(2)营造良好的社会公众参与环境。《公害受害者救济特别措置法》(1969 年)和《公害健康损害补偿法》(1973 年)两部法律的颁布意味着日本大气污染受害者救济制度的完善:一是大气污染受害患者有权申请医疗补助,在补偿范围内所产生的医疗费用由政府和自愿出资的企业共同承担;二是明确了企业必须承担"预测污染物对居民健康的危害"的义务,如果不能按要求履行这项义务,需要缴纳污染费以补偿民众的损失。以上规定成为公众参与雾霾治理的坚实法律支撑。因此,日本公众在雾霾治理工作中的参与度极高,可以说贯穿了整个过程。例如,日本政府通过听证会等方式听取公众对相关空气污染治理措施的意见,公众有权监督企业的污染物排放状况,公众在政府的鼓励和支持下,寻求更加环保、低碳的生活方式。

(3)促进产业转型升级,鼓励企业积极参与雾霾治理工作。日本政府为寻求更加环保的经济发展方式,鼓励企业进行技术革新,大力发展节能技术以减少大量能源消耗产生的污染物,并积极升级产业结构,发展现代化节能产业。另外，还通过补贴、低息贷款等方式鼓励企业参与雾霾治理工作，并鼓励企业采取更为高效清洁的生产方式，减少污染物的排放，使其承担更多的社会责任。这对雾霾治理工作的推进起到了重要的作用。

8.1.5　发达国家治霾启示

综观发达国家在雾霾治理方面的实践，能明显看出，正处于实现经济腾飞阶段的中国，雾霾成因与发达国家有诸多相似之处。所以通过总结发达雾霾治理经验，可以为中国雾霾治理提供有益参考。中国是发展中国家，正处于后工业化时代。借鉴发达国家雾霾治理经验，应该重点关注以下几点：

（1）树立长期目标，做好预防工作。发达国家在雾霾治理过程中所付出的巨大代价，警示中国应重视大气污染防治，以防雾霾灾害降低经济发展质量。因此，对于雾霾灾害的治理，除了在雾霾天气出现时做好应急工作外，更重要的是做好预防工作，将损失消除在危害未发生前，即在战略上要有长远目光。从中央到地方，不仅应该将雾霾灾害防控及治理计划列入国家发展战略，还应该单独制定大气污染预防、预警和治理政策。

（2）以完整法律体系支撑空气质量改善工作。发达国家雾霾治理成功的根本原因之一为形成了完整的、权威的大气污染防治法律体系，这是发达国家保障雾霾污染治理的成效最重要的、也是最直接的经验。对于中国来说，应在现有法律法规基础上，结合本国经济社会发展的现状与趋势，以大气污染治理实践为基础，形成具有中国特色的大气污染防控法律体系，既包括宏观层面具有指导性的法律法规，又包括微观层面具有可操作性的法律法规。同时，应该注重法律法规的灵活性与权威性，既要能根据我国的发展情况作出适宜的调整，又要避免朝令夕改。

（3）充分重视环保技术的开发与利用。环保技术的研发和广泛应用在发达国家雾霾治理过程中起到了重要的作用，这启示中国亟须补齐在环保技术方面的短板。为此，应深入进行以下工作：一是加大环保投入，培育大量环境保护人才；二是组建环境保护专家协会，重视行业协会的力量；三是不仅要保护研发者的知识产权，还应让研发者获得令其满意的经济效益，运用多种方式激励更多研发机构加入雾霾治理。

（4）发挥全社会的力量治理雾霾。每个社会成员都有责任保护环境。发达国家在雾霾治过程中认识到社会力量的不可或缺，因此，都积极呼吁各种力量参与到雾霾治理过程中，提高社会力量的参与度。这就需要做到以下几个方面：一是加强环保教育和宣传，让生态文明内化为国人的信念，并外化为实际的行动，即从被动地接受环保政策，到主动地进行环境保护；二是建立环境保护培训体系，让公众认识到雾霾危害，并在想要为生态环境保护作出贡献时，能够以正确的方式作出有效的贡献；三是从技术、资金和人力等方面支持主动研发、应用环境友好技术的企业，并树立节能减排企业榜样，使企业主动承担改善空气质量的责任；四是积极联合相关的社会团体，扩大其在科学研究、知识普及、舆论引导等方面的正面影响。

8.2 "一带一路"沿线国家
雾霾治理经验及启示

8.2.1 菲律宾雾霾治理措施及经验

菲律宾首都马尼拉是亚洲雾霾污染最严重的城市之一，雾霾污染成为威胁人民身体健康的重大隐患。为解决雾霾灾害引发的诸多问题，菲律宾政府以法律手段为基础，结合本国雾霾问题的特征，将全社会成员的力量集中起来共同应对。

（1）颁布相关法律并设置雾霾治理机构。1999 年 6 月 23 日，菲律宾政府颁布了针对大气污染治理的《清洁空气法》，并出台《清洁空气法实施细则》来指导《清洁空气法》的施行以及补充条款。此外，菲律宾政府还颁布了《空气质量管理基金资助项目的筛选和实施标准》和《环境与自然资源部委托进行第三方排放源测试指南》，前者对大气污染治理和管理资金的使用作出了详细规定，后者为政府、企业、公众等获悉大气污染主要来源提供了可靠依据。依据以上法律法规，菲律宾政府成立了体系完整、责任明确的大气污染管理机构。其中，环境与自然资源部指导和监控下级机构实施《清洁空气法》，并对下级机构的大气污染治理工作进行指导和监督。环境管理局为大气污染治理提供技术支持，并承担政策和标准制定的责任。地方政府则通过建立一套大气污染排放源综合管理手段，将提高辖区内的空气质量为首要责任。此外，菲律宾国家水污染与空气污染控制委员会负责调查污染状况、召开听证会、发布相关信息、污染损害赔偿仲裁等。

（2）划分"气域"，进行针对性治理。在《清洁空气法》中，"气域"概念被提出。菲律宾政府以气象和气候特征、地质特征等的相似程度为依据，将全国划分为不同的区域，称为"气域"，方便针对性地进行大气污染治理。环境与自然资源部秘书处作为"气域"管理委员会的主席，"气域"涵盖地区的省/市长、相关政府部门代表、非政府组织代表以及私营部门代表等共同组成的。各个"气域"的管理委员会不仅要定期公布所辖区域的空气污染状况，还承担区域内大气污染治理政策制定与执行、协调组织内成员合作执行大气污染防控行动等职责。这样的组织结构使得管理委员会能够充分代表不同立场成员的利益，但是也存在协调困难、难以定期协商的缺点。此外，管理委员会缺乏来自专业科研机构的技术支持，以及相关非营利组织的发展支持，导致管理委员会运行困难。

（3）动员各利益相关方参与大气污染治理。大气污染涉及经济社会的各个方面，牵扯到政府、企业、公众、非政府组织等各个利益相关主体。因此菲律宾政府鼓励利益相关者参与到大气污染治理政策制定和行动中来，这些利益相关在资金支持、技术指导与创新、政策宣传与优化、公共意识提升等方面发挥了积极作用。

①政府。以环境与自然资源部为主要领导机构，省级协会、市级协会、镇级协会、村级协会作为大气污染治理的重要合作伙伴，菲律宾政府空气质量管理制度不断完善。环境与自然资源部在技术方面对地方政府大气污染治理进行指导，并组织了一系列活动来提高地方政府部门的空气质量管理意识，获得了地方政府的积极响应。地方政府在大气污染治理过程中展开合作并提升能力、创造协同效应，最大化地展现大气污染治理效果。

②非政府组织。大气污染治理相关非政府组织主要在协助政策制定与宣传提供技术支持、提升公众意识以及建设空气品质社区等方面作出

了贡献。在政策制定与宣传方面，无铅联盟等非政府组织协助政府宣传和推广无铅汽油，并且一些非政府组织还在大气污染防控立法过程中贡献了力量；在技术支持方面，非政府组织在生态驾驶、两冲程三轮车更新换代等活动中提供技术指导的同时对相关政府部门进行技术培训；在提升公众大气污染防控意识方面，非政府组织构建起了清洁空气伙伴关系以正面引导公众逐步接受使用无铅汽油；在建设空气品质社区方面，非政府组织联合环境与自然资源部、教育部、通信部等多各机构，合作组织清洁空气研讨会，为各利益相关方进行沟通与协调提供平台。

③科研机构。科研机构在大气污染治理领域主要进行污染源监测、技术研发与应用等。科研机构在交通综合环境政策和可持续交通研究、公众健康监测、监测悬浮颗粒、解析污染源、细颗粒物研究等方面对菲律宾空气质量改善作出了贡献。

④私营部门。私营部门在大气污染治理层面，主要发挥对空气质量管理能力建设项目提供技术以及经济支持的作用（见表8－1）。

表8－1　　　　　私营部门援助的空气质量管理项目及主要内容

私营部门	项目名称	主要内容
亚洲开发银行	大马尼拉地区空气质量提升部门发展项目	以亚洲开发银行贷款资助为基础，环境与自然资源部联合相关国家机关进行空气质量管理能力提升
美国国际发展局	汽车尾气减排项目	以定期检修的方式解决大马尼拉地区缺乏维修的公共车辆问题，并对公交司机进行相应培训
	能源与清洁空气项目	以资金赞助为基础，结合电力改革和清洁空气领域的政府机构和社会团体提供的技术援助，加强地方政府在大气污染治理方面的执行力，并通过强化机动车检查和维修来确符合《空气清洁法》的排放标准

⑤公众。菲律宾雾霾污染主要来源于汽车尾气，因此菲律宾政府一方面向公众积极宣传汽车尾气的危害，同时推广新能源机动车的使用；另一方面采取短信、电子邮件、热线电话等举报方式，鼓励公众监督举报违规排放机动车，最大化公众在雾霾防治过程中所发挥的作用。此外，菲律宾政府对不同文化水平的人采取相适宜的方法进行环保教育，希望通过此举进一步提高公众的环保意识，从而主动地节能减排。

8.2.2　印度尼西亚雾霾治理措施及经验

1997 年印度尼西亚发生的雾霾灾害，不仅对本国造成了严重损害，还导致周边地区损失约 90 亿美元。2015 年 10 月，印度尼西亚林火蔓延造成了严重的雾霾污染，因此，印度尼西亚总统提前一天结束了在美国的访问活动，在 26 日回国亲自处理雾霾问题。2019 年 9 月印度尼西亚非法森林火灾导致的雾霾造成了鸟类死亡、出现"血红色天空"、学校被迫停学、民众聚集祈雨等多重问题。不仅如此，还导致与新加坡、马来西亚等相邻国家之间产生外交问题，造成国家间关系紧张。以上问题的原因，要追溯至从 20 世纪 90 年代开始的"烧芭"行为，企业和个人为垦荒而放火烧山，不仅存在火灾隐患，还加剧了雾霾污染，危害国民健康的同时随着空气的流动影响到周边地区。大气污染问题的加剧和邻国的控诉使得印度尼西亚政府不得不重视雾霾灾害的治理。

（1）不同层级政府合作治理雾霾。印度尼西亚共和国分为不同省，每个省都由拥有自己独立政府和立法机关的县或市组成。因此，地方政府在辖区事务上享有较高的自主权。地方政府和众议院虽然能够共同进行地方立法，但是必须满足与上级法律法规（国家法案和政府法规）和公众利益保持一致的要求，若存在与上级法律法规不一致之处，则遵循上级法律法规。中央政府有责任协助地方政府增强履行职责的能力。在空气质量管理方面，印度尼西亚环境部主要负责制定相关环保政策、标准以及规范，并为地方环境保护机构提供支持和指导。印度尼西亚环境部长需要为地方大气污染治理机构提供指导，环境部主管非固定污染源排放控制的副部长需要负责政策实施与分析以及机动车污染排放管控等。与此同时，地方环境保护机构则需要以环境部出台的政策、标准和规范为依据，并结合地方大气污染实际状况，制定针对性的治理政策和采取因地制宜的治理方式。然而，地方政府可以根据辖区实际情况来制定大气污染防控措施，但是并非所有地方政府都具有充足的资源和足够的能力来进行大气污染治理相关项目的开发与实施，因此，中央政府相关部门不仅需要鼓励地方政府积极进行空气质量管理，还需要为城市大气污染治理行动和战略提供技术、经济等多个方面的支持与指导。在中央政府的鼓励与支持下，地方政府顺利执行了城市清洁空气行动计划，并对增加了空气质量管理方面的财政支出，取得了良好的效果。

（2）通过国际合作进行雾霾治理。由于空气的流动性，雾霾污染不仅对本国造成不良影响，对周边国家居民的身体健康也造成的巨大影响，甚至会引发与周边国家的外交问题。为应对雾霾灾害对成员国造成的危害，2002年6月，经东盟成员国研究和讨论，共同签订了解决跨境烟霾污染问题的《东盟防跨境烟霾污染协议》，作为世界上第一部多国家合作解决大气污染问题的协议，为全球跨境环境污染问题的解决提供了参考。然而，《东盟防跨境烟霾污染协议》签订后，东盟各国所面临的跨境大气污染问题并未有所缓解，其中印度尼西亚跨境雾霾问题最为严重，这是由于该国森林火灾和泥炭燃烧产生了烟霾。因此，在2016年举行的《东盟防跨境烟霾污染协议》会议上，东盟成员国同意实行"无烟霾路线图"。以"无烟霾路线图"作为战略指导和行动指南，为进一步实现《东盟防跨境烟霾污染协议》设定的目标，有效解决跨境烟霾污染问题，各国将在大气污染防治领域付出更多努力并积极进行合作，以期在2020年实现"无烟霾"目标。同年，在第18届东盟次区域跨国烟霾事务部长级指导委员会会议上，包括印度尼西亚在内的成员国联合表示，将通过森林火点信息共享、跨国联合研究等跨境烟霾治理行动，为提升空气质量提供技术和政策支持，并将开展跨境烟霾研究，以提升大气污染治理效果。

（3）鼓励利益相关方参与于大气污染治理与防控。改善空气质量、防控大气污染涉及全社会成员切身利益，是一项不仅需要顶层政策、法律法规的指导，同时也需要执行者的积极配合，以及各利益相关方之间通力合作，从多个方面开展的系统工程。

①政府。在大气污染治理过程中，印度尼西亚中央和地方两级政府积极合作，认真履行各自的职责。中央政府在主要负责为各个城市的大气污染治理政策制定和行动计划提供技术支持，并增强地方政府的空气质量管理能力，清除地方政府在执行空气质量管理项目时所遇到的能力和资源不足障碍。地方政府协会则以创造协同效应为主，为其会员地区提供指导和帮助，并提升会员地区大气污染治理能力，建立国家、省、县和市在空气质量管理方面的协调合作网络，以及致力于提高公民的生活质量、进行教育和培训活动以及组织研究活动和研讨会等，通过以上手段来增强大气污染治理效果。

②非政府组织。非政府组织在改善空气质量方面主要在以下三个方面作出了贡献：一是进行环保政策制定与宣传，非政府组织不仅在无铅汽油推行程中进行了大量宣传，并且还在大气污染防控立法方面为地方政府提供帮助；二是提高公众对改善空气质量的重视程度，非政府组织以客户服务中心为平台，接受公众对污染车辆路线的举报，并通过组织"无车日"等活动来强化公众低碳出行的行为，同时逐步淘汰含铅汽油；三是为政府的节能减排项目提供技术支持，如非政府组织为生态驾驶和公车清理项目进行技术指导。

③科研机构。很多专家学者对空气污染的成因和影响进行科学研究（如表 8 - 2 所示）。

表 8 - 2　　　　　印度尼西亚空气污染的成因和影响主要研究

时间	研究主题	研究机构
1999 年	泗水地区公共客车司机血铅水平研究	艾尔朗加大学
2001 年	雅加达和万隆地区学龄儿童血铅水平研究	印度尼西亚大学和万隆理工学院
2001 年	雅加达地区学龄儿童呼吸道病症和空气污染之间关系研究	印度尼西亚大学
2001 年至今	可持续运输研究	查玛达大学
2005 年	雅加达地区一氧化碳和 PM2.5 人体暴露情况监测	印度尼西亚大学
2006 年	生物质柴油的排放水平	万隆理工学院

④私营部门。开发机构对提升空气质量的项目来提供技术和资金支持（如表 8 - 3 所示）。

表 8 - 3　　　　　开发机构对提升空气质量项目的赞助内容

组织名称	赞助内容
日本国际协力机构	雅加达城区综合空气质量管理研究 综合运输总体规划
瑞士发展和技术合作机构	雅加达城区综合空气质量管理研究
世界银行	亚洲城市空气质量管理战略——雅加达地区报告

组织名称	赞助内容
亚洲开发银行	城市空气质量改善国家及地方战略行动和计划
亚洲开发银行区域技术援助项目组	雅加达地区车辆尾气减排综合战略
丹麦国际开发署	印度尼西亚国家自然资源环境分析及国家应对气候变化发展规划

⑤公众。印度尼西亚宪法保障每个公民享受优良和健康环境的权利。在此基础上,《环境管理法》进一步明确了每个公民享有获得优良和健康环境的权利以及获得环境相关信息的权利,同时也规定了每个公民应履行保护环境、抵制环境污染的义务。

⑥媒体。媒体作为信息传播的重要媒介,在大气污染治理和防控过程中,通过公益广告播放、进行民意调查、宣传相关政策等方面,引起全社会对空气质量管理的重视,并引导民众选择更加绿色环保的生活方式、督促企业使用清洁技术、影响政策制定者作出更有利于提升空气质量管理的决策。

8.2.3 越南雾霾治理措施及经验

2019 年 9 月 27 日,越南首都河内出现严重雾霾天气,导致能见度大为降低。不到一个月后,10 月上旬,雾霾持续数日,紧接着河内空气质量在 11 月 5 日到 9 日继续走低。雾霾天气连续出现导致空气质量指数不断升高,不但危害人体健康,而且也影响当地民众的出行。越南的雾霾灾害不仅对国内造成危害,甚至还影响了周边地区和国家。近年来,随着可持续发展理念在国际社会越来越受到推崇,越南政府在环境保护领域投入不断增加,并实施了多种有效手段治理雾霾。

(1)建立相关法律法规体系,依法治理雾霾。1993 年,越南政府进行了环境保护立法,颁布了《环境保护法》以指导越南国家环境保护政策与行动。经过长时间的实践和越南环境问题的实际情况,越南政府对《环境保护法》进行了数次的修改与补充。在最新修订的版本中,增加了绿色增长、环境安全、环境总体规划、环境保护与经济发展和社会进步相协调、气候变化适应与减缓背景下的环境保护等新内容。1995

年，越南首个大气质量管理标准将 6 个主要污染物列入其中。此后，在多次的修订中不断列入新的污染物，并不断提高标准，为改善空气质量作出贡献。此外，越南虽然没有专门针对大气污染问题的专门法律法规，但是在公开发布的《越南 21 世纪议程》中，将城市与工业区的大气污染防治列为 19 个发展政策的优先领域。环境污染问题伴随着能源使用量增加而日渐加剧，经济社会发展的同时带来的负面影响使得越南政府越来越重视节能减排和高效率使用能源，并以总理令的方式颁布了诸如《关于节约和有效利用能源的决议》《能源效率与节约国家规划》《电力节约规划 2006－2010》等政策。

（2）分级管理，责任明晰。越南政府环境保护部门设置主要分为 4 个级别：国家级、省/市级、城市/乡镇级、社区/街道/村级。国家级与环境保护相关的政府机构为国会、总统、中央政府、最高人民法院、最高人民检察院等，并且各级政府都有设有隶属于各级人民委员会（人民政府）的自然资源与环境保护厅/局，承担环境保护职能。总体来说，越南环境管理由总理作为最高负责人，自然资源与环境部作为主要负责部门，各级政府具体承担环境保护职责。由于越南自然资源与环境部具有管理国内多种自然资源的综合职能，因此，具体环境管理职责由越南环境总局负责，各省的环境处负责处理地方环境管理事务。

（3）改善机动车污染和工业污染问题。机动车污染和工业污染作为大气污染的主要原因，越南政府对这两种污染进行了有力的防治。在防控机动车污染方面，2005 年，越南以总理令的形式发布越南全国分批使用欧Ⅱ排放标准的要求，2006 年要求所有进口机动车与五大直辖市的所有在用机动车遵守这一标准，2007 年扩展至所有新机动车。2008 年，在越南交通部注册局严格检测和监管下，尾气排放不达标的机动车被禁止上路，如果此类机动车经过修理，且再次检测后尾气排放符合标准，则可以上路。2009 年，在交通部的主导下，形成了机动车定期检测机制。此外越南还制定了燃油质量标准，利用 2001 年 7 月到 9 月两个月的时间，将无铅汽油的使用推广到了全国范围内的机动车，逐步引导机动车主放弃使用含铅汽油。这一举措进一步改善了越南的空气质量；在降低工业污染方面，越南政府通过发布一系列法令法规来改造重污染工业设施，从而减少污染物的排放。2002 年，越南政府通过大气污染评估结果，列出了 4000 多个工业污染设施。2003 年，越南严重环境污染设施妥善处理与批准计划以总理令的形式发布，要求 2007 年底前将 400 多个工业污染设施改造完毕，剩余的污染设施将在 2012 年底前改造完毕。2007 年颁布的越南国家能源发展战略（2020）中提出了工业与能源污染防治规划。此外越南制定了针对工业区、城市、乡村与山区大气无机污染物、有机污染物的国家标准。

（4）呼吁利益各方参与雾霾治理。从政府的角度看，相关政府机构需要积极参与到空气质量管理和维护人民身体健康的行动中。其中，环境与资源部及其各分局要实时监测大气污染情况，并在空气质量改善方面提出更有效的措施、作出更有效的行动，同时需要形成大气污染状况和治理成效汇总报告常态化机制；医疗部需要从保证人民身体健康的角度出发，制定相应方案以降低大气污染对人体健康的危害。从企业的角度看，企业需主动承担起社会责任，进行国家规定的环境保护评估，通过停止使用转化率低的能源、逐步进行生产技术更新换代等措施实现节能减排，减轻对生态环境造成的压力。从公众的角度看，则需要积极响应政府的号召，承担起改善空气质量的责任，利用从环保教育中所获取的知识，从生活的各个方面做到节能减排，如尽可能选择公共交通出行、使用清洁燃料等。

8.2.4　泰国雾霾治理措施及经验

2019 年 1 月，高浓度的 PM2.5 导致泰国曼谷连续多日空气质量不达标，严重的雾霾污染对当地人民的生产生活的正常进行造成了巨大阻碍。因此，2019 年泰国内阁会议决定将治理雾霾作为国策。随着可持续发展被国际社会越来越重视，泰国国王提出了"适度经济"理念来改善泰国经济发展中存在的高消耗、高污染等问题，可持续发展理念也在泰国国家发展规划中逐步得到体现。发达国家环保部门与国际环保组织在技术方面长期援助泰国环境保护项目，因此，与其他东盟国家相比，泰国的环境管理制度和标准能够与国际接轨，相对较为先进。

（1）建立较为系统的法律法规体系。泰国法律法规在公众和社会团体参与大气污染治理、政府应承担的环保职责、空气质量标准、污染物排放标准等方面都作出了较为详细的规定（如表 8 - 4 所示），为泰国空气质量改善提供了完整的法律框架，提升了泰国大气污染治理效果。

表 8 – 4　　　　　　泰国空气质量改善法律法规及具体规定

法律法规名称	具体规定
《泰王国宪法》	第 66 条赋予泰国民众和团体参与环境管理、维护的权利 第 67 条保障了公民个以维护健康、生活福祉的目的参与环境保护的权利 第 290 条规定了地方政府在环境保护方面的权力与责任
《国家环境质量加强与保护法案》	为泰国环境管理提供了总体指导
《国家大气环境质量标准》	对一氧化碳、二氧化氮、二氧化硫、臭氧、可吸入颗粒物（PM10）、细颗粒物（PM2.5）和总悬浮颗粒物（TSP）的浓度标准作出规定
《国家排放标准》	规定了电厂、工厂等固定污染源及机动车等污染源的相应排放标准
《地面交通法案》	规定泰国交通部负责机动车出厂检查与年检工作和检查员的权力，赋予了泰国警方发布货车与大型公交车排放标准的权力以及内政部发布禁止特定型号车辆作为公共交通工具的权力
《公共健康法案》	规定政府有减缓与控制空气污染侵犯公共卫生权益的权力
《工厂法案》	规定泰国境内工程在选址、论证、运行等阶段必须遵守相关环境标准，并采取措施减少工厂运作对周围居民和自然环境的影响
《国家能源政策委员会法案》	国家能源政策委员会以此法案为依据成立，负责向总理提交国家能源政策及管理开发规划和编制能源价格制定规范，并对负责监督和协调能源领域政府部门、公共部门与相关企业的工作，以及评估相关规划的实施情况

（2）各级管理机构职能明确，管理有序。在泰国，国家、省和市级空气质量管理政府机构在大气污染治理过程中扮演着不同的角色。国家级别的政府机构扮演指导者角色，涉及环境、卫生、交通、工业等多个部门，这些部门通过在地方设立办公室来指导地方政府进行大气污染治理相关工作；省级政府机构扮演规划制定者角色，结合国家法律法规，因地制宜制定各自省份的大气质量管理规划；市级政府机构则扮演执行者角色，在国家级政府机构的指导下，实施省级政府制定的大气质量管理规划。

（3）以环保奖项激励工厂降低污染物排放量。泰国政府为鼓励工厂主动节能减排，环境部、环境部自然资源与环境政策规划办公室等政府环保部门设立了"环保明星奖""环评奖"等奖项以引导污染企业转变生产方式，降低排污量。另外，泰国有学者开始对排放量交易进行研究。

（4）呼吁公众参与雾霾治理行动。由于雾霾灾害的高危害程度，泰国总理通过社交平台以个人的名义发出倡议，请市民们外出时切记佩戴口罩，并在政府相关部门检测机动车尾气以及工厂污染物排放情况时，能够以合作的态度支持和配合相关工作，同时禁止民众露天焚烧，共同努力缓解空气污染。此外，政府部门不仅为市民发放口罩、鼓励机动车使用环保型燃料，而且卫生部还要求下级相关部门重点关注所负责社区中老弱病残孕等弱势群体，以及患有呼吸道疾病和心脏疾病的易受大气污染影响的患病人群。

8.2.5 "一带一路"沿线国家雾霾治理经验启示

"一带一路"倡议旨在通过多领域的合作，为沿线国家乃至全世界人民谋求福祉。为实现这一目标，各国不仅在经济社会发展、历史文化等方面充分合作与交流，还要在生态环境保护方面增强合作，以促进可持续发展，让"一带一路"倡议成果惠及更多子孙后代。尤其是在大气污染防控方面，由于这是全世界共同面临的难题，再加上空气的流动性导致雾霾问题不仅关乎一个国家人民的利益，更关乎相邻国家和地区的生态文明事业。此外，中国作为发展中国家，学习"一带一路"沿线国家雾霾治理经验对中国雾霾治理工作的推进大有裨益。

（1）逐步推进雾霾治理法律体系建设。与中国一样，处于发展中阶段的"一带一路"沿线国家，虽然在科学技术、资金、人力等方面与发达国家还有一定差距，但是通过借鉴发达国家雾霾治理经验，这些国家都积极出台不同层级的法律法规，为雾霾治理提供有力依据。因此，中国应该加强大气污染治理立法，针对机动车排放污染、重污染企业污染、城市建设扬尘、生活垃圾等作出更加科学有效、因地制宜的规定。

（2）通过与国际环保组织合作，学习先进经验。国际环保组织的优势资源和丰富经验能更有效地帮助发展中国家进行大气污染治理，发展中国家也能借助这些组织的力量，降低污染治理成本的同时提高污染治理效益，并获得更多经验，为后续污染防治打好基础。中国也应该加强与国际组织的合作,以建立更有效的雾霾污染治理长效机制。

(3) 鼓励社会力量参与,合理应对雾霾灾害。政府积极引导企业、公民、科研机构等力量共同参与到大气污染治理工作中,共同承担环境保护责任,合作治理雾霾灾害,取得了良好的成效。我国政府在这方面还有所欠缺,应该更加注重与社会各方力量合作治理雾霾,社会责任共担能更加激发各主体的主动性,从而达到 1 + 1 > 2 的效果。

8.3 国内雾霾灾害治理经验及启示

"十四五"规划强调了京津冀、长三角地区空气质量改善工作要持续推进。作为中国雾霾污染重灾区,京津冀地区和长三角地区的各级人民政府积极出台了各类治霾政策,通过政府间合作治理、依托于现代信息技术积极宣传、企业减排和公众积极参与,取得了良好的效果,为我国其他区域雾霾治理提供了良好借鉴。

8.3.1 京津冀雾霾灾害经验借鉴

"十四五"规划要求,要坚持源头防治、采取综合措施,强化多污染物协同控制和区域协同治理,强化城市空气质量达标管理。为尽快改善空气质量,从源头治理雾霾灾害,京津冀地区从政策制定、机制建设、治污技术升级、产业结构重组、鼓励全社会共同参与等方面作出了积极的应对行动。尤其是围绕 APEC 会议、奥运会等重大国家活动进行的雾霾治理过程中,京津冀三地在紧急预警、会同商议以及信息共享等方面合作紧密,取得了一定成绩。根据生态环境部发布的报告,2019 ~ 2020 年秋冬季,京津冀地区"2 + 26"城市的 PM2.5 平均浓度为 77 微克/立方米,与雾霾灾害最严重的 2013 年的 PM2.5 平均浓度相比下降了 40%。

1. 京津冀雾霾合作治理统一标准

京津冀雾霾灾害不仅威胁人体健康,对社会经济发展也存在一定的负面影响。空气的流动性使得城市之间互相影响,因此需要各城市之间合作治理。因此，京津冀及周边城市制定统一标准（如表 8 - 5 所示），进行雾霾治理。

表 8 - 5　　　　　　　　京津冀雾霾合作治理主要文件

颁布时间	名称	主要内容
1987 年 9 月	《大气污染防治法》	地方政府负责其管辖范围内的大气环境质量，并确保环境保护部对省级政府进行评估与监督，对不符合标准的城市应当编制限期达标规划，要求其负责人遵守规定并提高环境保护水平
2013 年 9 月	《大气污染防治行动计划》	提出明确治霾目标：到 2017 年，全国地级及以上城市可吸入颗粒物浓度比 2012 年下降 10% 以上，优良天数逐年提高；京津冀细颗粒物浓度分别下降 25%、20%、15% 左右
2013 年 9 月	《京津冀及周边地区落实大气污染防治行动计划实施细则》	省市人民政府和国务院有关部门将加入建立和完善区域合作机制
2015 年	《京津冀及周边地区大气污染联防联控 2015 年重点工作》	划定了 6 个京津冀地区的"雾霾治理核心区"，提出了预警会商和应急联动协调机构，并以"4 + 2"模式明确了京津冀在合作过程中的资金及技术保障问题
2015 年 12 月	《京津冀区域环境保护率先突破合作框架协议》	统一大气、水、土的综合治理
2016 年 7 月	《京津冀大气污染防治强化措施（2016 - 2017）》	明确提出加强污染天气联合预警 15 项措施
2017 年	《京津冀及周边地区 2017 年大气污染防治工作方案》	提出并明确 28 个京津冀大气污染传输通道城市
2018 年 9 月	《京津冀及周边地区 2018 - 2019 秋冬季大气污染综合治理攻坚行动方案》	坚持稳中求进，在巩固环境空气质量改善成果的基础上，推进空气质量持续改善
2019 年 9 月	《京津冀及周边地区 2019 - 2020 秋冬季大气污染综合治理攻坚行动方案（征求意见稿）》	京津冀及周边地区全面完成 2019 年环境空气质量改善目标，合作控制温室气体排放，秋冬季期间（2019 年 10 月 1 日至 2020 年 3 月 31 日）PM2.5 平均浓度同比下降 4%，重度及以上污染天数同比减少 6%

此外，为实现区域大气污染监测数据及相关信息共享及空气质量准

确预报，2016 年京津冀三地的环保部门合作建立了空气质量共享机制，并制定了统一的污染天气预警分级标准，从仅在核心城市施行逐步推广到京津冀全域。与此同时，北京、天津、河北各自修订了《重污染天气应急方案》。这些举措有效推进了京津冀大气污染防治工作的进一步开展。

2. 京津冀雾霾治理政府间合作

为更有效治理雾霾，地方间政府合作在统一标准之下逐渐展开。为保障北京奥运会顺利举办，奥委会联合京津冀及其周边地区所有省市相关部门共同成立了 2008 年奥运会空气质量保障工作协调小组，并研讨出台了《北京 2008 年奥运会空气质量保障方案》，并据此开展主要目的为减少尾气排放、工业废气和污染物排放、有机气体排放、煤炭燃烧污染物排放等的重点行动，要求企业按时按量完成减排任务、公众积极参与大气污染防治、相关部门在现极端气象灾害造成空气质量超标严重时采取应急控制措施。此外，还对各省市的污染排放企业进行改造。各地政府在中央行政命令的指导下进行雾霾联防联控，严格执行以上措施，将大气污染排放量降低了 70% 左右（与 2007 年相比）。通过有效降低大气污染物排放量、切断雾霾污染源头的方式，将奥运会、残奥会全部赛事期间的空气质量提升至北京近十年的最高水平，空气中的主要污染物浓度平均下降 50%。

鉴于北京奥运会期间各地雾霾联防联控工作的成功实践，以及进一步推进京津冀地区大气污染防治工作，2013 年三地共同成立了大气污染防控合作工作机构。经京津冀三地的环保部门的努力，空气质量预报信息共享机制得以于 2015 年建立。此外，河北省以环境保护与气象部门会商和联合发布信息机制的建立为基础，不仅创建了重污染天气监测预警系统，主要监测河北省雾霾污染问题严重的城市（包括石家庄、保定、邢台和邯郸四市），还创建了自动监测站以监测全省县级城市的空气质量。这些举措为空气重污染预警会商和应急联动机制的完善提供了坚实基础。准确、及时的气象信息是采取高效治霾措施的保障，2013年 10 月，京津冀环境气象预报预警中心成立，工作地点设于北京气象局，中心的成立不仅实现了区域气象信息共享，还建立了集气象监测、预报、预警等多种功能于一身的综合性业务平台。2014 年，北京市环保局首次设立"大气污染综合治理协调处",以联络和协调各地大气污染防治相关机构为主要工作职责。2018 年 7 月,为进一步完善京津冀雾霾治理工作,将京津冀及周边地区大气污染防治协作小组进行重组,新京津冀及周边地区大气污染防治领导小组办公地点位于生态环境部,组长由国务院领导亲任,并增设公安部等 5 个成员,工作能力提升明显。在此基础上,还通过环保督察问责机制来加强各地政府之间的合作。

3. 京津冀雾霾治理社会与公众参与

法律层面,通过颁布多部保障在环境保护领域公民所享有权利的法律法规(如表 8-6 所示),提高了公众以及相关社会组织参与雾霾治理的积极性。

表 8-6 京津冀雾霾治理公众参与法律保障

时间	名称	相关规定
2014 年 4 月	《环境保护法(修订)》	增加"信息公开与公众参与"章节,从法律层面保障了公众环境监督举报的权利
2015 年 6 月	《关于发布全国 31 个省级地区国家重点监控企业污染源监测信息公开网址的公告》	中国环保部为公众提供了可以查询国家重点监控企业污染物排放状况等信息的平台及其网址
2015 年 8 月	《大气污染防治法(修订)》	增加了激励公众参与环保行为监督的措施,即公众可以向环保部门举报大气污染行为,一经查实,环保部门不仅要公开对违法行为的处理结果,还要奖励举报人
2016 年 4 月	《全国环境宣传教育工作纲要(2016~2020 年)》	要增强全社会生态环境意识,坚持"绿水青山就是金山银山"的重要思想
2017 年 1 月	《关于加强对环保社会组织引导发展和规范管理的指导意见》	鼓励社会环保组织在多元共治的环境治理过程中发挥积极作用,并对这些组织进行规范管理

实践层面,京津冀地区公民治霾主动性被雾霾的危害和政策激励不断加强,逐渐开始了解、践行节能减排以及参与雾霾治理相关活动。例如通过新浪微博官方账号、微信公众号等平台线上了解相关部门发布的诸如机动车限行等空气质量改善措施、监督各种治霾行动及措施的实施

和效果、表达意见等。而且环保部为公众使用监督权提供了专门渠道，包括环保举报热线及 12369 环保举报平台等。此外，成立于 2006 年的公民与环境研究中心（IPE），为方便公众下载使用和了解雾霾污染情况、促使公众能够获取更多环境信息，不仅开发并推出了中国空气污染地图数据库和污染地图应用程序，还在 2015 年与"自然之友""天津绿领"等社会环保组织进行合作，共同促进污染源数据的公开。此外，"自然之友"还通过招募志愿者来参与各项空气保护公益活动，举行了"低碳家庭"和"蓝天实验室"等项目，鼓励更多人参与到环保政策制定等活动中来，与此同时，公众以亲身参与的形式学习到了更多有关雾霾的科学知识。

8.3.2　长三角区域雾霾治理经验借鉴

2013 年，中国雾霾灾害严重，长三角地区的沪苏浙皖中度污染天气持续多日，雾霾橙色预警频发，亟待建立能够代替在大气污染治理方面作用有限的环境保护合作联席会议制度的区域大气污染联防联控机制。2014 年 1 月，第一次长三角区域大气污染防治协作机制工作会议在上海召开，参会人员包括环保部部长以及长三角覆盖地区的省长和市长，国家力量的加入促成了长三角大气污染防治协作机制的正式建立。此次会议明确提出长三角大气污染防治协作机制承担的职能以及亟须区域间合作推进的空气质量改善工作和相关部署。相比全国其他地区，长三角地区的大气污染防治合作机制较为完善，并有效提升了在南京青奥会、G20 杭州峰会等大型赛事举办期间的空气质量。2019 年 5 月，在安徽芜湖召开的第八次长三角区域大气污染防治协作小组工作会议，审议通过《长三角区域柴油货车污染协同治理行动方案（2018—2020 年)》，并以长三角空气质量改善工作成果为基础，为下一步的大气污染治理工作进行部署。

1. 长三角雾霾合作治理机构设置

根据 2014 年 1 月发布的《长三角区域大气污染防治协作小组工作章程》，长三角区域雾霾府际协作小组成立（以下简称协作小组），负责区域雾霾合作治理工作。协作小组的主要职责为探析区域内雾霾成因、预测和预报空气污染情况、制定治理措施等，逐步推进雾霾治理进程。在《长三角地区重点行业大气污染限期治理方案》的指导下，科学治理长三角地区的雾霾灾害，不断提升空气质量水平，逐步完成国家整体环境保护目标。

第一，组织结构（见图8-1）。协作小组以上海市环保局为合作办公点，承担落实区域大气污染治理决策、负责协调成员间的工作并提供顺畅的沟通渠道以及保障各项日常工作的顺利进行等职责。长三角区域环境科学、能源科学、城市建设等多位大气污染治理相关专家组成协作专家小组，为长三角空气质量改善、大气污染治理效果和防控效果评估等提供技术与政策支持。长三角区域空气质量预警中心设立了可视化会商、监测数据共享与综合观测应用、排放清单管理、预报预警、区域预报信息服务5个系统，以上海检测中心为总部，在浙江、江苏、上海三地设立分部，统筹大气污染联防联控工作。

图8-1　长三角区域雾霾治理组织结构

第二，主要工作及成果。首先，以法律的形式统一各项标准与工作机制。长三角覆盖地区政府协商颁布了《长三角区域落实大气污染防治行动计划实施细则》和《长三角区域空气重污染应急联动工作方案》，前者指出解决长三角区域雾霾问题时应运用综合手段，后者以统一的预警启动标准和应急措施指导各区域的雾霾防控工作。此外，还将会议协商机制、共享联动机制、分工协作机制、科技协作机制和跟踪评估机制确定为基本工作机制，以保证雾霾治理工作的顺利进行。在实际工作中，以协作委员会制定的实施细则为标准，明确通过优化能源结构和调整产业结构以减少化石能源燃烧后的污染、控制机动车船尾气排放、禁止秸秆燃烧、加强控制扬尘污染、推动大气污染第三方治理、加快空气重污染预警联动以及防止政策对接、推进科研合作等工作，并以三省一市的经济社会发展情况以及能资源消耗实际水平为参考，将整体节能减排目标合理量化并分配到各省市。其次，通过数据共享进行集中监测。2014 年起，上海市、浙江省、江苏省和安徽省合作建立起长三角区域空气治理预测预报系统，监测大气污染情况，从而进行空气质量预警和预报。不仅能达到定期公布长大气污染状况的目的，还能在雾霾污染较为严重的月份每日更新空气质量，并能测量当日大气污染物含量以及评价当日大气污染治理成效。但是由于边建设边运作的方式以及技术的不成熟，这一系统的并未达到理想效果。

2. 长三角雾霾合作治理实践

在中央行政命令的指导下，长三角三省一市合作进行大气污染联防联治和应急工作取得了高效成果，良好的空气质量保障了南京青奥会、G20 杭州峰会的成功举办。

（1）南京青奥会——大气污染联防联治。工业废气、建设项目扬尘、汽车尾气以及生活垃圾等是南京市雾霾的主要来源。优良的大气质量是保障青奥会的顺利举办的前提条件之一，因此南京市及其周边城市在中央行政命令指导下，采取大气污染联合治理的方式来防止雾霾灾害，具体措施如表 8 – 7 所示。

表 8 – 7　　青奥会期间南京市及周边城市大气污染治理主要措施

大气污染治理措施	具体行动
工业污染排放控制	重工业、化工业实行限产停产
机动车尾气排放控制	南京市全部淘汰黄标车，并在主要入城路口设置关卡，禁止外地货车、黄标车以及工程车驶入城区
建筑扬尘控制	青奥会前两个月，南京市全市所有拆迁、土方石等作业全面停工，赛会开幕前半个月，所有建筑工地全面停工，物料运输和混凝土生产全面停止，道路禁止运输渣土、煤炭、矿石等物料；其他城市推进绿色施工
煤炭使用控制	会前一个半月，南京淘汰了所有分散燃煤锅炉，关停大批燃煤机组，赛会期间所有燃煤电厂必须按照要求使用含硫量低于 0.6% 的优质煤；赛会期间出台一系列应急相应办法
信息共享	南京地区与周边城市实现大气监测信息共享和预测预报

最终，南京市空气质量达到了国家二级标准，为世界各国参赛者提

供了良好的空气质量。青奥会的大气协作成果显著，说明在中央行政命令指导下进行大气污染治理是行之有效的措施。

（2）G20杭州峰会——大气污染应急合作治理。借鉴南京青奥会大气污染合作治理成功实践，G20杭州峰会期间各地政府在大气污染防控方面进行更加紧密的合作。为保障会议期间优良的大气质量，在国家号召下，长三角三省一市于2016年4月成立了区域雾霾污染联防联治协作小组（以下简称协作小组），负责峰会期间的大气污染治理工作。为治理大气污染，主要采取的措施包括：一是以主场馆为圆心，按照与主场馆的距离远近划分了三个控制区，由近及远分别为核心区（50公里半径内）、严控区（50~100公里半径内）和管控区（100~300公里半径内）。针对不同区域的高污染企业，采取了不同的应对措施：除了限制和停止主场馆上风向的高污染企业生产以外，严控区和核心区区必须在核心区大气污染在未来48小时内可能超标时限产、停产。二是江浙沪根据中央要求，相继出台联防联控方案，如表8-8所示。

表8-8 江浙沪大气污染主要治理方案

时间	治理方案	主要措施
2016年4月	《2016年浙江省大气污染防治实施计划》	重点整治高污染和产能落后企业、严控城市建设扬尘和烟尘污染，以及推进综合利用秸秆等
2016年5月	《江苏省保障G20峰会空气质量工作方案》	对省内1000多家化工企业和200多家燃煤企业实行限产停产，并明确提出峰会期间的管控和应对措施
2016年6月	《G20峰会上海市环境空气质量保障方案》	杭州附近金山区的化工污染企业一律停产；燃煤企业必须使用符合标准的低硫含量的优质煤，市内公共煤电厂限产；严控机动车和机动船舶的污染物排放，并加强对路面污染物的管控

G20杭州峰会期间优良的空气质量，不仅证明了协作小组大气污染防控行动的有效性，同时也证明了中国承办国际会议的实力。

（3）公众与社会力量共同参与雾霾治理。2010以来，"长三角地区政府不断地增加和强化信息型政策工具，使得信息型政策工具使用力度一度超过了经济型政策工具。这不仅反映出政府在大气污染治理领域思维的转变，开始鼓励社会力量参与进来，增强大气污染治理能力，还反映出政策工具设计过程中不断扩充政府环境治理信息公开渠道和信息公开范围"[235]，以保障公众和各种社会力量能在及时、便捷获取大气污染治理信息的基础上积极参与其中。同时政府为将社会资本引入大气污染治理过程，以 PPP 模式依托，增强社会力量在提升空气质量工作发挥的作用。随着数字技术的逐渐深入生活的各个方面，以数字资源为基础的新媒体日益发展壮大，环保部门可以通过多种渠道定期公布各区县空气质量状况，同时呼吁公众遵守"同呼吸、共奋斗"的行为准则，为雾霾治理贡献出自身的力量，共同改善空气质量。

8.3.3　国内雾霾合作治理启示

国内雾霾治理采取的主要方式是在中央行政命令指导下，政府跨区域之间的合作。尤其是在重大活动期间，更是能够做到迅速反应、统一行动，增强大气污染治理效果。因此，在雾霾合作治理过程中，要把政府间合作治理雾霾的经验推广到政府与社会力量合作之中。

（1）完善公众参与机制。雾霾治理是一项系统工程，需要政府、公众和社会力量合作完成的。作为雾霾灾害最直接的受害者的公众，其参与积极性是提升雾霾治理效果具有必要前提。首先，不仅要注重公众环保意识的提高，还要强化公众节能减排行为，以人与自然和谐共处的态度共建可持续发展城市，切断大气污染物的来源。其次，雾霾治理需要公众充分的决策参与，这不仅要求法律层面对公众参与决策权提供保障，还需要提高相关政策制定过程中的公众参与度，使民主性充分彰显于决策过程。这既有利于政策品质的提升，也有利于政策被广泛地认可。最后，雾霾治理需要公众进行有力的监督。公众对雾霾治理政策推行和执行过程的监督，是保证雾霾治理效果的重要方面，因此需强化公众监督所发挥的作用。

（2）完善社会力量参与机制。在雾霾治理过程中，社会环保组织可以为政策制定与宣传、技术支持、政府能力建设等方面提供支撑。一是要以法律形式为社会环保组织参与空气质量改善的权利提供保障，使得社会团在决策过程中获得发言权和建议权，充分发挥社会团体的专业力量；二是建立公平合理的合作机制，使得社会环保组织能够共享雾霾治理相关信息、监督政府的行为等，并获得一定的收益，最大化社会团体的责任感；三是为社会环保组织的活动提供良好的环境，政府充分肯定社会环保组织的作用，消除公众对社会环保组织的不信任感，并能与社会组织合作，接受社会环保组织的专业指导、参与社会环保组织主办的雾霾治理活动。

（3）建立政府的激励与约束机制。在环境规制中，政府始终起到领导、决策和监督的作用。因此，在环境保护中，政府的作为很关键，建立政府激励与约束机制具有重要意义。

①建立政府的激励机制。从节能减排项目运作过程看，环保技术的研发和推广面临着公司组建、融资、贷款、人才引进、税赋等诸多方面的难题，政府在这些问题的解决方面具有私营部门不具备的优势。因此，政府在财政政策、税收政策、价格政策、奖励政策等方面要给予相关企业有力的优惠政策支持，推动节能减排项目的顺利进行，激励节能降耗的企业、团队和个人积极研发、应用和推广清洁技术，改变生产生活方式，并进行不同形式的奖励，使得奖励的示范效应和激励效应共同发挥作用。

②建立政府的约束机制。大气污染防控不仅需要公众和社会力量的参与，还需要政府建立健全约束机制，以保证各利益相关方能够在改善空气质量过程中有效合作。一是将空气治理改善成效纳入政绩考核指标体系，并能将责任落实到具体个人，成为相关部门公务人员日常工作的一部分，方便层层问责，形成硬性约束；二是要加强执法力度以及设计严格的惩罚规则，不仅针对政府相关部门的工作人员，对高污染企业、公众、社会团体等违反环境保护法律法规的行为也要给予相应惩罚，如对排放过量的企业进行罚款等；三是要建立科学的监督检查机制，一方面要由上到下，利用体制内的方式方法监督和检查各级环保部门节能减排工作成效，另一方面是由下到上，借助社会力量评判大气污染治理政策制定及执行效果、污染企业节能减排实际力度以及提出改进建议，例如生态环境保护领域的专家和学者可以协助政策制定和提供技术支持、媒体可以通过实地调研对大气污染治理效果进行客观评价、公众可以通过表达自己的意见起到监督作用等。

（4）优化调整产业结构。

第一，选择经济增长与生态保护并重的发展方式。目前中国产业发展还是过度依赖于高污染、不可再生的化石能源，而这些能源在能量转换过程中产生的废气及其他污染物往往会加重雾霾灾害。在进行产业结构调整的时候应注重全局规划，根部不同产业能耗和污染排放水平等方面的特点，结合政策导向和城市发展规划，形成合理的产业阶梯布局。应积极避免高污染企业过度地聚集，对城市污染企业进行区位调度和合理分配，并在必要时候，依据国家政策规定和当地经济发展现状对一些高污染企业进行整改、罚款、限产甚至关停，既要减少企业聚集产生的环境污染，又要提高要素配置的整体效率。此外，还要大力发展生产率高、能耗低的现代化产业，以产业链的延长加速推进新旧动能转换进程，以达到节能减排目标。

第二，辅以经济补助和奖励手段，鼓励研发新型能源。政府应逐步增加对风能、太阳能、潮汐能等新能源开发及相关技术的研发与应用方面的投资，逐步淘汰、替换传统的低转换率能源，并对主动使用清洁能源和技术的企业进行奖励，以发挥榜样的作用。同时，加大科技研发力度，提高科研成果转换率，发展节能先进的清洁生产技术，并注重污染物无害化处理技术的研究与应用，以减少对环境的危害。同时也要借鉴国外经验，注重无烟煤等温室气体、二氧化硫以及氮氧化物等废气排放量低的煤炭清洁技术，以及注重废气、固体废物的循环使用，从而降低雾霾灾害发生频率。

第9章 展望：数字经济与雾霾治理

数字经济是信息技术在经济社会各个领域深入发展后产生的新动能，成为农业经济和工业经济后引领经济社会高质量发展的重要动力。数字经济在党的十八大以后，备受重视。2016年，《国家信息化发展战略纲要》发布，明确指出要培育信息化经济，围绕供给侧体制改革，充分发挥先行者的主导作用，促进中国经济向更加合理、优化的结构与形式转变。在党的十九大报告中，"数字经济"和"数字中国"被明确提出。习近平总书记指出，网络信息技术代表新的生产力和新的发展方向[236]。这表明，数字经济成为中国经济社会实现高质量发展的坚实推动力。

以数字技术为基础，数字经济的存在与发展是以系统的形式表现的，不仅表现为基础设施、数据等平面数据资源要素，还表现为承载这些要素资源的数字化网络环境空间，而连接平面要素与立体空间的则是以新媒体等为代表的网络技术媒介。其中，数据资源是基础，新媒体通过对数据资源的传输和扩散发挥其媒介作用，并将个体、资源密切联系起来形成网络环境。同时，数据资源构成并充实了网络环境空间的内容，而网络环境反过来又对数据资源的完善整合以及新媒体平台的运营发展产生影响。因此，数字经济系统是在媒介手段的联系下从平面向立体空间延展的综合体，而作为个体的人既是数字经济的参与主体，也是其作用的直接对象，其最终目标则是实现人的发展。数字经济是增进现代城市经济、社会发展效益的有效发展方式，也是改善城市人居环境的重要途径。

数字经济以大数据、云计算等技术的发展为基础，使政府能够实时发布雾霾灾害相关信息、企业及时了解相关政策以作出应对、公众能够适时了解雾霾灾害严重程度以及监督雾霾治理的成效。数字经济以其迅速、便捷、及时等优势，成为促进各方参与雾霾治理的重要工具。其中，公众作为雾霾污染的直接受害者和雾霾治理的直接受益者，在数字经济的带动下，各类手机 App 的产生使得公众参与社会治理和进行监督具备了更为快捷和便利的条件。尤其是在环境污染治理方面，各类微信小程序、空气质量监测 App 等的出现，满足了人们实时了解空气质量、天气状况等需求，也成为人们监督大气污染治理效果的渠道。因此，本书将以公众为例，探讨数字经济与雾霾治理行为的关系。

在目前的研究中，在公众参与雾霾治理的行为方面，学者们采用各种理论[237]、模型[238]围绕内部[239、240]和外部影响因素[241、242]、主体间互动机制[243、244]等内容进行探讨，丰富了现有的研究框架与内容。然而，当前从系统的观点对数字经济系统进行要素解构的研究相对不足，且鲜有学者将数字经济与公众参与雾霾治理两者联系起来并探讨其影响机理。环境问题的根源在于公众的行为，引导个体采取环保行为是推动环境治理的重要途径[245]。因此，本书在对数字经济、公众参与治霾行为的相关概念及系统解析基础上，构建数字经济直接和间接影响公众参与治霾行为的理论研究框架，运用结构方程模型对影响机理进行分析，并提出相关对策建议，借以完善相关研究，充分发挥数字经济对公众参与雾霾污染防治的促进作用，提高城市环境宜居水平。

9.1　机理分析与研究假设

城市人居环境系统是一个由人口、资源、环境等要素相互耦合构成的复杂系统[246]，各要素的发展态势及相互间作用影响整个系统的发展。雾霾污染不仅牵制了经济发展，还严重阻碍了城市人居环境质量的提升。因此，推动雾霾的有效治理是推动经济社会高质量发展的重要方向。人作为城市中生活、生产的主体[247]，是雾霾治理成效的直接感知者和利益相关者[248]，其认知和参与行为对雾霾的防范与治理具有重要作用。然而，当前雾霾的治理陷入公众参与不足不深[249]等治理困境，亟须从新的视角探讨推动公众参与雾霾治理的有效路径。数字经济背景下，数字技术的发展和广泛应用推动了社会各个方面的数字化转型进程[250]，不仅创造了新的经济发展模式，在提高环境决策与治理能力[251]等方面也发挥了重要作用。大数据、新媒体等平台与技术的普及与应用加快了人们知识与认知的更新速度，网络虚拟环境越过虚拟网对人们的现实生活产生深远的影响，数字经济的发展为公众参与雾霾治理提供了新的途径与平台。因此，在数字经济迅速发展的背景下，要协调经济发展与环境保护的关系[252]、提升城市人居环境质量[253]，探讨数字经济与公众参与治霾行为之间的关系进而优化数字经济对雾霾治理的积极影响不失为一种新的思路。

9.1.1 数字经济系统结构

本书将数字经济看作一个由数据、新媒体、网络环境构成并相互作用的数字化大系统，三者分别对应数字经济系统的资源、媒介与空间载体属性，对公众参与治霾的行为产生影响。这些影响中，既包括直接影响，也包括间接影响。

9.1.2 公众参与与治霾行为的内涵

本书研究的公众参与治霾行为，强调的是作为个体的公众在环境领域尤其是雾霾治理领域所采取的环保行为。基于已有研究[254]以及公众参与的形式、内容与性质，本书将所研究的公众参与治霾行为分为两类：一类是私人参与行为，即公众个人单独采取的有利于雾霾治理的行为，如利用新能源汽车出行、关注环保有关的平台等；另一类是公共参与行为，即个人通过个体间、个体与组织间的互动共同采取的群体性、有组织的雾霾治理行为，如参加社会组织的植树活动、在媒体社交平台上积极参与有关雾霾治理的意见表达等。

9.1.3 数字经济对公众参与治霾行为的影响机理与假设

1. 直接影响分析

数字经济对公众参与治霾行为的直接影响表现为数字经济系统的三个方面分别对公众参与治霾行为直接产生的影响。一是数据对公众参与治霾行为产生直接影响，具体表现为信息、数据的数字化整合所产生的集成效应。信息数据库的建立推动社会的数字化生产、消费与管理等人类行为，资源、信息以及知识的加速流动与分配使人们接收到更多的信息。而公众所获取信息的正确度、可信度等会影响到公众参与治霾行为选择的正确性。尽管信息的增多会产生"噪音"，一定程度上可能会导致人们的认知及行为产生偏差，但一般而言，当人们接收到的信息越多时，越趋于采取正确的行为选择。二是新媒体对公众参与治霾行为产生直接影响。数字经济时代一个重要的特征就是新媒体、自媒体作为信息传播手段的广泛应用。不同于传统媒介这种信息传播方式，新媒体利用现代网络信息技术开辟了一条全新的信息传播和人群组织路径，并对个体的行为选择产生巨大影响，本书认为新媒体的广泛应用促进了公众参与治霾的行为。三是网络环境对公众参与治霾的行为产生直接影响。网络环境为政府信息发布和舆论控制、公众言论表达创造了一个以技术为基础的智能化交互环境，形成个体间新的社会关系，使得网络环境下人们之间的联系不断得到加强。同时，网络环境推动了社会价值观的渗透，并对个体的意识形态和行为产生不同程度的影响和约束。一般来说，良好的网络环境会推动公众的积极行为取向，而安全度低、健康程度差的网络环境往往会错误地引导公众的行为。基于上述分析，本书作出如下假设 1～假设 3：

假设 1：数据显著促进公众参与治霾行为。

假设 1a：数据对公共参与行为具有显著促进作用。

假设 1b：数据对私人参与行为具有显著促进作用。

假设 2：新媒体显著促进公众参与治霾行为。

假设 2a：新媒体对公共参与行为具有显著促进作用。

假设 2b：新媒体对私人参与行为具有显著促进作用。

假设 3：网络环境显著促进公众参与治霾行为。

假设 3a：网络环境对公共参与行为具有显著促进作用。

假设 3b：网络环境对私人参与行为具有显著促进作用。

2. 间接影响分析——个体动机的中介作用

数字经济对公众参与治霾行为产生的间接影响表现为数字经济系统的研究要素通过影响个体的主观动机以间接影响公众参与雾霾治理的行

为。SOR 模型认为，任何行为的产生均是在外界刺激下通过影响个体主观情感进而影响个人的行为选择。行为动机理论表明动机是行为的直接决定因素，无论是出于个人利益还是社会利益动机，行为主体均获得精神或实际的满足感，从而促使个体采取某种行为。借鉴张星等[255]的观点，本书综合 SOR 模型与行为动机理论，以个体动机为中介，构建了数字经济对公众参与治霾行为的影响模型（见图 9-1）。在数字经济发展背景下，数字经济系统各研究要素是促进个体动机形成的外部刺激，数据、新媒体和网络环境的完善和发展会推动环境认知、环境道德等主观因素构成的个体行为动机的形成与完善。一般来说，当公众认为采取某一行为会获得某种有形或无形的利益时，就会形成行为的动机并进而采取某一行为。而参与雾霾治理，公众一方面可以获得成就感、满足感等自我心理感受；另一方面还可能得到别人的赞扬等外部动力。因此，良好的行为动机对公众参与治霾的行为产生积极作用。基于此，本书作出如下假设：

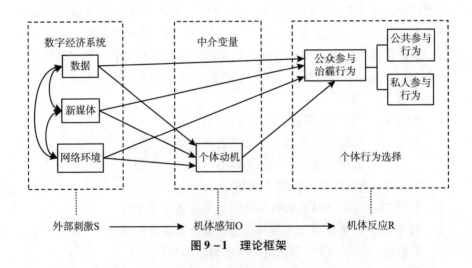

图 9-1　理论框架

假设 4：个体动机在数据与公众参与治霾行为之间起中介作用。
假设 4a：个体动机在数据与公共参与行为之间起中介作用。
假设 4b：个体动机在数据与私人参与行为之间起中介作用。
假设 5：个体动机在新媒体与公众参与治霾行为之间起中介作用。
假设 5a：个体动机在新媒体与公共参与行为之间起中介作用。

假设 5b：个体动机在新媒体与私人参与行为之间起中介作用。

假设 6：个体动机在网络环境与公众参与治霾行为之间起中介作用。

假设 6a：个体动机在网络环境与公共参与行为之间起中介作用。

假设 6b：个体动机在网络环境与私人参与行为之间起中介作用。

综上所述，本书基于 SOR 模型、行为动机理论构建了图 9 - 1 所示的理论研究框架，为进一步采用结构方程模型进行实证分析与针对性调控奠定了理论基础。

9.2　实证检验

以上述关于数字经济对公众参与治霾行为的影响机理分析以及假设为基础，构建结构方程模型，实证检验数字经济对公众参与治霾行为的影响。

9.2.1　研究方法与模型构建

1. 变量选择与量表设计

本书选取的数据、新媒体、网络环境、个体动机、公众参与治霾行为均为潜变量无法直接观测，必须寻找对应的可观测题项进行测量。本书参考 CGSS2013 中国社会调查问卷中有关环境保护行为的题项设置，设计五级量表对具体题项进行数据测量与收集（见表 9 - 1）。

表 9 - 1　　　　　　　　　　变量选择与量表设计

变量名称	变量代码	测量题目	题项代码
数据	DA	您认为大数据对社会治理的影响如何	D1
		您认为大数据对您获取有效知识资源方面的作用如何	D2
		您认为大数据对您采取环保行为的影响如何	D3
		您认为大数据对您生活的影响如何	D4
		您认为您所获得的数据的正确性如何	D5

变量名称	变量代码	测量题目	题项代码
新媒体	NE	您使用新媒体的频率如何	N1
		您认为新媒体在获取信息方面发挥的作用如何	N2
		您认为新媒体在公众意见表达中发挥的作用如何	N3
		您认为新媒体在塑造良好网络环境中发挥的作用如何	N4
		您认为新媒体在组织雾霾治理活动中发挥的作用如何	N5
网络环境	EN	您认为当前网络环境安全程度如何	E1
		您认为当前网络环境健康程度如何	E2
		您对当前网络环境信任程度如何	E3
		您认为当前网络环境在宣传信息和知识方面的作用如何	E4
		您对当前政府网络环境治理工作的评价	E5
个体动机	MO	您认为当前雾霾污染严重吗	M1
		您对雾霾的认知程度如何	M2
		您认为个体在雾霾治理中的责任如何	M3
		您认为雾霾污染会影响到您的生活吗	M4
		您认为您有能力参与到雾霾污染的治理吗	M5
公共参与行为	PU	参加政府组织的环保活动	PU1
		为环保活动捐款	PU2
		参加社会组织的环保活动	PU3
		自费养护森林和绿地	PU4
		积极参加有关雾霾治理的意见表达	PU5
私人参与行为	PE	采用绿色环保的出行方式	PE1
		与亲朋好友讨论有关雾霾污染的问题	PE2
		有关注环境媒介的习惯	PE3
		使用污染性较强的清洁能源	PE4
		采用绿色消费习惯和消费方式	PE5

2. 结构方程模型

结构方程模型是基于变量间的协方差构建的多变量统计模型，由测量模型和结构模型构成，是因子分析和路径分析的有机结合。本书借鉴李裕瑞等[256]的研究，引入结构方程模型探析数字经济对公众参与治霾行为的影响。

（1）直接影响分析。

结合上述理论分析与假设，运用 Amos 23.0 构建数字经济 3 个维度对公众的公共参与行为与私人参与行为直接影响的研究模型（模型1、模型2），以此对假设 H1 ~ H3 进行检验，如式（9-1）、式（9-2）所示。

$$PU = \alpha_1 EN + \alpha_2 NE + \alpha_3 DA + e_1 \quad (9-1)$$

$$PE = \alpha_4 EN + \alpha_5 NE + \alpha_6 DA + e_2 \quad (9-2)$$

其中 α_1、α_2、α_3 分别表示模型 1 中数字经济的数据、新媒体和网络环境及个体动机对公共参与行为的标准化路径系数，α_4、α_5、α_6 分别表示模型 2 中数据、新媒体和网络环境对私人参与行为的标准化路径系数，e_1、e_2 分别表示式（9-1）、式（9-2）的残差项。

（2）中介效应分析与检验。

由于收集到的数据属于非正态分布的横截面数据，因此采用 Bootstrap 方法[258] 构建个体动机在数字经济对公众参与治霾行为中的中介效应检验模型（模型3、模型4），以此对假设 H4 ~ H6 进行检验，如式（9-3）~式（9-5）所示。

$$MO = \beta_1 EN + \beta_2 NE + \beta_3 DA + e_3 \quad (9-3)$$

$$PU = \beta_4 EN + \beta_5 NE + \beta_6 DA + \beta_7 MO + e_4 \quad (9-4)$$

$$PE = \beta_8 EN + \beta_9 NE + \beta_{10} DA + \beta_{11} MO + e_5 \quad (9-5)$$

其中，β_1、β_2、β_3 分别表示模型中数据、新媒体和网络环境对个体动机的标准化路径系数，β_4、β_5、β_6、β_7 分别表示模型 3 中数字经济的数据、新媒体和网络环境及个体动机对公共参与行为的标准化路径系数，β_8、β_9、β_{10}、β_{11} 分别表示模型 4 中数字经济的数据、新媒体和网络环境及个体动机对私人参与行为的标准化路径系数，e_3、e_4、e_5 分别表示式（9-3）~式（9-5）的残差项。

9.2.2 研究区概况、数据来源于处理

济南市地处山东中部，位于北纬 36°01′ ~ 37°32′、东经 116°11′ ~ 117°44′，地势南高北低，这种地形特征导致空气污染物难以扩散，加

剧了雾霾污染。受气候等因素影响，济南的雾霾污染多发于冬春季节。作为山东的省会城市，济南市发展水平一直稳居前列。据《2019年济南市国民经济和社会发展统计公报》显示，2019年济南市常住人口890.87万人，经济总量达9443.37亿元。近年来，在经济社会快速发展的同时，雾霾污染成为制约济南市人居环境质量提高的阻碍之一，引起了社会各界的广泛关注。

本书根据国内外相关领域的成熟量表，通过参考专家意见、借鉴CGSS 2013中国社会调查问卷对公众环保行为题项设置基础上，结合本次研究特征设置问卷中有关测量题项，利用五级量表对研究变量进行测量形成调查问卷，通过调研获得357份调查问卷，扣除缺失与极端样本后，得到347份有效样本。其中，问卷填写的男女性别比为1:1.2，平均年龄33岁，样本分布比较均衡，因此具有较强代表性。在获取各类数据信息的基础上，在SPSS 23.0、AMOS 23.0软件中构建数字经济对公众参与治霾行为影响的基础数据库与分析模型。

9.2.3 模型检验与拟合情况

1. 信效度检验与共线性检验

首先，为检验数据的可靠性，本书采用信度检验系数Cronbach's α和组合信度CR值对变量进行验证性因子分析（CFA），结果表明各变量的克隆巴赫系数值均在0.78以上，CR值均高于0.9，数据内部的一致性较好。其次，为检验数据的有效性，采用KMO、Bartlett球形度和AVE值进行判断。各变量KMO值均高于0.6，显著通过检验。同时，各变量AVE值均高于0.7，表明各变量均具有较高的收敛效度。此外，变量总方差解释率为70.209%，且各方面方差解释率均大于60%，表明模型能较好地解释变量间的关系（见表9-2）。

表9-2 信效度检验

变量	克隆巴赫系数值	CR	KMO	方差解释率（%）	AVE
网络环境	0.894	0.996	0.867	70.353	0.793
新媒体	0.860	0.995	0.813	64.412	0.803

续表

变量	克隆巴赫系数值	CR	KMO	方差解释率（%）	AVE
大数据	0.887	0.996	0.869	68.873	0.887
个体动机	0.788	0.992	0.671	65.475	0.861
公共参与行为	0.835	0.994	0.842	60.522	0.811
私人参与行为	0.787	0.994	0.760	64.251	0.824

最后，为排除各变量之间可能存在的共线性问题，本书进行区别效度检验（见表 9-3）。一是，各变量之间的 Pearson 相关系数绝对值在 0.186~0.683，均小于 0.900 的临界值。二是，各个变量与其他变量间的 Pearson 相关系数均小于变量本身 AVE 值的平方根（灰色）。三是，对各变量 Pearson 相关系数进行两倍标准误差的加减（$\Phi \pm 2SE$）所得的值均不含 1，说明问卷中各变量之间有较高的区分度。

表 9-3　　　　　　　　　　　共线性检验

研究变量	网络环境	新媒体	大数据	个体动机	公共参与行为	私人参与行为
网络环境	0.891					
新媒体	0.546	0.896				
大数据	0.401	0.683	0.942			
个体动机	0.282	0.357	0.442	0.928		
公共参与行为	0.383	0.240	0.312	0.322	0.900	
私人参与行为	0.186	0.364	0.460	0.431	0.400	0.908

2. 模型拟合情况

本书选取 10 个常用的适配度检验指标如表 9-4 所示，运用 AMOS 23.0 分别对模型 1~模型 4 进行拟合度检验。由表 9-4 可知，χ^2/df 值均小于 5，GFI、AGFI、NFE、IFI、TLI、CFI 均在 [0.7, 0.9]，RE-SEA 值均小可以看出于 0.1，PGFI、PCFI 均大于 0.5，这说明各个适配度指标均处于合格以上，模型适配度较高，这表明模型构建合理，且与调研数据拟合度较高，可以进行路径分析。

表 9 - 4 模型拟合结果

指标	模型 1	模型 2	模型 3	模型 4
χ^2/df	3. 263	3. 355	2. 870	2. 822
GFI	0. 839	0. 820	0. 817	0. 807
AGFI	0. 794	0. 770	0. 776	0. 763
NFI	0. 870	0. 863	0. 837	0. 836
IFI	0. 906	0. 900	0. 887	0. 887
TLI	0. 891	0. 883	0. 871	0. 871
CFI	0. 906	0. 899	0. 886	0. 886
RESEA	0. 081	0. 083	0. 074	0. 073
PGFI	0. 655	0. 641	0. 667	0. 658
PCFI	0. 782	0. 776	0. 783	0. 783

9.2.4 实证结果分析与检验

1. 路径系数分析

对问卷的信效度及模型拟合程度进行检验后，本书进一步对数字经济影响公众参与治霾行为的作用进行路径系数分析，结构模型路径分析结果（见图 9 - 2、表 9 - 5）表明，数字经济各维度对公众参与治霾行为的影响方向与程度不同。

在直接影响方面，模型 1、模型 2 实证结果表明：（1）数据对公共参与行为、私人参与行为均具有显著的积极作用，路径系数分别为0. 39、0. 52，假设 1 成立。这表明有效数据信息的整合与增加有利于公众有组织性的环保行为选择，加强有关数据资源与信息的完善、确保数据的规范性和真实性将直接促进公众参与雾霾治理。（2）新媒体对公共参与行为具有显著的抑制作用，路径系数为 - 0. 30，这与假设 2a 恰恰相反；新媒体对私人参与行为没有显著的直接影响，路径系数为0. 08，假设 2b 不成立。这反映出新媒体作为数据信息传播的媒介与手段，其不当传播不利于公众接收正确的信息引导，进而对公众参与公共性的雾霾治理活动产生消极影响。（3）网络环境对公共参与行为具有显著的促进作用，路径系数为 0.26，假设 3a 成立；网络环境对私人参与行为的路径系数为 −0.01，结果并不显著，因此假设 3b 不成立。这说明良好的网络环境能够形成良好的环境氛围、传递健康的价值观念，对公众参与公共性的雾霾治理活动产生积极作用。（4）数据与新媒体、网络环境之间的路径系数分别为 0.38、0.46、0.44，说明三因素间具有显著的推动作用，共同耦合形成数字经济的影响力。

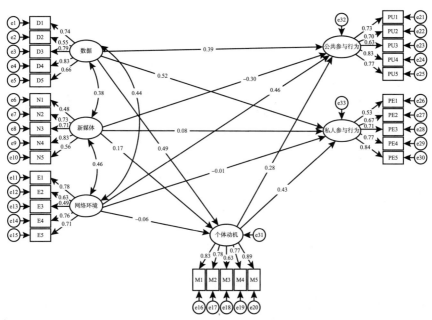

图 9 − 2   模型拟合结果

表 9 − 5   路径系数分析

路径	标准化路径系数 α	标准化路径系数 β
数据→公共参与行为	0.39 **	0.32 *
新媒体→公共参与行为	− 0.30 **	− 0.28 **
网络环境→公共参与行为	0.26 ***	0.23
数据→私人参与行为	0.52 ***	0.31 **
新媒体→私人参与行为	0.08	0.04
网络环境→私人参与行为	− 0.01	− 0.08

路径	标准化路径系数 α	标准化路径系数 β
数据→个体动机		0.49 ***
新媒体→个体动机		0.17 *
网络环境→个体动机		− 0.06
个体动机→公共参与行为		0.28 *
个体动机→私人参与行为		0.43 ***

注：* 、** 、*** 分别表示10%、5%、1%的水平上显著。

在间接影响方面，模型3、模型4的实证结果表明：（1）数据对公共参与行为、个体动机具有显著促进作用，路径系数分别为0.39、0.49。个体动机对公共参与行为有显著促进作用，路径系数为0.28。结合模型1研究结果，加入中介变量个体动机后数据对公共参与行为直接影响的路径系数从0.39减小到0.32，因此个体动机在数据对公众参与行为的影响中具有显著的部分中介效应，假设4a成立；数据对私人参与行为、个体动机具有显著促进作用，路径系数分别为0.52、0.49。个体动机对私人参与行为有显著促进作用，路径系数为0.43。加入中介变量个体动机后数据对私人参与行为直接影响的路径系数从0.52减小到0.31，因此个体动机在数据对公众公共参与行为的影响中具有显著的部分中介效应，假设4b成立。这表明雾霾相关数据资源的完善与规范会提高个体对雾霾的认知及责任感，有利于形成参与动机，进而间接地促进公众参与雾霾治理的行为。（2）新媒体对公共参与行为、个体动机均具有显著影响，路径系数分别为 − 0.30、0.17。个体动机对公共参与行为有显著促进作用，路径系数为0.28。结合模型1研究结果，加入中介变量后新媒体对公共参与行为直接影响的路径系数从 − 0.30减小到 − 0.28，因此个体动机在新媒体对公众公共参与行为的影响中具有显著的部分中介效应，假设5a成立。这说明新媒体的应用与普及尽管便利了公众获取数据和信息资源，但也容易导致新媒体平台上的不当言论与负面信息的迅速扩散，不利于公众参与公共性的雾霾治理活动，但由于公众自身的认知和道德观念的影响，个体参与雾霾治理的动机会减少新媒体对公众公共参与行为的负面影响；由于新媒体对私人参与行为不具有显著的直接影响，因此不再进行中介效应分析。（3）网

络环境对私人参与行为、个体动机均不具有显著影响，因此个体动机在
网络环境对公共参与行为的影响中不具有中介作用，假设6不成立。这
可能是由于网络环境作为一个公共空间，对公众私人生活与行为产生的
影响较小，公众参与网络环境的程度不同，以及对信息的选择性及平台
的使用性差异导致网络环境的间接影响作用不明显。

2. 中介效应检验

本书运用 AMOS 中 Bootstrap 方法对中介效应进行检验，在95%的置
信区间下重复抽样5000次得到直接、间接效应的估计结果（见表9-6）。

表9-6　　　　　　　　　中介效应检验

路径	效应		P 值	Bias – Corrected	
	直接效应	间接（中介）效应		LLCI	ULCI
数据→公共参与行为	0.39	0.137	0.011	0.009	0.144
新媒体→公共参与行为	− 0.30	0.078	0.024	0.034	0.075
网络环境→公共参与行为	0.46	− 0.017	0.369	− 0.044	0.016
数据→私人参与行为	0.52	0.211	0.001	0.042	0.224
新媒体→私人参与行为	0.08	0.073	0.462	− 0.062	0.119
网络环境→私人参与行为	− 0.01	− 0.026	0.322	− 0.078	0.022

从表9-6可知：（1）个体动机在数据对公共参与行为的影响中具
有显著的中介效应，偏差校正的95%置信区间不包含0，且P值为
0.011，中介效应大小为0.137，因此假设4a得到验证。（2）个体动机
在数据对私人参与行为的影响中具有显著的中介效应，偏差校正的
95%置信区间不包含0，且P值为0.001，中介效应大小为0.211，假设
4b得到验证，结构方程模型拟合结果具有稳健性。（3）个体动机在新
媒体对公共参与行为的影响中具有显著的中介效应，偏差校正的95%
置信区间不包含0，P值为0.024，中介效应为0.078，因此假设5a得
到验证。（4）个体动机在新媒体对私人参与行为、网络环境对公共和
私人参与行为影响的偏差校正95%置信区间包含0，且P值大于0.1，
因此个体动机在新媒体对私人参与行为的影响中不具有显著的中介效
应，在网络环境对公共参与行为的影响中也未发挥中介作用，前述模

型3、模型4的实证结果得到进一步验证。

9.3　结论与建议

9.3.1　结论

数字经济是经济、社会建设与发展的新机遇，为新时代的雾霾治理提供了新的平台和途径，系统解析数字经济的内涵并探讨其对公众参与治霾行为的影响，有利于为科学治霾以及城市人居环境的改善提供理论基础。本书以山东省济南市为例，运用结构方程模型探讨了数字经济对公众参与治霾行为的直接影响、间接影响。主要研究结论如下：

（1）数字经济的存在与发展是以系统的形式表现的。数字经济系统是在媒介手段的联系下从平面向立体空间延展的数字化体系，是由数据、新媒体、网络环境构成的相互联系的数字化大系统，三者分别对应数字经济系统的资源、媒介与空间载体属性。公众参与治霾行为强调的是作为个体的公众在环境领域尤其是雾霾治理领域所采取的环保行为。根据参与的形式、内容与性质，具体可分为公共参与行为和私人参与行为。

（2）总体来看，数字经济对公众参与治霾的行为具有较明显的促进作用。其直接影响体现在：①数据对公众参与行为具有显著的促进作用。②新媒体对公共参与行为具有显著的抑制作用。③网络环境对公共参与行为具有显著的促进作用。④数字经济系统内部的数据、新媒体、网络环境三要素之间也具有显著的相互促进作用，三者耦合形成数字经济的影响力与驱动力。

（3）数字经济对公众参与行为的间接影响是通过加入个体动机这一中介变量来进行探究的，具体结果表现为：①个体动机在数据对公共参与行为的影响中具有显著的部分中介效应。②个体动机在数据对私人参与行为的影响中具有显著的部分中介效应。③个体动机在新媒体对公共参与行为的影响中具有显著的部分中介效应。由此可见，尽管数字经济中个别因素对公众参与治霾的行为存在部分抑制作用，但数字经济在促进公众的治霾行为、改善雾霾污染方面仍具有不可忽视的影响。

9.3.2　政策建议

本书提出了数字经济与公众参与治霾行为内涵与关系解析的理论框架，通过构建"内涵与机理解析—关系识别—改善对策"的逻辑性思路，探讨了数字经济对公众参与治霾行为的影响机理，是基于相关已有研究而进行的新的有益探索，完善了相关研究成果。结合本书实证研究结果，为进一步发挥数字经济对公众参与治霾行为的促进作用，减少其抑制作用，本书提出以下对策建议：

第一，加强数据整合与监管。人的任何活动都离不开信息，而真实性是数据的灵魂。要充分发挥数据对推动公众参与雾霾治理的积极作用，一方面要搭建有效的数据信息共享平台，充分发挥数据资源优势，推动数据资源的整合与共享以提高公众的环境认知和环境责任感；另一方面，政府要加强数据监管，降低错误、虚假信息带来的负面影响，使公众接收到正确信息，正确参与环境治理。

第二，发挥新媒体的正向号召引导作用。数字经济时代互联网信息技术的发展与新媒体平台的广泛应用加大了信息、数据的传播力度。要充分利用好网络平台各种渠道，建立完善的信息传播机制，促进有关环境新闻的传播以及环境知识的普及，引导公众通过各种线上、线下途径积极参与雾霾防治与环境保护。同时，要尊重社会公众在各类平台上的意见表达，加强信息传播监管以规范网络表达，避免因错误信息的传播对公众产生误导。

第三，加强网络环境协同治理。数字技术的应用与普及使我们每个人都身处网络环境之中，并形成彼此间且远且近的密切联系。网络环境作为一个公共环境，其治理应是由多主体、多层次的社会化协同治理。除了政府要发挥环境规制与舆论控制的职责之外，无论是社会组织还是公民个体，都应该自觉地维护良好的网络环境秩序，共同营造健康的网络环境引导公众的环境认知与行为。

数字时代的环境治理需要将该研究领域的理论与现实相结合，从系统的角度合理发挥数字经济内部各要素的优势特点，才能更好地推动雾霾的数字化治理。公众作为城市生活的主体，其行为选择是环境问题产生的根源。因此，引导个体采取环境保护行为是推动环境治理的根本。结合时代发展背景从区域或全国的角度探索数字经济各个方面对公众参与雾霾以及环境治理的影响机理，并在此基础上形成实用性、针对性建议是今后推动雾霾治理及城市人居环境高质量发展的重要研究方向。

第 10 章　雾霾灾害合作治理的机制设计

机制设计理论源于博弈论与社会选择理论的结合，强调在信息不对称的条件下，通过定量研究、识别并设计出能实现目标效益最大化的机制。不完全信息的三阶段博弈是典型的机制设计。第一阶段由委托人设计机制，基于此机制，配置结果由代表人根据实际情况发出信号的实现所决定。第二阶段是代理人对机制的选择。第三阶段是在选择接受的代理人内进行博弈。机制设计理论追求实现既定目标的最优解，这一理论加深了人们对于不同情况下资源最优配置状况的理解，有助于系统地分析和比较各种机制间的设计，更为科学有效地进行选择，寻求共赢的合作方式。在雾霾灾害治理中，多个治理主体之间相互沟通、相互博弈，其利益诉求既存在内部冲突也具有共同目标，设计有效的合作治理机制为雾霾的合作治理提供理论支撑，对于协调各主体间的冲突、维持良好合作关系具有重要意义。

10.1　雾霾合作治理各主体间权责关系

雾霾治理中的参与主体多样，各主体之间各自拥有自己的独特优势和明确的职责，各主体间通过协商交换资源、设定目标、优化自身管理、互补不足，形成多边共赢的局面，推动有效治理雾霾的目标。这一合作治理中包括的主体有：政府、企业、公众等。即以政府制定总体战略决策，强调政府与企业之间协调，并接受来自公众参与监督的合作治理框架。雾霾污染对多方主体产生影响，各方主体为达到对雾霾灾害的有效控制，需要在组织、职能、权力分配等方面进行协调以实现在降低成本的同时取得治理成效。雾霾灾害的合作治理被看作是多主体协力合作处理公共事务的过程，其中各行动主体应当明确各自的权力、责任、相互关系，如表 10 - 1 所示。在明确各方权责的基础上，推动雾霾合作治理主体更好地履行责任，共同治理，以实现对雾霾灾害的有效控制。

表 10 - 1   各主体权责关系

雾霾合作治理主体	各主体权责内容	权责关系
政府	确立总体目标、治理规划和行动方案，从顶层设计层面的政策、资金等方面设计具体政策，引导各主体行为，激发各主体参与性	宏观调控、引导指挥
企业	配合政府部门的工作，将自身经济利益与社会生态效益的双赢作为首要目标，建立企业的社会责任体系，接受政府部门及公众的监督	监督协作
公众	增强自身社会责任意识，履行自身的生态环境保护义务，主动参与雾霾治理的全过程，承担对政府和企业的监督、反馈等责任	监督检举

由于各主体之间联系紧密，处理好政府、企业和公众之间的相互关系对解决雾霾灾害问题尤为关键。政府内部上下级之间存在协调关系，地方政府作为总体地方规划的制定者，在雾霾治理过程中发挥着引导和指挥作用。在地方政府制定发展政策后，严格要求地方各部门、企业生产按照国家政策方针进行落实，并结合当地实际状况制定相应标准以实现节能减排，减少工业生产对环境的影响。

同时地方政府承担综合协调的职能，应当及时统计当地环境状况和生产实际情况进行上报，在保证产值的情况下及时调整产业结构布局从而改善当地环境质量。政府与企业之间存在监督与协作关系，一方面企业废水废气排放需要获得政府许可，由政府监督企业生产排放量；另一方面政府也需要对企业的生产技术改进提供帮助，从而使企业达到排放量的控制标准。通过推动企业自身技术革新，提高资源利用率从而促进减排工作，这是人民赋予政府进行管理的权力也是政府应当严格履行的责任义务。公众作为雾霾治理的主体之一，监督企业和政府能否有效的控制雾霾污染是其权力也是其责任所在。公众应当积极行使自身的权力，保证政府对企业生产的监督工作以及各项政策的执行落实。同时，将企业在生产过程中存在的污染排放问题及时向有关监督部门进行检举，公众应培养起保护当地生态环境的主人翁意识以及社会责任感。

各主体之间的权力和责任相互联系、相互制约，对实现雾霾协同治理尤为关键。将各个主体形成整体进行统一指挥，能产生凝聚力从而相互激励和督促，有效增强协同处理公共问题的能力，能够避免雾霾灾害的加剧，为构建生态文明下的绿色和谐社会提供更为可行的方案。有利于优化产业布局、改善环境质量、提升居民生活水平。综合来看，多主体间雾霾灾害合作治理是在政府引导下，加强对企业的引导和监督，吸纳社会公众参与的一种多维度治理机制。该机制能更合理高效地推动雾霾灾害治理进程，对于构建生态文明社会、提高共同治理能力、实现更优治理效果具有重要意义。

10.2　雾霾合作治理的机制设计

雾霾灾害合作治理需要多主体之间的协同共治，各主体间的相互制衡关系到治霾能否取得理想成效。基于政府、企业和公众的三方主体，构建雾霾合作治理机制框架，主要包含了各主体间的协商机制、协调机制、激励机制、约束机制、动力机制、生态补偿机制、信息共享机制以及保障机制，各机制间的联系如图 10 - 1 所示。其中，协商机制、协调机制、激励机制、约束机制为多主体的博弈提供了基础；在政府规制、

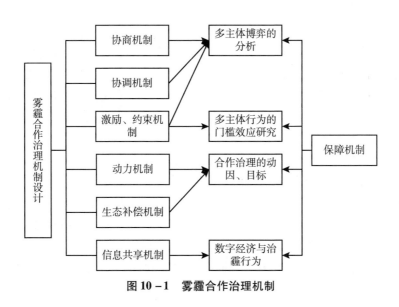

图 10 - 1　雾霾合作治理机制

产业结构、居民消费对雾霾灾害的门槛效应研究中，利用激励机制以及约束机制对政府、企业、公众的行为进行奖惩，能够调动各主体的治理雾霾的积极性，促进各主体较好地履行职责；在各方努力之下，动力机制以及生态补偿机制有利于推动雾霾治理得到更好的治理成效，达到预期治霾目标；信息共享机制能够实现区域之间、部门之间、政府与公众之间雾霾数据的共建和共享，在数字经济背景下促进各主体积极治霾；保障机制则为各主体间实现良好互动提供基础。结合当前雾霾灾害现状，各主体间只有相互协作才能有效地降低灾害发生频率，实现社会的绿色可持续发展。

10.2.1 协商机制

由于雾霾污染问题成因的复杂性和影响的跨区域性，政府的信息来源、监管能力有限，导致依靠政府为主的单一治理不再满足治理需要。雾霾治理网格化管理模式成为当前治理过程中的热点模式。同时随着数字经济的发展和公众素质的提高，公众参与公共事务的积极性有所提高，所以构建包括政府、企业和公众在内的多主体协商机制（见图10-2），加深各方之间信息交流，对达到更好的治理效果尤为重要。协商机制强调通过对话、协商达成共识。在协商过程中通过不断地交流意见，将专业的污染治理政策与来自各方的实际情况、诉求相结合，增强各主体的参与感、责任感，有利于协商成果的监督落实。协商机制一方面可以避免政府在雾霾治理中因寻租和腐败导致治理决策低效；另一方面可以提高公民参与治霾的积极性，通过反映真实的公众诉求，使得治理政策具有群众基础得到更多支持。有利于减少雾霾治理多主体之间的信息不对称，实现多主体在雾霾治理中地位平等。

在包含政府、企业与公众三方的协商机制中，每个主体都与其他主体相互联系。简单来说，从政府角度出发，政府要制定限制企业排污的指标以及相应的政策法规。同时也要重视面向公众的信息公开工作，增强政府部门的公信力。从企业角度出发，企业要同时对政府和公众解释其排污行为以及作出的减排努力，以增强沟通缓解矛盾。从公众的角度出发，公众拥有关于污染情况的一手信息同时拥有从实际出发的诉求，公众参与协商带来的信息具有真实性、具体性。

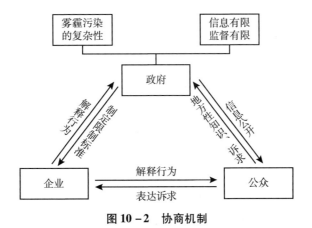

图 10 - 2　协商机制

政府方面：在雾霾的多主体治理中，政府起到引导作用，要在协调公众与企业间利益关系的基础上制定治理政策。在协商活动中须注意信息的公开共享。在协商活动开始前，政府需要公开相关的政策、项目等信息，降低公众搜索信息的成本，提高其参与协商的意愿。信息公开可避免出现信任危机。以厦门市海沧 PX 项目为例，在受到公众激烈反对的情况下，厦门市政府相继通过短信、电话、电子邮件等渠道，环评报告网络公众参与活动，市民座谈会等形式平息公众的不满情绪，通过公开信息与公众参与解决公众对政府与企业的信任危机。

企业方面：企业在接受来自其他参与者询问的同时也拥有了解释企业行为、展示为减排治霾所做努力的机会。以往主要由政府利用排污标准等约束企业，而企业与公众的直接交流机会较少。通过协商活动，企业可以直接了解来自公众的意见，以树立企业积极听取意见、积极减排的良好形象，有利于缓解企业和公众在治霾中的矛盾。

公众方面：在 2015 年《中华人民共和国环境保护法》的相关章节中强调了公众参与等内容，公众作为雾霾污染的受害者以及地方性知识的拥有者应当参与到雾霾治理的协商机制中。基于环境正义理论的尊重与平等性原则，雾霾治理过程中应尊重公众拥有的地方性知识，尊重公众对环境信息的知情权与参与决策的权力。同时公众参与协商也符合环境民主理论中的赋权理念。公众参与协商可提供更实际具体的雾霾污染情况，使得治理措施能够因地制宜，更有效率地解决雾霾污染。在对公众代表进行选取时，应注意其专业性、广泛性及代表性，从而保证协商活动的公平。对于信息的了解程度影响协商活动中的相对地位和影响力，所以协商活动开始前公众需了解相关的知识和数据等背景性信息，以便对其他协商主体进行提问交流。在达成共识后，因参与协商所激发的公众责任感和积极性会对协商结果的监督落实有正面效果[258]。

10.2.2 协调机制

协调机制是指参与雾霾治理的各行为主体在采取行动的过程中扮演不同的角色，发挥不同的功能。根据博弈理论，参与治理过程的各主体相互作用、相互制约，相关主体应共同合作分享成果，治理效果不仅是单一部门主体的事情，更与生活中的每个人息息相关。在这种机制下，雾霾治理是由协调主体、协调对象、协调目标和方式四部分组成，坚持协调机制应保证信息的真实可靠，在沟通过程中以诚相待，及时反映并坚持统筹结合。为了实现雾霾灾害高效治理，各行为主体之间的相互协调成为优化治理的关键。其中主要包括政府、企业与公众三个主体，涉及三个方面：政府间协调、政府与企业间协调以及政府与公众间的协调，如图 10 - 3 所示。

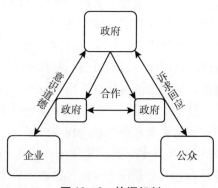

图 10 - 3 协调机制

简而言之，由于雾霾污染的流动性等特点，要想获得良好的治霾成效需要地方政府间增强横向的合作与信息沟通，同时促进地方政府之间形成关于雾霾治理的良性竞争。在政企协调中，政府要树立服务意识，并且重视企业良好商业道德的塑造，增强企业遵纪守法的意识与减排的责任感。在政府与公众的协调中，政府应重视对于公众诉求的回应，从而引导公众通过合理不激进的方式进行沟通，减少矛盾发生的概率。

1. 政府间协调

地方政府作为政策执行的重要主体，在雾霾合作治理中发挥着重要作用。地方政府之间存在竞争与合作关系，在保证一定程度良性竞争的前提下，优化合作是地方政府间合作治理需关注的焦点。首先，获得共同利益，实现共赢是推动地方政府选择合作的重要动因。但地方政府往往会考虑到各自的经济发展，把经济总量增长或其他利益而不是合作治理等公共利益的实现放在首位。其次，地方政府官员大多不在一个地区长期任职，相对于政府官员任职的短期性，环境治理的成效不能在一朝一夕立即得到显现。而官员在任时制定出的治理方案，在后续的人事调动中很难得到完全的承袭和良性发展，且政府官员在对环境治理的理念和能力上大多存在差异，因此，政府官员任职的有限性、执行能力和价值偏好等诸多因素都是阻碍合作治理的重要因素。最后，大多地区雾霾治理的合作治理机制仍然有待改善，传统的"条块分割"机制使地方政府在纵向和横向上的信息传递以及合作处于执行力与效率低下的状态，导致地方政府在治理过程中无法发挥优势资源的最大效用。

各级地方政府之间应当建立起相应的绩效考核以及合作沟通机制，创建地方政府之间的合作平台，确保信息流畅，只有信息流畅才能保证各区域政府了解整体环境状况，以此提升各地政策的可行性和操作性，保证政策目标的达成。同时，地方政府之间的竞争也有利于推动雾霾治理的高效化，为了实现生态环境保护的目标，各地政府争先出台相应的政策督导，保证对废弃物排放量的严格设置。政府间的良性竞争有利于地方政策执行效率的提升，拉动生态产业发展，从而推动环境保护，实现双赢和整个区域生态效益的最大化。

2. 政府与企业间协调

与政府部门有所不同，企业是以追求经济利益最大化为核心的利益团体，在贡献经济社会利益的同时有可能损害环境利益。对于企业而言，治理污染产生的社会效益往往小于企业生产带来的经济利益，因此多数企业缺少自觉参与雾霾治理的积极性，导致政府制定的政策得不到有效落实，极大削弱雾霾治理效果。政府在平衡经济发展和环境保护的任务下，与企业之间进行博弈是雾霾治理利益协调中的关键环节。

政府作为政策制定者起着领导作用，企业作为生产活动的主体，需按照政府设置的相应指标进行生产活动。为了实现环境保护目标，政府与企业之间的协调成为当前构建生态社会的重要因素。政府应当根据当地环境状况和经济发展基础，指定相应的生产指标和排放标准，以使企业采取一定的有效措施来减少污染。构建"亲清"的官商文化也是协调政企关系的重要措施，其中主要包括两个角度：一是确定政府服务意识，地方政府应当主动为企业提供更为优质便利的服务，并保证服务过程中的清正廉洁，既规避非正式对话的出现，也能减少政企合作中不必要的成本，促进政企之间的交流。二是重塑商业道德，包括促进社会市场交易公平、在追求经济利益及遵循法律和社会准则，主动接受政府监督。促使企业采取合理手段进行正常竞争，以合法渠道参与市场经济活动，使得企业实力在不断提升的同时履行自身应承担的环保责任。引入第三方治理包括建立第三方委托治污机制，依靠规范的媒体和公众监督实现对生产过程的管控，都是政企关系协调的有力举措，也是实现雾霾有效治理的重要方式。

3. 政府与公众间协调

讨论政府与公众之间的协调，要将公众的诉求作为出发点。改革开放以后，随着生活水平的不断提高，人口流动，信息传递的快速化、媒介多样化，公众的诉求从满足温饱等生存需要为主到实现基本权利为主，但两种诉求不是替代关系，而是相互交织共存的关系。一方面，公民环境权作为一项基本的人权逐渐被关注并重视，在严重的雾霾污染下公民的环保意识以及要求健康、舒适的生活环境的呼声越来越高。同时诉求表达是我国公民的基本权利，公民会借助各种正式与非正式的渠道表达自己的观点来维护权益。另一方面，由于经济发展的不同程度，也存在另一部分人群重视基本的生存需求。因此，政府要同时协调好这两种诉求，既要维持经济合理发展又要在发展中平衡经济与环境的关系。

公民在维护环境权这一方面通常通过两种方式：一种为依靠相关法律，遵循规定的程序进行维权；另一种为借助带有激进性的群体活动以引起政府注意与回应。就现实情况而言，公众在进行制度化表达中，主要选择环境信访和社交媒体两种方式。而环境信访实施过程中存在渠道单一、回应慢、满意度低的问题。且公民自发地借助社交软件发声很容易被大量的信息淹没，难以形成巨大的消息受众，从而难以引起理想的关注效果。公众如若不能通过这种方式解决，则可能会采取激进性的活动。以广州市东南部番禺的垃圾焚烧选址为例，在选址地被公众知晓后，已有公众质疑与反对，但没有形成影响政府决策的舆论势头，当地政府没有重视此部分反对意见。由于初期反对意见无效，维权群体规模快速扩大，反对方式更为激烈，导致舆论影响范围迅速扩大，当地政府开始转变对于反对意见的态度。显然，公众的意见与政府的回应态度相互影响。如若当地政府能够尽早重视公众的维权呼声，则不会出现公众激烈的反对行动倒逼政府回应。为了避免这种被动性情况发生，最根本的是政府要注重对于群众意见的回应。加强信访过程中的回应速度，推动主流媒体更多地关注来自公众的不满意见。通过上述等相关措施提高公众满意度，引导公众采用合理的方式途径进行维权。简单来说，在政府与公众的协商中要注意两点：一是平衡好公民的基本物质需求与生活环境需求，即平衡好经济发展与生态环境保护方面。二是加强对公众意见的回应度，使得公众感到其基本权利受到尊重，并有望得以实现，从而减少激进性群体活动的发生。

10.2.3 激励机制

激励机制是指对参与主体实施激励，设定相应的目标、探寻参与主体的行为规律，借助某种方式以激励参与方以最大动力参与到实施过程中，是对参与个体内在动机的调动，从而推动参与主体向着设立目标采取行动。日常生活中最为常见的激励包括了奖励、制定规章制度和行为守则。而在雾霾协同治理过程中，为了实现最优化的治霾效果，设立一定的激励有助于各主体发挥自身最大价值，在保证自身利益不受损害的情况下实现既定目标。因此，设立合理的激励机制对于实现各方主体利益最大化和确保各主体切实履行自身责任义务具有重要意义，如图 10-4所示。

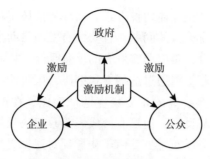

图 10 - 4 激励机制

在雾霾治理的激励机制中，对于政府的激励即将空气质量作为官员晋升、绩效考核的依据从而提高政府工作人员参与治霾的积极性。政府通过设置生产线标准，并对达标企业进行奖励等措施对其进行激励。同时政府借助信息透明化以及奖励参与治霾的公众来引导更多的公众履行自己的权利和义务参与到治霾活动中。该机制有利于各个主体提高参与积极性从而促进多主体合作的雾霾治理活动。

从整体来看，设立政府、企业与公众要达成的目标就是实现对雾霾灾害的协同治理。各主体在雾霾治理过程中，应当履行自己的责任行使自身权利，对出现的问题及时纠偏从而使治理效果按理想路径发展。由于各方主体在履行自身权利义务的方式上存在差异，在实现方式上有所不同，但总体目标就是优化治理体系，同归各方主体间协作改善环境质量，降低雾霾灾害发生频率，构建绿色生态的社会。

1. 对政府的激励机制

我国现阶段处于市场经济高速运行的阶段，政府作为整个过程的特殊参与者，扮演着多重的角色。地方政府作为我国行政环节中的重要一环，掌握着地方大量的经济资源，同时也是诸多国有企业的实际出资人和拥有者，政府利益构成多样，涵盖了地区经济发展利益、地方政府收益、地方政府官员自身利益，因此雾霾治理过程中，采取政治晋升、绩效考核、评优评奖等方式进行激励同样适用。自 2017 年起，环境保护部为了推动各级政府的大气污染治理工作，开始综合评估并排序中国重点城市的空气质量管理，并将考核和排名结果交由主管部门，作为领导官员晋升综合考核的依据，在雾霾治理过程中，这种排名考核的方式一定程度上激发了政府官员的治霾积极性，使其承担起雾霾治理的责任。政府作为管控主体，应当对下级政府所采取的行动进行评估，以此促进各地方政府加强合作，制定有效措施保证当地空气质量，减少无序竞争和恶性竞争，从而推动区域雾霾治理，推动生态健康社会发展。

2. 对企业的激励机制

企业作为雾霾治理中对环境造成主要影响的主体，其最终目的是实现利润最大化，但是在倡导建立生态文明社会的当下，注重环境保护同样成为企业应当承担的责任。政府作为参与主体和政策制定者，可以通过对企业进行区域强化分工，设定相应的生产线标准，奖励达标企业，从而鼓励企业改进生产线，减少环境污染，最终在各地区间形成合理的产业布局，企业间密切协作的局面。此外，还可以对企业经营者的社会声望、个人荣誉等方面给予奖励，为塑造良好的企业形象提供帮助，使其能够更为积极地参与到雾霾系统治理中。

3. 对公众的激励机制

公众在雾霾合作治理系统中是不可或缺的一部分，社会生活中公众参与治理往往能够给合作治理带来更为有效的成果。政府在治理雾霾的过程中不仅要对企业进行激励，引导公众参与到协同治理同样是解决问题的关键。政府一方面应当明确公民的权力，给予公民获得更为公开透明的信息的公示平台[259]，使得公众能够及时了解问题严重程度并向相关部门反映。另一方面，应当对积极履行责任的公民给予一定的奖励，授予公民相应的表彰从而保证公众参与积极性，肯定公民在协同治理雾霾的过程中所付出的努力，而这也贯穿了整个雾霾合作治理的过程。以支付宝的蚂蚁森林项目为例，支付宝鼓励公众通过步行、骑单车、乘坐公交车、在线缴费等方式减少城市碳排放量，并在软件里给予公众相应的虚拟能量，能量累积到一定数目还可以在荒漠里种一棵现实的树，这种公益活动在极大程度上激发了公众参与大气保护的主观能动性。

10.2.4　约束机制

约束机制就是借助某种方式对参与主体的行为进行约束，日常中的约束方法包括惩罚措施、行为守则、法律法规等。在约束机制作用下，采取法律约束、行政约束等方式对地方政府的政策以及行为进行约束，政府也出台相应的标准限制企业排污量，对于公众的约束机制则是对公众进行保护大气环境的知识普及，运用法律手段约束公众行为。在雾霾合作治理中，各参与主体的利益诉求不同，完善的约束机制能够促进参与主体较好地履行职责，维持多方主体之间长久的合作。约束机制包括对政府的约束、对企业的约束以及对公众的约束，各主体间的作用关系如图 10 − 5 所示。

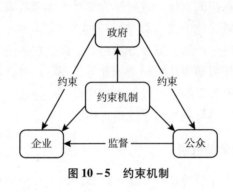

图 10 − 5　约束机制

1. 对政府的约束机制

我国存在财政分权、政治晋升等体制机制的前提下，由于政府掌握绝大多数市场资源，如何构建合理的框架促进各区域的合作成为优化治理的重要问题。在雾霾协同治理的过程中，可以通过法律约束、行政约束和规划绩效约束来实现优化治理。在治理过程中，由地方人民代表大会按照法定程序将治理规划具有法律效力，保证各方主体的严格执行。同时，地方政府政策制定应当符合城市发展定位，在生态文明建设的背景下推动当地可持续发展，减少对生态环境的破坏。比如河北省每月会对各市大气污染治理成效进行排名，根据排名对最后一名的城市进行警告；对空气质量同比不升反降累计两次的市县，进行通报批评；空气质量同比不升反降累计 3 次的地区，河北省将启动公开约谈。而公众同样可以对政府行为进行监督，促使政府能够保证政策的准确执行以及对企业的有效监督，防止政府寻租行为，从而保证协同治理雾霾取得成效。

2. 对企业的约束机制

在雾霾治理过程中同样需要对企业进行约束，针对企业的约束包括规划约束、法律约束、税收约束等方面。由政府制定相应的发展规划和排放标准，企业需要在政府许可的范围内进行生产，对超出部分应当由政府进行相应惩罚，而当企业的投资行为不符合当地绿色发展规划的目标时，政府可以采取法律手段进行制止，从而实现对企业的约束。同时，针对超出排放标注的企业征收惩罚性税收，如企业生产行为对生态环境构成破坏，就应当由政府加以约束。北京市政府一直在雾霾治理的道路上不断探索，并取得了显著的成效，在对企业进行约束时，北京市主要从以下几个方面进行：首先，制定严格的排放标准并对各企业的排放量进行监测。包括排污单位的登记、排污，企业的污染物种类、数量的监测，并对排污时间进行记录。其次，根据排放标准以及企业的实际排放量，按照《征收排污费暂行办法》等相关条例，向企业征收相应的排污费用。最后，运用技术手段，从源头减少大气污染物的排放，如倡导公众使用新能源汽车来代替机动车等。除政府的强制约束之外，公众也应当履行自己的责任，及时反映企业不当生产行为，公众可以在政府保障信息充足的前提下依靠媒体表达自己的诉求，因此，政府应构建多种交流载体，如开设网络平台，帮助公民可以随时随地查看污染状况，同时也需要政府对所获得反馈作出回应，从而确保公众参与治理的积极性，对不符合标准的企业进行监督从而起到多主体的协同治理，取得更有成效的雾霾合作治理。

3. 对公众的约束机制

公众作为合作治理主体中不可缺少的一方，公众的广泛参与能够促进雾霾治理成效的提高。但由于较多公众对于自身主体地位认知不明确，导致积极性不高，参与意愿不足，因此对公众实施强制性的环境保护教育极有必要。政府可以通过学校教育、报纸、电视新闻等渠道向公众普及雾霾治理的相关知识[260]，并根据《中华人民共和国刑法》中的相关规定，对于严重破坏生态环境的行为，视其严重程度处以有期徒刑并进行罚款。以北京市约束市民的行为为例，机动车所排放的污染物是产生雾霾污染的主要因素，为了控制机动车的尾气排放量，北京市政府一方面对公民的出行方式进行限制，如强制汽车限号出行、增加公共交通工具、倡导新能源汽车的使用；另一方面，通过经济手段调整停车收费额度，并排查高污染、高排放的机动车，以此减少车辆的出行数量，降低机动车尾气的排放量。

10.2.5 动力机制

雾霾污染治理首先要抓住参与其中的多主体即政府、企业和公众的动力来源，如图10-6所示，依据动力来源科学地制定措施从而推动雾霾治理在各方努力之下得到更好的治理成效。政府的动力来源可分为内部动力和外部动力，其中上级政府的政策导向以及公众的监督是发挥作用比较突出的两个动力源。对于企业而言，改进生产技术带来的长远利益并不能使企业产生减排迫切性，政府的限制指标以及公众的监督才是促使企业提高减排行动力的重要因素。雾霾对身体健康以及生活质量的危害始终是公众参与治霾的根本原因，随着信息技术的发展，公众接收消息的成本降低、信息来源丰富，进一步促进了公众参与治霾的维权活动。

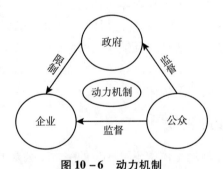

图10-6 动力机制

由于地方政府在雾霾合作治理机制中具有综合协作的特殊地位，以及对其介于公共人和经济人之间，作为比较利益人的假设分析，将地方政府在雾霾合作治理中的动力分为内、外两个方面。外部动力来源于中央政府的政策战略安排、公众的监督、解决雾霾污染问题的迫切性等。内部动力来自在公共价值下对于合作剩余的持续追求。作为比较利益人，地方政府及官员一方面具有公共人的特质，追求公共利益的实现；

另一方面具有理性经济人的特质，通过合作网络实现辖区内的经济利益最大化，或者实现个人的政治升迁诉求。近年来在强调生态文明建设、绿水青山就是金山银山等理念的背景下，专家学者们建议改变传统以GDP 作为唯一标准的观念，树立经济与生态安全协调发展观念，将雾霾等环境治理效率等指标加入政府官员的绩效考核体系。以及建立绿色GDP 测量体系来计算经济发展带来的环境损失等措施，都间接推动政府的雾霾治理工作。向服务型政府转变是政府权力逐渐下放的过程，也意味着要受到公众权力的监督。尤其是现如今借助互联网新媒体等多种信息传播渠道，相较于以往，政府会受到更多监督。

企业动力来源，在与政府的治霾合作关系中：一方面企业的排污行为会受到政府政策、标准等的限制和惩罚；另一方面政府鼓励企业技术生产线调整、升级转换交易市场等政策的引导支持，极大调动企业参与雾霾治理的积极性。企业积极参与雾霾治理改进技术有利于企业长期发展。通过改进技术可有效降低生产成本，提升企业生产线科技核心支撑力。改进技术而剩余的排污指标可以通过市场交易盈利以及企业治霾所作出的措施也有机会得到政府补贴。同时参与雾霾治理能有效提升企业的社会形象，企业可以借此进行绿色营销吸引消费者，为企业带来社会正面效应。总之，企业积极参与雾霾治理能推动企业实现长久发展，获得发展持续性效益。步入数字时代基于互联网上新媒体的发展，公众可以通过更多的信息渠道了解并监督企业行为。如河南三门峡矿区给山体喷绿漆充当绿化的案例曝光，在极大程度上扼杀了企业敷衍减排工作的侥幸心理，导致企业必须认真对待减排工作。

公众的动力来源：雾霾危及人类身体健康与农业生产等社会诸多方面。一方面，随着数字经济的发展，信息传播更加快速和广泛，极大地降低了公民获得信息的成本和时间，社会对雾霾危害认知的深入，导致公众对于雾霾治理抱有迫切心态。另一方面，随着社会生活水平的提高，公众更加追求身体健康和生活舒适，而雾霾天气对于公众的身体以及生活都具有消极的影响，因此，要求公众积极履行自身责任义务，维护自身合法权益，也在一定程度上助推公众参与治霾。同时政府积极引导和公众社会责任感的提升，拉动公众参与自主性，是焕发多主体治霾活力的重要因素。公众参与治霾可有效提升政府和企业效率。

10.2.6　生态补偿机制

雾霾灾害具有显著的负外部性效应，从空间角度来看，大气中的污染物会在风场的作用下向周边地区扩散，这种跨区域性的流动致使雾霾灾害的始作俑者往往不用对自己的行为支付相应的成本，同时，各地政府对区域雾霾的治理也会造成周边地区"搭便车"行为的产生[261]，而雾霾的治理绝非仅靠某个主体的努力，鉴于此，遵循"治理成本、利益分摊"的原则建立多主体参与的雾霾治理生态补偿机制具有一定意义。政府、企业、公众致力于生态补偿金的共建，政府在约束企业和公众行为的同时，利用雾霾治理专项资金对于受到雾霾影响的公众以及企业进行生态补偿。企业间的生态补偿则是指将高污染产业转移到其他地区的、受到服务的城市企业，作为受益者应向受损者提供补偿。多主体间的作用关系如图10-7所示。

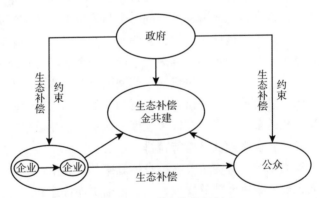

图10-7　生态补偿机制

作为补偿主体之一的政府，明确界定政府的职责能够确保生态补偿的顺利开展。目前生态补偿的资金多依赖于政府，但由于雾霾治理的复杂性，仅依赖于政府的财政支持难以有效地治理雾霾，政府应寻找多元的资金来源渠道，如在市场的调节下引导社会资本、个人参与投资，建立生态补偿资金的资金池，确保资金的充足，保证资金的规范使用。同时，政府在多主体博弈中要根据各地区发展状况确定补偿标准，对于生态脆弱以及雾霾严重的区域，合理增大生态补偿力度。如山东省根据各城市的产业结构和环境质量现状设置了两类污染物稀释扩散调整系数，并设立了省、市两级生态环境补偿专项资金，一方面利用专项资金向雾霾治理卓有成效的城市提供补偿；另一方面雾霾治理成效较差的城市根据标准上交赔偿资金，这一政策的实施为山东省雾霾的治理提供了有效保障。另一个补偿客体则是雾霾治理区域的公众，由于雾霾的治理限制了工业的发展，致使部分居民的收入和就业机会减少，同时，雾霾会对居民身体健康造成一定程度上的影响，因此这些居民可以作为补偿客体，同时，政府也要鼓励公众参与到雾霾治理中，实行汽车限号、号召市民乘坐公交出行、春节期间禁止放鞭炮等措施都在一定程度上唤醒了公众的环保意识。

对于企业来讲，目前多利用征税、罚款等行政手段，以及污染排放许可的市场化运作来减少污染物的排放。但从长远来看，建立雾霾治理的生态补偿机制能够平衡各主体间生态利益及经济利益的分配，调动企业的主观能动性，使其主动采取有效的措施进行生态环境的保护[262]。以重工业为主导的城市在为其他城市提供相关产品的同时，也面临着更为严重的雾霾灾害；而以服务业为主导的城市，经过产业结构优化，逐渐将高污染产业转移到其他城市，因此，受到服务的城市作为补偿主体，理应承担更多的治理责任，提供一定的生态补偿[263]。生态补偿既可以是资金补偿，受偿企业可以利用资金进行产业升级，实现雾霾治理目标及产业结构的合理化，也可以是实物补偿，给予受偿地区相应的物质资源，通过产业扶持、技术扶持等方式，对雾霾严重区域进行引导。

生态补偿中的利益补偿对于平衡利益主体间的利益关系，更好地实现利益共赢，从而维护合作至关重要。利益补偿在雾霾治理中的运用主要体现在区域的联防联控中，由于雾霾具有空间溢出性等特征，在治理雾霾的过程中需要进行地区间政府合作。然而各个地区的自然资源禀赋、经济发展等存在差异，所以在治理雾霾中承担的职能不同导致所带来的效率有所不同，受益者需向受损者提供补偿。以京津冀地区治霾为例，由于经济基础和发展定位不同，所以长期以来河北承接北京、天津转出的制造业等产业，在进行产业调整升级的同时也加重了雾霾等大气污染灾害。同时，由于"虹吸效应"北京和天津在吸引河北人才和资金等优质资源后并没有发挥出相应的经济辐射作用带动河北发展。在雾霾治理中针对河北省的企业由于排污受到的惩罚以及为促进减排改进技术等措施而带来的成本，北京与天津作为雾霾治理受益者应向河北提供资金帮助。这部分作为对河北省因减排而产生的经济损失的补偿，对于更好地维持雾霾治理联防联控合作具有重要意义。利益补偿有利于河北省产业优化升级，推动减排工作使河北雾霾污染得到改善。同时在北京雾霾治理边际成本逐渐增加的情况下，就京津冀地区整体的大气污染层面而言降低了治理总成本[264]。

生态补偿机制的建立，能够充分调动各利益相关主体参与雾霾治理的积极性，营造公平、公正的治理环境。也需要激励机制、约束机制发挥作用，有效协调各方利益，合理地将各主体责任与利益结合在一起，提高雾霾治理的效率。

10.2.7　信息共享机制

数字经济作为一种新的经济形势，为社会的发展注入了强大的推动力，可以将数字经济看作数字化的大系统，数字技术是其基础，三大组成要素分别是数据、新媒体、网络环境。将数字经济引入雾霾治理，能够实现区域之间、部门之间、政府与公众之间雾霾数据的共建和共享，这种信息共享机制推动了雾霾网络化治理的发展，对于多主体合作治理雾霾具有积极的促进作用。综上所述，信息共享机制框架如图 10 – 8 所示。数据、新媒体、网络环境分别对应数字经济系统的资源、媒介与空间载体属性，三者相互作用、对多主体参与治理雾霾的行为产生影响，这些影响既包括直接影响，也包括间接影响，最终推动雾霾的治理。

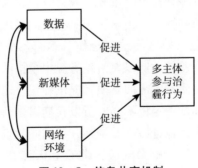

图 10 – 8　信息共享机制

在数据共享方面，云计算、大数据分析、人工智能等新兴技术的出现与发展，加快了全国范围雾霾治理数据库的建立，也为其相关信息的公开和资源的共享提供了坚实基础。基于大数据技术构建的雾霾数据库，可以包括各地污染状况的数据，还可以包括污染企业、违法违规行为等信息，这种信息公开的方式解决了雾霾治理过程中信息不对等的问题[265]，也是雾霾网络化治理实现数字化联结的重要方式。以数字技术为中心的网络化治理，实现有效治理的核心就是建立信息化的雾霾治理信息共享平台，通过这种信息共享平台，如建立专门的网站、通过微博账号发布雾霾污染现状信息等，以此来实现信息共享，促进公民积极参与雾霾治理。因此，数据信息的有效完善可以提高大众对其的可信度，提高个体对雾霾的认知及责任感，进而间接地促进公众参与雾霾治理的行为，这也需要政府要加强数据监管，降低错误、虚假信息带来的负面影响。以北京市政府为例，北京市根据《政府信息公开条例》，对行政区域内的大气环境信息进行公开，如环境监测站监测到的空气质量情况、雾霾污染防治法律法规等，公开方式也逐渐多样，除了报纸、电视、广告大屏幕等，北京市还开通了网络交流渠道，如完善北京市环境保护局官方网站的建设，并公开环境监测数据、发布环境状况信息、对市民进行环境保护教育等。

作为政府和公众沟通的中介，新媒体在其中起着协调冲突、监督网络舆论、传播信息的作用。在数字经济背景下，公众获取资源的渠道更加多样，比如通过微博、微信公众号、视频软件等方式获取信息，对于类型逐渐丰富的信息共享平台，新媒体要加强网络信息监管，提升信息传播速度，在舆论监督的过程中发现有负面信息扩散时，及时引导舆论方向。新媒体还可以根据政府掌握的雾霾数据信息，通过信息传播渠道及时向公众公布权威的雾霾状况，并将雾霾天气可能带来的影响告知公众，以满足公众对雾霾天气危害认知的需要，缓解公众对于雾霾天气恐慌的情绪。网络环境作为一个公共环境，可以使大众接触到更为广泛的知识，其治理与维护应由多主体协同治理，除了政府要维护网络意识形态安全，加强网络环境的治理与监管之外，媒体之间相互合作对于保持网络环境的有序性也起到积极的推动作用，如人民网微博经常转载人民日报、中新网等其他主流媒体的微博报道，通过众多媒体的号召力来设置雾霾的议程，净化网络空间。由此可见，数据信息的正确性、新媒体传播途径的有效性以及网络环境的有序性对于雾霾的有效治理都具有直接或间接的促进作用。

10.2.8　保障机制

雾霾合作治理体系的构建，改变了传统的政府单一监督管理模式，强调了多元主体的参与作用，为保障各主体间实现良好互动，可以从法律保障及财政保障入手，确立雾霾合作治理的保障机制，如图 10-9 所示。一方面，以政府提供财政支持为主，同时拓宽雾霾治理的投融资渠道，为雾霾治理提供财政保障。另一方面，通过完善雾霾治理相关立法，提高政府对于企业的监督管理能力，规范各主体行为；通过完善司法诉讼制度，赋予公民维护自身利益的诉讼权，能够保障公众的合法权益。建立完善的法律保障机制以及财政保障机制，对于促进各主体合作治霾起到了重要的作用。

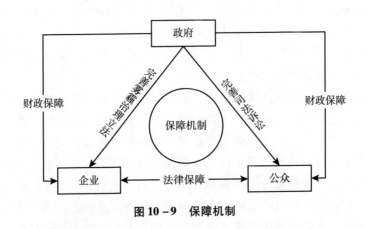

图 10-9　保障机制

1. 法律保障机制

中国实行"依法治国"的基本战略方针，实现雾霾合作治理也需要法律对多主体的行为进行保障[266]，中国的市场经济是法治经济，基于市场经济基础开展的雾霾治理也离不开法律的规制。

（1）完善雾霾治理立法[267]。中国在雾霾污染预防上的法律主要有《宪法》《环境保护法》《大气污染防治法》等国家层面立法，以及国务院出台的《大气污染防治条例》，目前还没有专门针对雾霾污染治理的立法。因此，以现有法律法规为基础，不断完善雾霾合作治理相关立法，提高现有监督管理制度的执行力，一方面可以控制合作成本，另一方面，对于形成各主体之间的良性合作机制也具有重要意义。此外，各级执法人员也要熟悉有关的法律条文，加强行政规定的学习，如通过网上教育、业务培训、实地调研等多种学习途径来提高自身的法律素养。

（2）完善司法诉讼。雾霾天气对于公众的身体及利益都产生了巨大的负面影响，2017 年修订的《民事诉讼法》中增加了"对污染环境、侵害众多消费者合法权益等损害社会公共利益的行为，法律规定的机关和有关组织可以向人民法院提起诉讼"条款。新增条款保障了公众的环境公益诉讼的权利，但在实践中，由于提起公益诉讼的主体界定过于广泛，存在着不确定性，法律条款也过于模糊，对"损害社会公共利益的行为"并没有进一步阐述，因此公众的合法权益要想得到保障，仍需更加完善的司法诉讼制度。

（3）完善政府合作立法。从目前来看，我国地方政府间的合作沟通较少有法律协议的保障，为促进雾霾的合作治理，首先应提高各地方政府官员对于法律保障的重视程度，鼓励各级政府在合作治理中签署合作协议以加强合作，明确合作协议的法律效力，提高协议的执行力度，确保各方履行合作协议。

（4）加大对违法行为的惩治力度。新《大气污染防治法》中对于企业和个人违法行为的罚款处置上限过低，对于始终追求经济利益的企业并没有达到预期中的震慑作用，可以参照《环境保护法》中的"按日计罚"条款，对于不按规定整改的企业加大处罚力度。利用好法律的刚性约束作用，加大对违法行为的惩治力度，执法过程中主动接受全社会的监督，对于改善雾霾现状有着重要意义。

2. 财政保障机制

雾霾治理是一项长期且复杂的任务，需要充足的财政支持，中国在雾霾治理方面所用的资金多依赖于政府出资，以中央政府出资治霾为例，2013 年以来雾霾灾害日趋严重，中央财政针对京、津、冀、蒙、晋、鲁六个省份出资 50 亿元开展大气污染整治，这一举措解决了治理区域的资金需求，发挥了政府的正向导向作用，也表明了政府对于治霾工作的决心，但长期以此会致使政府在财政方面所面临的财政赤字逐渐变得严重。因此，拓宽雾霾治理的投融资渠道是治理资金得到保障的基础。

首先，建立雾霾治理的基金池，主要由政府主导，提供财政支持，在此基础上鼓励社会、民众、企业、国际等多渠道融资，明确资金收支，制定基金管理的规章制度。地方财政在财政支出中占有大量比例，政府应理顺中央与地方财政关系，在资金的运用上，加强中央与各地政府的合作，做到资金专款专用，可以发挥国家财政的杠杆作用，将部分治理基金作为激励，根据各地区雾霾治理的难度确定地方财政预算额度，对地方在环境保护过程中的支出予以配套。由于各地经济实力的差别以及雾霾灾害的空间溢出效应，政府应合理分配雾霾治理基金，并鼓励经济较发达的地区以及以重工业为主的地区通过一定的形式向经济落后地区、周边地区给予补偿。还可以通过建立投融资平台，整合政府、企业、公众的投融资需求。

其次，加强资金使用的监督管理。雾霾合作治理网络中自上而下涉及的主体、部门过多，容易致使专款不专用、挪用公款等问题的出现，因此有必要落实资金的监督管理工作，确保各级治霾资金到位，提高资金使用效率。一方面，政府应明确多元主体的监管责任，从法律、审计等方面加强监督，并应用新兴的数字技术逐渐使财政资金的使用透明化、规范化。另一方面，强化媒体和公众的监督，政府和媒体可以利用电视、广播、手机短信等方式进行宣传，设立针对性的论坛或者交流平台组织公众积极讨论资金使用过程中可能存在的问题，这也在一定程度上提高了公众治霾的参与性。

10.3　本章小结

雾霾的合作治理即由政府、企业、公众三者组成雾霾合作治理网络，这种多元的治理网络更加强调了多元主体之间的协作互动，因此，理顺各主体间的权责关系对于合作治理网络的构建及雾霾灾害的治理尤为关键。中央政府具有宏观调控的权限和职能，从而能够凭借其权威推动雾霾治理工作的有效开展。地方政府则以统筹和整体协调为主，协调政企关系，确保相关政策的落实。企业作为以营利为目标的组织，不能仅追求企业自身经济利益，企业实力在不断扩大的同时也要致力于保护好当地生态环境，促进社会生态的稳定。公众作为治理网络中不可缺少的主体，应积极参与到雾霾的合作治理中，监督政府与企业的行为，并勇于承担起保护当地生态环境的社会责任。各主体在明确权责的基础上，积极履行其社会责任与义务，确保雾霾合作治理工作的有效进行。

本章基于政府、企业和公众的三方主体，构建了雾霾合作治理机制框架，主要包括协商机制、协调机制、激励约束机制、动力机制、生态补偿机制、信息共享机制以及保障机制。雾霾灾害的治理刻不容缓，多主体之间有效协同的配合是合作治理的前提，因此确立切实可行的机制，能够给予足够的法律及财政保障，激励各参与主体积极采取治霾行动，保证各主体之间相互协作，对于雾霾合作治理具有重要意义。

参 考 文 献

［1］Pilie R. J. , Mack E. J. , Kocmond W. C. , et al.. The Life Cycle of Valley Fog. Part Ⅱ : Fog Microphysics ［J］. Journal of Applied Meteorology (1962 - 1982), 1975, 14 (3).

［2］Fuzzi, S. , Facchini, M. C. et al.. The PoValley fog experiment 1989. Anoverview ［M］. Tellus Ser B - Chem Phys Meteorol, 1992, 44: 448 - 468.

［3］Derek L.. Regional Variation in Long term visibility trends in the UK 1962 - 1990 ［J］. Geographical Association, 1994, 79 (2): 108 - 121.

［4］Amos P. K. Tai, Loretta J. Mickley, Daniel J. Jacob. Correlations between fine particulate matter (PM2. 5) and meteorological variables in the United States: Implications for the sensitivity of PM2. 5 to climate change ［J］. Atmospheric Environment, 2010, 44 (32).

［5］Jacob D. J. , Winner D. A.. Effect of Climate Change On Air Quality ［J］. Atmospheric Environment, 2009, 43 (1): 51 - 63.

［6］Meyer M B, Lala G G, et. al. Fog - 82: A Cooperative Field Study of Radiation Fog ［J］. Bulletin of the American Meteorological Society, 1986, 67 (7): 825 - 832.

［7］顾为东. 中国雾霾特殊形成机理研究 ［J］. 宏观经济研究, 2014 (6): 3 - 7, 123.

［8］潘本锋, 汪巍, 李亮, 李健军, 王瑞斌. 我国大中型城市秋冬季节雾霾天气污染特征与成因分析 ［J］. 环境与可持续发展, 2013, 38 (1): 33 - 36.

［9］魏文秀. 河北省霾时空分布特征分析 ［J］. 气象, 2010, 36 (3): 77 - 82.

［10］邵帅，李欣，曹建华，杨莉莉. 中国雾霾污染治理的经济政策选择——基于空间溢出效应的视角［J］. 经济研究，2016，51（9）：73 - 88.

［11］何爱平，石莹. 我国城市雾霾天气治理中的生态文明建设路径［J］. 西北大学学报（哲学社会科学版），2014，44（2）：94 - 97.

［12］Brimblecombe，P. The Big Smoke. A History of Air Pollution in London Since Medieval times［M］. Methuen，London，1987：101 - 107.

［13］Malm W C. Characteristics and origins of haze in the continental United - States［J］. Earth - Science Reviews，1992，33（1）：1 - 36.

［14］Goodchild M F，Parks B O，Steyaert L T. Environmental modeling with GIS［C］. NewYork：Oxford University Press，1993：117 - 139.

［15］Corwin D L，Wagenet R J. Application of GIS to the modeling of nonpoint source pollutants in the Vadose zone：a conference overview［J］. Journal of Enuironmental Quality，1996，25：403 - 411.

［16］Breta. Schichtel，Rudolf B. Husar，Stefan R. Falke，Willam E. Wilson. H aze trends over the United States，1980 - 1995［J］. Atmospheric Environment，2001，35（30）：5205 - 5210.

［17］高歌. 1961 - 2005 年中国霾日气候特征及变化分析［J］. 地理学报，2008（7）：761 - 768.

［18］张小红，刘炼烨，陈喜红. 长沙地区雾霾特征及影响因子分析［J］. 环境工程学报，2014，8（8）：3361 - 3366.

［19］吴兑，吴晓京，李菲，谭浩波，陈静，曹治强，孙弦，陈欢欢，李海燕. 1951—2005 年中国大陆霾的时空变化［J］. 气象学报，2010，68（5）：680 - 688.

［20］孔锋，吕丽莉，方建，徐宏辉. 中国空气污染指数时空分布特征及其变化趋势（2001 - 2015）［J］. 灾害学，2017，32（2）：117 - 123.

［21］张生玲，王雨涵，李跃，张鹏飞. 中国雾霾空间分布特征及影响因素分析［J］. 中国人口·资源与环境，2017，27（9）：15 - 22.

［22］安海岗，李佳培，张翠芝，董志良. 京津冀及周边城市 PM2.5 污染空间关联网络及季节演化研究［J］. 生态环境学报，2020，29（7）：1377 - 1386.

［23］王会芝，杜林蔚，吕建华. 城市群雾霾污染的空间分异及动

态关联研究——基于京津冀城市群的实证分析 [J]. 中国环境管理, 2020, 12 (1): 80-86.

[24] 马晓倩, 刘征, 赵旭阳, 田立慧, 王通. 京津冀雾霾时空分布特征及其相关性研究 [J]. 地域研究与开发, 2016, 35 (2): 134-138.

[25] 弓辉, 王晗, 梁婉, 马幸, 杨玲, 郭锋. 京津冀地区雾霾形成的因子分析 [J]. 中国环保产业, 2020 (11): 34-39.

[26] 门丹, 黄雄, 易行, 薛启航, 邓雪明. 长江经济带雾霾污染的驱动效应及其空间特征研究 [J]. 环境科学与技术, 2020, 43 (3): 10-20.

[27] 韩浩, 解建仓, 姜仁贵, 柴立. 西安市雾霾时空分布特征研究 [J]. 环境污染与防治, 2016, 38 (5): 73-76, 81.

[28] 王慧丽, 赵芸, 胡素. 陕西省雾霾污染时空分布特征及相关性分析 [J]. 环境工程, 2019, 37 (4): 122-125, 162.

[29] 崔健, 黄建平, 周晨虹, 焦圣明, 袁成松, 包云轩, 谢晓金, 王琳. 江苏省能见度时空分布特征及其影响因子分析 [J]. 热带气象学报, 2015, 31 (5): 700-712.

[30] Anselin L. Spatial Econometrics: Methods and Models [J]. Economic Geography, 1988, 65 (2): 160-162.

[31] Rupasingha A, Goetz S J, Debeitin D L, et al. The environmental Kuznets curve for US counties: a spatial econometric analysis With extensions [J]. Papers in regional science, 2004, 83 (2): 407-424.

[32] Maddison D. Modelling sulphur emissions in Europe: a spatial econometric approach [J]. Oxford Economic Papers, 2007, 59 (4): 726-743.

[33] Hosseini HM, Kaneko S. Can environmental quality spread through institutions [J]. Energy Policy, 2013, 56: 312-321.

[34] 邓世成, 郭凌寒. 长江经济带城市化进程对雾霾污染的影响研究——基于空间面板模型的实证分析 [J]. 调研世界, 2019 (7): 36-44.

[35] 回莹, 毛培, 戴宏伟. 河北省雾霾污染的空间分布及其影响因素的实证分析 [J]. 经济与管理, 2018, 32 (3): 65-71.

［36］范丹，梁佩凤，王维国.2017 年我国雾霾污染空间效应及未来治理策略分析［J］.科技促进发展，2017，13（11）：932－939.

［37］王一辰，沈映春.京津冀雾霾空间关联特征及其影响因素溢出效应分析［J］.中国人口·资源与环境，2017，27（S1）：41－44.

［38］邵帅，李欣，曹建华，杨莉莉.中国雾霾污染治理的经济政策选择——基于空间溢出效应的视角［J］.经济研究，2016，51（9）：73－88.

［39］康雨.贸易开放程度对雾霾的影响分析——基于中国省级面板数据的空间计量研究［J］.经济科学，2016（1）：114－125.

［40］周杰琦，夏南新，梁文光.外资进入、自主创新与雾霾污染——来自中国的证据［J］.研究与发展管理，2019，31（2）：78－90.

［41］徐辉，杨烨，马月，向可.财政分权、地方政府行为与中国雾霾污染［J］.华东经济管理，2018，32（3）：103－111.

［42］陈园园.城市化空间结构对雾霾污染的影响［J］.现代经济探讨，2019（8）：105－114.

［43］东童童，李欣，刘乃全.空间视角下工业集聚对雾霾污染的影响——理论与经验研究［J］.经济管理，2015，37（9）：29－41.

［44］刘耀彬，冷青松.人口集聚对雾霾污染的空间溢出效应及门槛特征［J］.华中师范大学学报（自然科学版），2020，54（2）：258－267.

［45］马丽梅，刘生龙，张晓.能源结构、交通模式与雾霾污染——基于空间计量模型的研究［J］.财贸经济，2016，37（1）：147－160.

［46］Robert Vautard. Decline of fog, mist and haze in Europe over the past 30 years［J］. Nature Geoscience, 2009, 2：115－119.

［47］Schnitzel B A, Husar R B, Falke S R, et al. Haze trends over the United States, 1980－1995［J］. Atmospheric Environment, 2001, 35（30）：5205－5210.

［48］Sisler J F, Malm W C. The relative importance of soluble aerosols to spatial and seasonal trends of impaired visibility in the United States［J］. Atmospheric Environment, 1994, 28（5）：851－862.

［49］Watson J G. Visibility：Science and regulation［J］. Journal of the

Air & Waste Management Association，2002，52（6）：628 - 713.

［50］辛天奇，曲宇慧，张滟滋. 北京市雾霾污染防治立法研究——以《北京市大气污染防治条例》为中心［J］. 法制与社会，2015（12）：169 - 170.

［51］朱成章. 我国防止雾霾污染的对策与建议［J］. 中外能源，2013，18（6）：1 - 4.

［52］贺丰果，刘永胜. 减少雾霾污染改善大气环境质量政策建议探讨［J］. 经济研究导刊，2014（1）：285 - 288.

［53］Senaratne I. Elemental composition in source identification of brown haze in Auckland，New Zealand［J］. Atmospheric Environment，2004，38（19）：3049 - 3059.

［54］韩力慧，张鹏，张海亮，程水源，王海燕. 北京市大气细颗粒物污染与来源解析研究［J］. 中国环境科学，2016，36（11）：3203 - 3210.

［55］李岚淼，李龙国，李乃稳. 城市雾霾成因及危害研究进展［J］. 环境工程，2017，35（12）：92 - 97，104.

［56］施震凯. 交通基础设施对雾霾污染的影响效应——基于 BMA 方法的检验［J］. 中国科技论坛，2018（1）：143 - 149.

［57］赵春明，潘细牙，李宏兵，梁龙武. 私人交通、城市扩张与雾霾污染——基于 65 个大中城市面板数据的实证分析［J］. 财贸研究，2020，31（10）：20 - 29.

［58］冷艳丽，冼国明，杜思正. 外商直接投资与雾霾污染——基于中国省际面板数据的实证分析［J］. 国际贸易问题，2015（12）：74 - 84.

［59］祝德生，景维民. 金融发展、空间溢出与雾霾污染——基于广义空间两阶段最小二乘法的实证研究［J］. 经济问题探索，2020（8）：134 - 143，179.

［60］刘伯龙，袁晓玲，张占军. 城镇化推进对雾霾污染的影响——基于中国省级动态面板数据的经验分析［J］. 城市发展研究，2015，22（9）：23 - 27，80.

［61］秦蒙，刘修岩，仝怡婷. 蔓延的城市空间是否加重了雾霾污染——来自中国 PM2.5 数据的经验分析［J］. 财贸经济，2016（11）：146 - 160.

［62］Kerr R A. Climate study unveils climate cooling cauesd by pollutant haze ［J］. Science, 1995, 26 (8) 521 - 802.

［63］Malm W C. Characteristics and origins of haze in the continental united-states ［J］. Earth - Science Reviews, 1992, 33 (1): 1 - 36.

［64］冯新宇. 利用单颗粒气溶胶质谱仪 (SPAMS) 研究太原市冬季一次雾霾天气的污染特征及成因 ［J］. 环境化学, 2019, 38 (1): 177 - 185.

［65］郭利, 张艳昆, 刘树华, 李炬, 马雁军. 北京地区 PM_ (10) 质量浓度与边界层气象要素相关性分析 ［J］. 北京大学学报 (自然科学版), 2011, 47 (4): 607 - 612.

［66］贾秋兰, 梁春旺, 杨丽娜, 王小娟, 于海磊. 近30年邢台地区雾霾天气的空间分布特征及其影响因子的分析 ［J］. 四川环境, 2020, 39 (6): 34 - 41.

［67］高广阔, 王琼璞. 中国雾霾污染形成机理的研究进展 ［J］. 生态经济, 2017, 33 (9): 106 - 109.

［68］张恒德, 吕梦瑶, 张碧辉, 安林昌, 饶晓琴. 2014 年2月下旬京津冀持续重污染过程的静稳天气及传输条件分析 ［J］. 环境科学学报, 2016, 36 (12): 4340 - 4351.

［69］李岩, 林凌, 杨开甲. 福州市污染日的外来雾霾污染影响 ［J］. 海峡科学, 2015 (7): 20 - 23.

［70］王喜全, 杨婷, 王自发. 灰霾污染的跨控制区影响——一次京津冀与东北地区灰霾污染个案分析 ［J］. 气候与环境研究, 2011, 16 (6): 690 - 696.

［71］刘铁柱. 治好雾霾污染 建设美丽中国 ［J］. 人大建设, 2013 (5): 26 - 27.

［72］Grossman G M, Krueger A B. Environmental impacts of a north American free trade agreement ［M］. Massachusetts: National Bureau of Economic Research, 1991.

［73］John A, Pecchenino R. An Overlapping Generations Model of Growth and the Environment ［J］. Economic Journal, 1994, 104 (427): 1393 - 1410.

［74］秦晓丽, 于文超. 外商直接投资、经济增长与环境污染——

基于中国 259 个地级市的空间面板数据的实证研究 [J]. 宏观经济研究, 2016 (6): 127 – 134, 151.

[75] 宋峰华. 公路隧道照明节能方法研究 [D]. 江西理工大学, 2017.

[76] 孙英杰, 林春. 试论环境规制与中国经济增长质量提升——基于环境库兹涅茨倒 U 型曲线 [J]. 上海经济研究, 2018 (3): 84 – 94.

[77] Stokey N L. Are There Limits to Growth? [J]. International Economic Review, 1998, 39 (1): 1 – 31.

[78] 邵帅, 李欣, 曹建华, 杨莉莉. 中国雾霾污染治理的经济政策选择——基于空间溢出效应的视角 [J]. 经济研究, 2016, 51 (9): 73 – 88.

[79] 卢华, 孙华臣. 雾霾污染的空间特征及其与经济增长的关联效应 [J]. 福建论坛 (人文社会科学版), 2015 (9): 44 – 51.

[80] 何枫, 马栋栋, 祝丽云. 中国雾霾污染的环境库兹涅茨曲线研究——基于 2001—2012 年中国 30 个省市面板数据的分析 [J]. 软科学, 2016, 30 (4): 37 – 40.

[81] 陈向阳. 环境库兹涅茨曲线的理论与实证研究 [J]. 中国经济问题, 2015 (3): 51 – 62.

[82] 丁俊菘, 邓宇洋, 汪青. 中国环境库兹涅茨曲线再检验——基于 1998 – 2016 年 255 个地级市 PM2. 5 数据的实证分析 [J]. 干旱区资源与环境, 2020, 34 (8): 1 – 8.

[83] 刘华军, 裴延峰. 我国雾霾污染的环境库兹涅茨曲线检验 [J]. 统计研究, 2017, 34 (3): 45 – 54.

[84] 郑长德, 刘帅. 基于空间计量经济学的碳排放与经济增长分析 [J]. 中国人口·资源与环境, 2011, 21 (5): 80 – 86.

[85] 宋马林, 王舒鸿. 环境库兹涅茨曲线的中国 "拐点": 基于分省数据的实证分析 [J]. 管理世界, 2011 (10): 168 – 169.

[86] 马丽梅, 张晓. 中国雾霾污染的空间效应及经济、能源结构影响 [J]. 中国工业经济, 2014 (4): 19 – 31.

[87] 陈诗一, 陈登科. 雾霾污染、政府治理与经济高质量发展 [J]. 经济研究, 2018, 53 (2): 20 – 34.

[88] 谢超. 雾霾对经济的影响——浅谈雾霾经济 [J]. 全国流通经济, 2018 (20): 54 – 55.

[89] 邓慧慧, 杨露鑫. 雾霾治理、地方竞争与工业绿色转型 [J]. 中国工业经济, 2019 (10): 118 – 136.

[90] 姜克隽, 代春艳, 贺晨旻, 朱松丽. 2013 年后中国大气雾霾治理对经济发展的影响分析——以京津冀地区为案例 [J]. 中国科学院院刊, 2020, 35 (6): 732 – 741.

[91] Amitrajeet A. Batabyal. Consistency and optimality in a dynamic game of pollution control I: Competition [J]. Environmental & Resource Economics, 1996, 8 (2).

[92] R. Damania. Environmental regulation and financial structure in an oligopoly supergame [J]. Environmental Modelling and Software, 2001, 16 (2).

[93] 邹伟进, 刘万里. 生态文明视角下雾霾治理的博弈分析 [J]. 新疆大学学报 (哲学·人文社会科学版), 2016, 44 (5): 30 – 35.

[94] 马翔, 张国兴. 基于非对称演化博弈的京冀雾霾协同治理联盟稳定性分析 [J]. 运筹与管理, 2017, 26 (5): 45 – 52.

[95] 徐莹, 张雪梅, 曹柬. 雾霾背景下政府监管与交通企业低碳行为演化博弈 [J]. 系统管理学报, 2018, 27 (3): 462 – 469, 477.

[96] 徐莉婷, 叶春明. 基于演化博弈论的雾霾协同治理三方博弈研究 [J]. 生态经济, 2018, 34 (12): 148 – 152.

[97] 高明, 廖梦灵. 雾霾治理中的协作机制研究: 基于演化博弈分析 [J]. 运筹与管理, 2020, 29 (5): 152 – 160.

[98] 孙涛, 温雪梅. 动态演化视角下区域环境治理的府际合作网络研究——以京津冀大气治理为例 [J]. 中国行政管理, 2018 (5): 83 – 89.

[99] 周珍, 崔笑颖, 张美佳, 林云. 雾霾治理限制性合作博弈与成本分摊研究 [J]. 系统科学与数学, 2019, 39 (6): 875 – 887.

[100] 孙宾, 白慧玲. 建构汾渭平原雾霾治理的府际协同机制探究 [J]. 三晋基层治理, 2020 (3): 85 – 90.

[101] 王颖, 杨利花. 跨界治理与雾霾治理转型研究——以京津冀区域为例 [J]. 东北大学学报 (社会科学版), 2016, 18 (4): 388 –

393.

[102] 罗勇，曾哲．雾霾治理——城市可持续发展的一次转折与机遇 [J]．辽宁大学学报（哲学社会科学版），2017，45（5）：59-64.

[103] 彭嘉颖．跨域大气污染协同治理政策量化研究 [D]．电子科技大学，2019.

[104] 张巍馨，王明清．探究政府主导的多主体合作模式治理雾霾 [J]．农村经济与科技，2020，31（4）：13-14.

[105] Joseph V. Spadaro, Ari Rabl. Air pollution damage estimates: the cost per kilogram of pollutant [J]. Int. J. of Risk Assessment and Management, 2002, 3 (1).

[106] 孙艳丽，岳树杰，刘承宪，刘永健，刘倩兮．环保PPP模式下的雾霾治理及投融资博弈分析 [J]．沈阳建筑大学学报（自然科学版），2015，31（4）：760-768.

[107] 蓝庆新，侯姗．我国雾霾治理存在的问题及解决途径研究 [J]．青海社会科学，2015（1）：76-80.

[108] 吴妍．京津冀协同发展视角下PM2.5治理及其对经济影响的研究 [D]．对外经济贸易大学，2017.

[109] 李阳红．产业结构调整与城市雾霾治理的论述 [J]．山西化工，2020，40（5）：226-227，230.

[110] 庞雨蒙，刘震，潘雨晨．财政科教支出与雾霾污染治理的空间关联效应 [J]．经济经纬，2020，37（6）：128-138.

[111] 李红星，孙婷，苏荷．黑龙江省雾霾治理政策的实施与完善 [J]．哈尔滨商业大学学报（社会科学版），2017（5）：48-57.

[112] 孟庆国，杜洪涛，王君泽．利益诉求视角下的地方政府雾霾治理行为分析 [J]．中国软科学，2017（11）：66-76.

[113] 李智江，唐德才．北京雾霾治理措施对比分析——基于系统动力学仿真预测 [J]．科技管理研究，2018，38（20）：253-261.

[114] 支丽平，马彦飞，黄严严．国内外雾霾治理技术专利分析研究 [J]．河南科技，2020，39（30）：121-130.

[115] 马彦飞．基于专利分析的我国雾霾治理发展态势研究 [J]．安阳师范学院学报，2020（5）：97-99，112.

[116] Walter M, Peter C. A Template for Family - Centered Inter

Agency Collaboration［J］. Families in Society：The Journal of Contemporary Human Services，2000（5）：494 – 503.

［117］吴传钧. 论地理学的研究核心：人地关系地域系统. 经济地理，1991，11（3）：1 – 6.

［118］李振泉. 人地关系论. 见李旭旦. 文地理学论丛［M］. 北京：人民教育出版社，1985.

［119］杨青山，徐效坡. 人地关系思想与区域经济地理研究——李振泉教授学术生涯评述［J］. 经济地理，2009，29（2）：200 – 203.

［120］王黎明. 区域可持续发展——基于人地关系地域系统的视角［M］. 北京：中国经济出版社，1998.

［121］成岳冲. 历史时期宁绍地区人地关系的紧张与调适——兼论宁绍区域个性形成的客观基础［J］. 中国农史，1994，13（2）：8 – 18.

［122］陈印军. 四川人地关系日趋紧张的原因及对策［J］. 自然资源学报，1995，10（4）：380 – 388.

［123］方创琳. 中国人地关系研究的新进展与展望. 地理学报，2004，59（s1）：21 – 32.

［124］Lee Shutan. Delimitation of geographic regions of China. Annals of the Association of American Geographers，1947，37（3）：155 – 168.

［125］陆大道. 关于地理学的"人地系统"理论研究［J］. 地理研究，2002，21（2）：135 – 145.

［126］安裕伦. 略斯特人地关系地域系统的结构与功能当议——以贵州民族地区为例［J］. 中国岩溶，1994，13（2）：153 – 160.

［127］龚建华，承继成. 区域可持续发展的人地关系探讨［J］. 中国人口、资源与环境，1997，7（1）：11 – 15.

［128］王铮. 论人地关系的现代意义［J］. 人文地理，1995，10（2）：1 – 5.

［129］王黎明. 面向 PRED 问题的人地关系系统构型理论与方法研究［J］. 地理研究，1997，16（2）：39 – 45.

［130］李国民，王秋石. 2007 年诺贝尔经济学奖获得者的理论贡献及其启示［J］. 当代财经，2007（12）：17 – 21.

［131］朱慧. 机制设计理论——2007 年诺贝尔经济学奖得主理论评介［J］. 浙江社会科学，2007（6）：188 – 191.

［132］Hurwicz, L. Optimality and informational efficiency in resource allocation processes, in Arrow, Karlin, and Suppes（Eds.）. Mathematical methods in the social sciences. Standford, CA: Standford University Press, 1960.

［133］Gibbard A.. Manipulation of Voting Schemes: A General Result ［J］. Econometrica, 1973, 41（4）: 587 – 601.

［134］Myerson R. B.. Incentive Compatibility and the Bargaining Problem ［J］. Econometrica, 1979, 47（1）: 61 – 73.

［135］Maskin E. Nash Equilibrium and Welfare Optimality ［J］. Review of Economic Studies 1977, 66（1）: 23 – 38.

［136］托克维尔. 论美国的民主 ［M］. 北京: 商务印书馆, 1988: 100 – 101.

［137］E. Ostrom, 1990, Governing the commons: The Evolution of Institutions for Collective Action, Cambrige University Press.

［138］张康之. 论参与治理、社会自治与合作治理 ［J］. 行政论坛, 2008（6）: 4.

［139］杨宏山, 皮定均等. 合作治理与社会服务管理创新: 朝阳模式研究 ［M］. 北京: 中国经济出版社, 2012: 35 – 39.

［140］侯振奎, 栗敬仁, 王斌. 2013 年 1 月份我国中东部地区严重雾霾的成因分析 ［J］. 安徽农业科学, 2013, 41（30）: 95 – 97.

［141］孟晓艳, 余予, 张志富, 李钢, 王帅, 杜丽. 2013 年 1 月京津冀地区强雾霾频发成因初探 ［J］. 环境科学与技术, 2014（1）: 190 – 194.

［142］张人禾, 李强, 张若楠. 2013 年 1 月中国东部持续性强雾霾天气产生的气象条件分析 ［J］. 中国科学: 地球科学, 2014（1）: 27 – 36.

［143］宋娟, 程婷, 谢志清, 苗茜. 江苏省快速城市化进程对雾霾日时空变化的影响 ［J］. 气象科学, 2014（5）: 63 – 68.

［144］戴星翼. 论雾霾治理与发展转型 ［J］. 探索与争鸣, 2013（12）: 70 – 73.

［145］顾为东. 中国雾霾特殊形成机理研究 ［J］. 宏观经济研究, 2014（6）: 3 – 7.

[146] 任保平, 宋文月. 我国城市雾霾天气形成与治理的经济机制探讨 [J]. 西北大学学报 (哲学社会科学版), 2014 (2): 77 - 84.

[147] 郭俊华, 刘奕玮. 我国城市雾霾天气治理的产业结构调整 [J]. 西北大学学报 (哲学社会科学版), 2014 (2): 85 - 89.

[148] 张丽亚, 彭文英. 首都圈雾霾天气成因及对策探讨 [J]. 生态经济, 2014 (9): 172 - 176.

[149] 王跃思, 姚利, 王莉莉, 刘子锐, 等. 2013 年元月中国东部地区强霾污染成因分析 [J]. 中国科学: 地球科学, 2014 (1): 27 - 36.

[150] 李崇志, 于清平, 陈彦. 霾的判别方法探讨 [J]. 南京气象学院学报, 2009 (2): 327 - 332.

[151] 于兴娜, 李新妹, 登增然登, 德庆央宗, 袁帅. 北京雾霾天气期间气溶胶光学特性 [J]. 环境科学, 2012 (4): 1057 - 1062.

[152] 王秦, 陈曦, 何公理, 林少彬, 刘喆, 徐东群. 北京市城区冬季雾霾天气 PM2.5 中元素特征研究 [J]. 光谱学与光谱分析, 2013 (6): 1441 - 1445.

[153] 曹伟华, 梁旭东, 李青春. 北京一次持续性雾霾过程的阶段性特征及影响因子分析 [J]. 气象学报, 2013 (72): 940 - 951.

[154] 王咏梅, 武捷, 褚红瑞, 王少俊, 景新娟. 1961—2012 年山西雾霾的时空变化特征及其影响因子 [J]. 环境科学与技术, 2014 (10): 1 - 8.

[155] 吴兑, 廖碧婷, 吴蒙, 等. 环首都圈霾和雾的长期变化特征与典型个例的近地层输送条件 [J]. 环境科学学报, 2014 (1): 1 - 11.

[156] 刘强, 李平. 大范围严重雾霾现象的成因分析与对策建议 [J]. 中国社会科学院研究生院学报, 2014 (5): 63 - 68.

[157] 陆玉玲, 谢钱姣. 浅谈雾霾现象对经济的影响 [J]. 商, 2016 (10): 92.

[158] 蔡昉, 都阳, 王美艳. 经济发展方式转变与节能减排内在动力 [J]. 经济研究, 2008 (6): 4 - 11.

[159] 张欣怡. 财政分权下的政府行为与环境污染问题研究 [J]. 经济问题探索, 2015 (3): 32 - 41.

[160] 徐辉, 杨烨, 马月, 向可. 财政分权、地方政府行为与中国

雾霾污染 [J]. 华东经济管理, 2018, 32 (3): 103 - 111.

[161] 薛钢, 潘孝珍. 财政分权对中国环境污染影响程度的实证分析 [J]. 中国人口·资源与环境, 2012, 22 (1): 77 - 83.

[162] Oates W E. Fiscal federalism [M]. New York: Harcourt Brace Jovanovich, 1972.

[163] Tieboutic. A Pure Theory of Local Expenditures [J]. Journal of Political Economy, 1956, 64 (5): 416 - 424.

[164] 吴俊培, 丁伟蓉, 龚旻. 财政分权对中国环境质量影响的实证分析 [J]. 财政研究, 2015 (11): 56 - 63.

[165] 肖尧, 马明国, 李正强, 康诗琪, 李凤. 雾霾的影响因子分析及其区域相关性研究 [J]. 地理空间信息, 2019 (7): 71 - 74, 102.

[166] 孙攀, 吴玉鸣, 鲍曙明, 仲颖佳. 经济增长与雾霾污染治理: 空间环境库兹涅茨曲线检验 [J]. 南方经济, 2019 (12).

[167] 吴勋, 白蕾. 财政分权、地方政府行为与雾霾污染——基于 73 个城市 PM2.5 浓度的实证研究 [J]. 经济问题, 2019 (3): 23 - 31.

[168] 林略, 吴泽莹. "资源诅咒" 与 FDI 区域失衡——基于中国城市动态面板数据 GMM 方法 [J]. 商业研究, 2014 (7): 34 - 41.

[169] 周峤. 雾霾天气的成因 [J]. 中国人口·资源与环境, 2015, 25 (S1): 211 - 212.

[170] 冷艳丽, 杜思正. 产业结构、城市化与雾霾灾害 [J]. 中国科技论坛, 2015 (9): 49 - 55.

[171] 马丽梅, 张晓. 中国雾霾灾害的空间效应及经济、能源结构影响 [J]. 中国工业经济, 2014 (4): 19 - 31.

[172] 吴玉萍, 董锁成. 北京市环境政策评价研究 [J]. 城市环境与城市生态, 2002 (2): 4 - 6.

[173] 齐绍洲, 严雅雪. 基于面板门槛模型的中国雾霾 PM2.5 库兹涅茨曲线研究 [J]. 武汉大学学报 (哲学社会科学版), 2017, 70 (4): 80 - 90.

[174] Grossman G M, Krueger A B. Economic Growth and the Environment [J]. The Quarterly Journal of Economics, 1995, 110 (2): 353 - 377.

[175] Victor Brajer, Robert W Mead, Feng Xiao. Searching for an

Environmental Kuznets Curve in China's Air Pollution ［J］. China Economic Review, 2011, 22 (3): 383 - 397.

［176］王书斌, 徐盈之. 环境规制与雾霾脱钩效应——基于企业投资偏好的视角 ［J］. 中国工业经济, 2015 (4): 18 - 30.

［177］吴玉萍, 董锁成, 宋键峰. 北京市经济增长与环境污染水平计量模型研究 ［J］. 地理研究, 2002 (2): 239 - 246.

［178］高静, 黄繁华. 贸易视角下经济增长和环境质量的内在机理研究——基于中国 30 个省市环境库兹涅茨曲线的面板数据分析 ［J］. 上海财经大学学报, 2011, 13 (5): 66 - 74.

［179］张少华, 陈浪南. 经济全球化对我国环境污染影响的实证研究——基于行业面板数据 ［J］. 国际贸易问题, 2009 (11): 68 - 73, 79.

［180］何枫, 马栋栋, 祝丽云. 中国雾霾污染的环境库兹涅茨曲线研究——基于 2001 ~ 2012 年中国 30 个省市面板数据的分析 ［J］. 软科学, 2016, 30 (4): 37 - 40.

［181］王文举, 向其凤. 中国产业结构调整及其节能减排潜力评估 ［J］. 中国工业经济, 2014 (1): 44 - 56.

［182］韩永辉, 黄亮雄, 王贤彬. 产业结构升级改善生态文明了吗——本地效应与区际影响 ［J］. 财贸经济, 2015 (12): 129 - 146.

［183］王星. 城市规模、经济增长与雾霾污染——基于省会城市面板数据的实证研究 ［J］. 华东经济管理, 2016, 30 (7): 86 - 92.

［184］戴小文, 唐宏, 朱琳. 城市雾霾治理实证研究——以成都市为例 ［J］. 财经科学, 2016 (2): 123 - 132.

［185］黄亮雄, 王鹤, 宋凌云. 我国的产业结构调整是绿色的吗? ［J］. 南开经济研究, 2012 (3): 110 - 127.

［186］程中华, 刘军, 李廉水. 产业结构调整与技术进步对雾霾减排的影响效应研究 ［J］. 中国软科学. 2019 (1).

［187］李姝. 城市化、产业结构调整与环境污染 ［J］. 财经问题研究, 2011 (6): 38 - 43.

［188］李德立, 王夕文. 经济增长对雾霾污染影响的实证研究——基于中国省级面板数据门槛效应分析 ［J］. 生态经济, 2017, 33 (10): 168 - 173.

[189] Hansen B E. Threshold effects in non – dynamic panels: Estimation, testing, and inference [J]. Journal of Econometrics, 1999, 93.

[190] Ehrlich, P. & Holdren, J.. Review of the closing circle. Environment, 1972, 14 (3), 24 – 39.

[191] Chang S C. Effects of financial developments and income on energy consumption [J]. International Review of Economics and Finance, 2015, 35 (C): 28 – 44.

[192] 马丽梅, 张晓. 区域大气污染空间效应及产业结构影响 [J]. 中国人口·资源与环境, 2014, 24 (7): 157 – 164.

[193] Van Donkelaar A, Martin R V, Brauer M, et al. Global estimates offine particulate matter using a combined geophysical-statisticalmethod with information from satellites, models, and onitors [J]. Environmental Science and Technology, 2016, 50 (7): 3762 – 3772.

[194] Socioeconomic Data and Application Center of Columbia University. Global Annual PM2. 5 (1998 – 2016) [EB/OL]. (2018 – 01 – 03) [2018 – 03 – 20].

[195] 冷艳丽, 杜思正. 产业结构、城市化与雾霾污染 [J]. 中国科技论坛, 2015 (9): 49 – 55.

[196] 林春艳, 孔凡超. 中国产业结构高度化的空间关联效应分析——基于社会网络分析方法 [J]. 经济学家, 2016 (11): 45 – 53.

[197] 林春艳, 孔凡超. 技术创新、模仿创新及技术引进与产业结构转型升级——基于动态空间 Durbin 模型的研究 [J]. 宏观经济研究, 2016 (5): 106 – 118.

[198] White, W. H. and Roberts, P. T.. On the nature and origins of visibility-reducing aerosols in the los-angeles air basin. Atmos Environ, 1977 (11): 803 – 812.

[199] 吴兑. 近十年中国灰霾天气研究综述 [J]. 环境科学学报, 2012 (2): 257 – 269.

[200] Wiesmann, J.. Regulating China's state enterprises: Environmental policy as a bargaining game, University of Illinois at Urbana – Champaign, 1999.

[201] 包群、邵敏, 等. 环境管制抑制了污染排放吗？ [J]. 经济

研究，2013（12）：42－54.

［202］Qian and Roland. Federalism and the Soft Budget Constraint. American Economic Review，1998，88（5）：1143－1162.

［203］Prakash，A.. Who do firms adopt "Beyond－Compliance" environmental policies? Business Stategy and the environment. 2001（10）：286－299.

［204］Peattie，K.. Green consumption：Behavior and norms. Annual Review of Environment and Resources，2010（35）：195－228.

［205］张小曳，孙俊英，等. 我国雾霾成因及其治理的思考［J］. 科学通报，2013（13）：1178－1187.

［206］孙岩，宋金波，宋丹荣. 城市居民环境行为影响因素的实证研究［J］. 管理学报，2012（1）：144－150.

［207］彭水军，包群. 经济增长与环境污染——环境库兹涅茨曲线假说的中国检验［J］. 财经问题研究，2009（8）：3－17.

［208］赵忠秀，王苒，等. 基于经典环境库兹涅茨模型的中国碳排放拐点预测［J］. 财贸经济，2013（10）：1－8.

［209］Alcantara，V. and Duarte，R.. Comparison of energy intensities in European Union countries.：Results of a structural decomposition analysis. Energy Policy，2004（32）：177－189.

［210］冯少荣、冯康巍. 基于统计分析方法的雾霾影响因素及治理措施［J］. 厦门大学学报（自然科学版），2015（1）：114－121.

［211］李树，陈刚. 环境管制与生产率增长［J］. 经济研究，2013（1）：127－132.

［212］李萌. 中国"十二五"绿色发展的评估与"十三五"绿色发展的路径选择［J］. 社会主义研究，2016（3）：62－71.

［213］环境部敲定"十四五"生态环保规划十大政策着力点［J］. 给水排水，2020，56（12）：141.

［214］常纪文. 中欧区域大气污染联防联控立法之比较——兼论我国大气污染联防联控法制的完善［J］. 发展研究，2015（10）：77－92.

［215］李根生，韩民春. 财政分权、空间外溢与中国城市雾霾污染：机理与证据［J］. 当代财经，2015（6）：26－34.

［216］刘准. 武汉市大气污染物水平与儿童呼吸道疾病门诊量的滞

后效应分析 [D]. 武汉科技大学, 2018.

[217] 郑欢. 中国煤炭产量峰值与煤炭资源可持续利用问题研究 [D]. 西南财经大学, 2014.

[218] 刘斌, 胡天蓉, 吕凌纬. 京津冀地区协作性雾霾治理的经验与反思 [J]. 中国环境管理干部学院学报, 2018, 28 (6): 8-11.

[219] 王文兴, 柴发合, 任阵海, 王新锋, 王淑兰, 李红, 高锐, 薛丽坤, 彭良, 张鑫, 张庆竹. 新中国成立 70 年来我国大气污染防治历程、成就与经验 [J]. 环境科学研究, 2019, 32 (10): 1621-1635.

[220] 冯梦青. 我国环境治理跨区域财政合作机制研究 [D]. 中南财经政法大学, 2018.

[221] 胡凌艳. 当代中国生态文明建设中的公众参与研究 [D]. 华侨大学, 2016.

[222] 尹珊珊. 区域大气污染地方政府联合防治的激励性法律规制 [J]. 环境保护, 2020, 48 (5): 60-65.

[223] 吴玥玹, 仲伟周. 城市化与大气污染——基于西安市的经验分析 [J]. 当代经济科学, 2015, 37 (3): 71-79, 127.

[224] 陈硕, 高琳. 央地关系: 财政分权度量及作用机制再评估 [J]. 管理世界, 2012 (6): 43-59.

[225] 吕健. 政绩竞赛、经济转型与地方政府债务增长 [J]. 中国软科学, 2014 (8): 17-28.

[226] 龙硕, 胡军. 政企合谋视角下的环境污染: 理论与实证研究 [J]. 财经研究, 2014, 40 (10): 131-144.

[227] 郑思齐, 万广华, 孙伟增, 罗党论. 公众诉求与城市环境治理 [J]. 管理世界, 2013 (6): 72-84.

[228] Siyu Chen, Chongshan Guo, Xinfei Huan. Air pollution, student health, and school absences: Evidence from China [J]. Journal of Environmental Economics and Management, 2018.

[229] Anthony Heyes, Mingying Zhu. Air pollution as a cause of sleeplessness: Social media evidence from a panel of Chinese cities [J]. Journal of Environmental Economics and Management, 2019, 98.

[230] 初钊鹏, 卞晨, 刘昌新, 朱婧. 雾霾污染、规制治理与公众参与的演化仿真研究 [J]. 中国人口·资源与环境, 2019, 29 (7):

101 – 111.

[231] 蓝庆新，陈超凡. 制度软化、公众认同对大气污染治理效率的影响 [J]. 中国人口·资源与环境，2015，25（9）：145 – 152.

[232] 吕捷，鄢一龙，唐啸. "碎片化" 还是 "耦合"？五年规划视角下的央地目标治理 [J]. 管理世界，2018，34（4）：55 – 66.

[233] Selten Reinhard. A note on evolutionarily stable strategies in asymmetric animal conflicts [J]. Academic Press，1980，84（1）：93 – 101.

[234] 魏静. 首设协调处——京津冀雾霾治理第一单落地 [N]. 中国证券报，2014 – 03 – 27.

[235] 周付军，胡春燕. 大气污染治理的政策工具变迁研究——基于长三角地区 2001—2018 年政策文本的分析 [J]. 江淮论坛，2019（6）：134 – 141.

[236] 徐绍史. 紧紧围绕全面建成小康社会和全面深化改革扎实做好 "十三五" 规划编制工作 [J]. 宏观经济管理，2014（5）：4 – 5.

[237] 初钊鹏，卞晨，刘昌新，朱婧. 基于演化博弈的京津冀雾霾治理环境规制政策研究 [J]. 中国人口·资源与环境，2018，28（12）：63 – 75.

[238] 王晓楠. 公众环境治理参与行为的多层分析 [J]. 北京理工大学学报（社会科学版），2018，20（5）：37 – 45.

[239] 谢瑾，黄劲松，王瑛. 中国网民的环境意识现状研究——基于雾霾天开车与否的网络调查数据 [J]. 中国人口·资源与环境，2015，25（S2）：377 – 381.

[240] 彭建，郭思远，裴亚楠，张松. 大陆居民对北京雾霾的旅游影响感知和态度研究 [J]. 中国人口·资源与环境，2016，26（10）：168 – 176.

[241] 王晓楠，周林意. 新媒体影响力对雾霾风险感知的作用机制 [J]. 北京理工大学学报（社会科学版），2020，22（2）：41 – 49.

[242] 李明德，张玥，张琢悦，蒙胜军，张行勇，问婧利. 2014—2017 年雾霾网络舆情现状特征及发展态势研究——以新浪微博的内容与数据为例 [J]. 情报杂志，2018，37（12）：112 – 117.

[243] 初钊鹏，卞晨，刘昌新，朱婧. 雾霾污染、规制治理与公众

参与的演化仿真研究 [J]. 中国人口·资源与环境，2019，29（7）：101 - 111.

[244] 泮浩杰，刘雨，匡佳慧. 基于公众参与视角的区域雾霾治理机制研究 [J]. 环境科学与管理，2020，45（6）：1 - 5.

[245] 张福德. 环境治理的社会规范路径 [J]. 中国人口·资源与环境，2016，26（11）：10 - 18.

[246] 龙瀛，李苗裔，李晶. 基于新数据的中国人居环境质量监测：指标体系与典型案例 [J]. 城市发展研究，2018，25（4）：86 - 96.

[247] 李雪铭，郭玉洁，田深圳，白芝珍，刘贺. 辽宁省城市人居环境系统耦合协调度时空格局演变及驱动力研究 [J]. 地理科学，2019，39（8）：1208 - 1218.

[248] 李静，Philip L. PEARCE，吴必虎，Alastair M. MORRISON. 雾霾对来京旅游者风险感知及旅游体验的影响——基于结构方程模型的中外旅游者对比研究 [J]. 旅游学刊，2015，30（10）：48 - 59.

[249] 胡震云，张玮，陈晨. 论云管理理念下公众参与环境保护的管理创新 [J]. 江海学刊，2013（6）：215 - 220.

[250] 陈少威，贾开. 数字化转型背景下中国环境治理研究：理论基础的反思与创新 [J/OL]. 电子政务，2020（10）：20 - 28 [2020 - 10 - 16].

[251] 郭少青. 智慧化环境治理体系的内涵与构建路径探析 [J]. 山东大学学报：哲学社会科学版，2020（1）：10 - 18.

[252] 王晓红，冯严超. 雾霾污染对中国城市发展质量的影响 [J]. 中国人口·资源与环境，2019，29（8）：1 - 11.

[253] 易兰，周忆南，李朝鹏，杨历. 城市机动车限行政策对雾霾污染治理的成效分析 [J]. 中国人口·资源与环境，2018，28（10）：81 - 87.

[254] 卢少云，孙珠峰. 大众传媒与公众环保行为研究——基于中国 CGSS 2013 数据的实证分析 [J]. 干旱区资源与环境，2018，32（1）：43 - 49.

[255] 张星，吴忧，夏火松，赵越. 基于 S - O - R 模型的在线健康社区知识共享行为影响因素研究 [J]. 现代情报，2018，38（8）：

18 – 26.

[256] 李裕瑞，张轩畅，陈秧分，刘彦随．人居环境质量对乡村发展的影响——基于江苏省村庄抽样调查截面数据的分析［J］. 中国人口·资源与环境，2020，30（8）：158 – 167.

[257] Johnson R W. An Introduction to the Bootstrap. Teaching Statistics，2001，23（2）：49 – 54.

[258] 葛俊良．我国地方环境治理中的民主协商机制研究［D］. 浙江大学，2020.

[259] 雷莹．地方政府环境治理的激励机制研究［D］. 中南财经政法大学，2017.

[260] 陈敏君．大气污染防治中的地方政府责任强化对策研究［D］. 湘潭大学，2015.

[261] 杜纯布．雾霾协同治理中的生态补偿机制研究——以京津冀地区为例［J］. 中州学刊，2018（12）：29 – 34.

[262] 杜纯布．多学科视角下雾霾治理生态补偿机制理论依据探析［J］. 河南教育学院学报（哲学社会科学版），2017，36（5）：78 – 83.

[263] 汪惠青．大气污染治理的生态补偿及投融资机制研究［D］. 对外经济贸易大学，2020.

[264] 吴妍．京津冀协同发展视角下PM2.5治理及其对经济影响的研究［D］. 对外经济贸易大学，2017.

[265] 刘振杰．网络化治理理论视角下河北省雾霾治理问题研究［D］. 辽宁大学，2018.

[266] 韩兆坤．协作性环境治理研究［D］. 吉林大学，2016.

[267] 刘华．我国雾霾防治对策研究［D］. 安徽大学，2017.